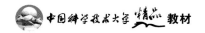

中国科学技术大学精品教材

"十二五"国家重点图书出版规划项目 | 中国科学院指定考研参考书

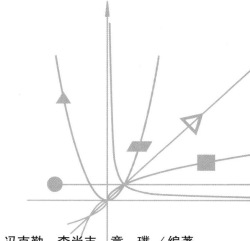

冯克勤 李尚志 章 璞/编著

Introduction to Modern Algebra

近世代数引论

第4版

中国科学技术大学出版社

内 容 简 介

近世代数是代数学的一个基础学科,讲述代数基本结构的特性.本书除系统介绍群、环和域的基础知识(包括域的有限伽罗瓦扩张理论)之外,还力图强调近世代数中的思想和方法.书中有大量习题.除主线内容之外,还增加一些附录用来开拓和深化所学内容.

本书在中国科学技术大学讲授多年的讲义基础上修改写成,可作为高等学校数学系基础课教材,也可供数学工作者和通信、计算机科学等领域的工程技术人员参考.

图书在版编目(CIP)数据

近世代数引论/冯克勤,李尚志,章璞编著. —4 版. —合肥:中国科学技术大学出版社,2018.12(2024.5 重印)
(中国科学技术大学精品教材)
"十二五"国家重点图书出版规划项目
安徽省"十三五"重点图书出版规划项目
中国科学院指定考研参考书
ISBN 978-7-312-04514-1

Ⅰ.近… Ⅱ.①冯… ②李… ③章… Ⅲ.抽象代数—高等学校—教材 Ⅳ.O153

中国版本图书馆 CIP 数据核字(2018)第 208454 号

出版	中国科学技术大学出版社
	安徽省合肥市金寨路 96 号,230026
	http://press.ustc.edu.cn
	https://zgkxjsdxcbs.tmall.com
印刷	安徽省瑞隆印务有限公司印刷
发行	中国科学技术大学出版社
经销	全国新华书店
开本	710 mm×1000 mm 1/16
印张	12.75
插页	2
字数	257 千
版次	1988 年 9 月第 1 版 2018 年 12 月第 4 版
印次	2024 年 5 月第 14 次印刷
定价	35.00 元

总　　序

2008 年是中国科学技术大学建校五十周年．为了反映五十年来办学理念和特色，集中展示教材建设的成果，学校决定组织编写出版代表中国科学技术大学教学水平的精品教材系列．在各方的共同努力下，共组织选题 281种，经过多轮、严格的评审，最后确定 50 种入选精品教材系列．

1958 年学校成立之时，教员大部分都来自中国科学院的各个研究所．作为各个研究所的科研人员，他们到学校后保持了教学的同时又作研究的传统．同时，根据"全院办校，所系结合"的原则，科学院各个研究所在科研第一线工作的杰出科学家也参与学校的教学，为本科生授课，将最新的科研成果融入到教学中．五十年来，外界环境和内在条件都发生了很大变化，但学校以教学为主、教学与科研相结合的方针没有变．正因为坚持了科学与技术相结合、理论与实践相结合、教学与科研相结合的方针，并形成了优良的传统，才培养出了一批又一批高质量的人才．

学校非常重视基础课和专业基础课教学的传统，也是她特别成功的原因之一．当今社会，科技发展突飞猛进、科技成果日新月异，没有扎实的基础知识，很难在科学技术研究中作出重大贡献．建校之初，华罗庚、吴有训、严济慈等老一辈科学家、教育家就身体力行，亲自为本科生讲授基础课．他们以渊博的学识、精湛的讲课艺术、高尚的师德，带出一批又一批杰出的年轻教员，培养了一届又一届优秀学生．这次入选校庆精品教材的绝大部分是本科生基础课或专业基础课的教材，其作者大多直接或间接受到过这些老一辈科学家、教育家的教诲和影响，因此在教材中也贯穿着这些先辈的教育教学理念与科学探索精神．

改革开放之初，学校最先选派青年骨干教师赴西方国家交流、学习，他们在带回先进科学技术的同时，也把西方先进的教育理念、教学方法、教学内容等带回到中国科学技术大学，并以极大的热情进行教学实践，使"科学与技术相结合、理论与实践相结合、教学与科研相结合"的方针得到进一步深化,取得了非常好的效果,培养的学生得到全社会的认可.这些教学改革影响深远,直到今天仍然受到学生的欢迎,并辐射到其他高校.在入选的精品教材中,这种理念与尝试也都有充分的体现.

中国科学技术大学自建校以来就形成的又一传统是根据学生的特点,用创新的精神编写教材.五十年来,进入我校学习的都是基础扎实、学业优秀、求知欲强、勇于探索和追求的学生,针对他们的具体情况编写教材,才能更加有利于培养他们的创新精神.教师们坚持教学与科研的结合,根据自己的科研体会,借鉴目前国外相关专业有关课程的经验,注意理论与实际应用的结合,基础知识与最新发展的结合,课堂教学与课外实践的结合,精心组织材料、认真编写教材,使学生在掌握扎实的理论基础的同时,了解最新的研究方法,掌握实际应用的技术.

这次入选的 50 种精品教材,既是教学一线教师长期教学积累的成果,也是学校五十年教学传统的体现,反映了中国科学技术大学的教学理念、教学特色和教学改革成果.该系列精品教材的出版,既是向学校五十周年校庆的献礼,也是对那些在学校发展历史中留下宝贵财富的老一代科学家、教育家的最好纪念.

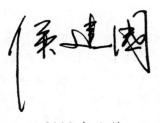

2008 年 8 月

修订版前言

  《近世代数引论》在中国科学技术大学使用了三十余年，也在清华大学、上海交通大学、北京航空航天大学、同济大学等校使用多年．师生的反映尚好．主要问题是习题较难．所以我们在书末对于较难的习题增加了提示；补充了一些新的习题；同时对较难的习题标了星号：其中有些可作为课堂上的例题，有些可作为同学课后研讨之用，而不作为基本的要求．将"可解群"和"$n(\geqslant 5)$次一般方程的根式不可解性"两节改成附录，作为选讲内容．我们也将正文中可略讲或只做简介的内容改用楷体字印刷．其他一些内容，例如伽罗瓦理论，也可以主要介绍基本定理的内容和它的应用，证明可作为选讲内容．

作 者

2002 年 2 月第 2 版修订

2008 年 6 月第 3 版修订

2018 年 7 月第 4 版修订

第 1 版前言

近世代数是讲述群、环、域(以及模)等代数对象基本性质的一门大学课程.它是今后学习和研究代数学的基础,也是研究其他数学、物理学和计算机科学等不可缺少的工具.

本书是我们于 1982 年在中国科学技术大学授课讲义基础上,经过五年教学实践改写而成的.原讲义共五章,为了在一学期(一周四学时)内讲完,这次删去了模论和线性代数两章.

近世代数从它产生的年代起就明显有别于古典代数学.它的主要研究对象不是代数结构中的元素特性,而是各种代数结构本身和不同代数结构之间的相互联系(同态).掌握近世代数中所体现的丰富的数学思想和方法,比背诵一些代数学定义和名词字典要重要得多.我们在教学中几乎用半个学期讲述第 1 章群论,这是因为在群论中体现了近世代数的基本研究思想和方法,而这些思想和方法在学生过去学习中是不熟悉的.群论中的定理基本上可分为定量和定性两类:前者的典型例子是拉格朗日定理,后者的典型例子是同态基本定理.我们着重讲授定性内容,特别是同态基本定理和群在集合上的作用,这是群论的关键所在.

第 2 章讲述环论和域论初步,正文中的内容是标准的.但是在几个附录中,我们介绍了在数学发展中有历史意义的几个课题(高斯二平方和问题、代数基本定理、尺规作图、三等分角等),最后一章向学生展示关于域的有限伽罗瓦扩张的优美理论.

最后,我们向过去几年里对此书的前身提供意见的许多学者、教师和学生表示深深的谢意,我们也欢迎大家今后对此书给予更多的批评和指正.

作 者
1987 年 3 月于合肥

目　　次

第 1 章　群

1.1　集合论预备知识

群是集合上赋予某种二元运算的一种代数结构.所以在讲述什么是群之前,先要介绍集合论中我们所需要的一些预备知识.

一些特定的对象放在一起就叫做一个**集合**.例如全体正整数构成一个集合,表示成 **N**.全体整数构成整数集合,表示成 **Z**.类似地有复数集合 **C**、实数集合 **R**、有理数集合 **Q** 等等.集合 A 中每个对象 a 叫做 A 中的**元素**,表示成 $a \in A$,说成 a **属于** A.否则,如果某个对象 b 不属于 A,则表示成 $b \notin A$.

设 A 和 B 是两个集合,如果 A 中每个元素均是 B 中元素,即

$$a \in A \Rightarrow a \in B.$$

则 A 叫做 B 的一个**子集**,表示成 $A \subseteq B$ 或者 $B \supseteq A$.如果 $A \subseteq B$ 并且 $B \subseteq A$,即

$$a \in A \Leftrightarrow a \in B,$$

这也相当于说集合 A 与 B 包含同样的元素,这时叫做集合 A 与 B 相等,表示成 $A = B$.如果 A 是 B 的子集并且不等于 B,则 A 叫 B 的**真子集**,表示成 $A \subsetneqq B$ 或者 $B \supsetneqq A$.不包含任何元素的集合叫做**空集**,表示成 $\varnothing$.空集显然是每个集合的子集.

可以有许多方式来表达一个确定的集合.例如,若集合 A 只有有限多(不同)元素 $a_1, \cdots, a_n (n \in \mathbf{N})$,则这个集合可表示成

$$A = \{a_1, \cdots, a_n\}.$$

只有有限多个元素的集合叫**有限集**,否则叫**无限集**.具有 n 个元素的集合叫 n **元集**,元素个数表示成 $|A| = n$.在一般情形下,集合 S 中具有某种性质 P 的全体元素构成的集合通常表示成

$$\{x \in S \mid x \text{ 有性质 } P\}.$$

例如:偶数集合 $\{0, \pm 2, \pm 4, \cdots\}$ 可以表示成

$$\{n \in \mathbf{Z} \mid n \equiv 0 \,(\mathrm{mod}\ 2)\}.$$

由一些已知集合构作新的集合通常用集合上的运算来实现.下面是集合的一些基本运算.设 A 和 B 是两个集合,它们的公共元素组成的集合叫做 A 和 B 的**交**,表示成 $A \bigcap B$,即

$$A \bigcap B = \{x \mid x \in A \text{ 并且 } x \in B\}.$$

类似地,n 个集合 $A_1, \cdots, A_n$ 的交为

$$\bigcap_{i=1}^{n} A_i = A_1 \bigcap A_2 \bigcap \cdots \bigcap A_n = \{x \mid x \in A_i, 1 \leqslant i \leqslant n\}.$$

更一般地,对于任意多个集合形成的集族 $\{A_i \mid i \in I\}$(其中 I 是一个集合,叫该集族的**下标集合**,对于每个 $i \in I$,A_i 是该集族中的一个集合),它们的交为

$$\bigcap_{i \in I} A_i = \{x \mid x \in A_i, \text{对每个 } i \in I\}.$$

第二个集合运算是集合的**并**,集合 A 与 B 的并表示成 $A \bigcup B$,定义为

$$A \bigcup B = \{x \mid x \in A \text{ 或者 } x \in B\}.$$

类似地,有

$$\bigcup_{i=1}^{n} A_i = A_1 \bigcup A_2 \bigcup \cdots \bigcup A_n = \{x \mid x \in A_i, \text{对某个 } i, 1 \leqslant i \leqslant n\},$$

$$\bigcup_{i \in I} A_i = \{x \mid x \in A_i, \text{对某个 } i \in I\}.$$

设 A 是 B 的子集,则 $B - A = \{x \mid x \in B, x \notin A\}$ 叫做子集 A(关于 B)的**补集**.如果在讨论问题中所涉及的集合均是某个固定集合 Ω 的子集,则 $\Omega - A$ 也常常简称作 A 的补集,表示成 $\overline{A}$.

设 A 和 B 是两个集合,我们把集合

$$A \times B = \{(a, b) \mid a \in A, b \in B\}$$

叫做 A 和 B 的**直积**.在 $A \times B$ 中,$(a, b) = (a', b')$ 当且仅当 $a = a'$ 并且 $b = b'$.类似可定义多个集合的直积

$$A_1 \times \cdots \times A_n = \prod_{i=1}^{n} A_i = \{(a_1, \cdots, a_n) \mid a_i \in A_i, 1 \leqslant i \leqslant n\},$$

$$\prod_{i \in I} A_i = \{(a_i)_{i \in I} \mid a_i \in A_i, \text{对每个 } i \in I\}.$$

为了比较不同的集合,需要将不同集合发生联系,这就是集合之间的映射. f 叫做从集合 A 到集合 B 的**映射**,是指对每个 $a \in A$ 均有确定办法给出集合 B 中唯一的对应元素,这个对应元素叫做 a 在映射 f 之下的像,表示成 $f(a)$.而"f 把 a 映成 $f(a)$"这件事表示成 $a \mapsto f(a)$.从 A 到 B 的映射 f 表示成 $f: A \to B$ 或者 $A \xrightarrow{f} B$.

设 $f:A \rightarrow B$ 和 $g:B \rightarrow C$ 都是集合之间的映射. 则可经过连续作用, 得到一个从 A 到 C 的映射

$$g \circ f:A \rightarrow C, \qquad (g \circ f)(a) = g(f(a)).$$

映射 $g \circ f$ 叫做 f 与 g 的**合成映射**.

设 f 和 g 均是从集合 A 到集合 B 的映射, 我们称 f 和 g **相等**(表示成 $f = g$), 是指对于每个 $a \in A$, 均有 $f(a) = g(a)$.

引理 1(合成运算满足结合律)　设 $f:A \rightarrow B$, $g:B \rightarrow C$, $h:C \rightarrow D$ 均是集合的映射, 则

$$h \circ (g \circ f) = (h \circ g) \circ f.$$

证明　对于 $a \in A$, 令 $f(a) = b$, $g(b) = c$, $h(c) = d$. 则

$$(g \circ f)(a) = c, \qquad (h \circ g)(b) = d.$$

于是

$$(h \circ (g \circ f))(a) = h(c) = d, \quad ((h \circ g) \circ f)(a) = (h \circ g)(b) = d.$$

从而对每个 $a \in A$, $(h \circ (g \circ f))(a) = ((h \circ g) \circ f)(a)$; 这就表明 $h \circ (g \circ f) = (h \circ g) \circ f$. 证毕.

设 $f:A \rightarrow B$ 是集合的映射. 对于 A 的每个子集 A', 令

$$f(A') = \{f(x) \mid x \in A'\},$$

这是 B 的子集, 叫做 A' 在 f 之下的**像**; 对于 B 的子集 B', 令 $f^{-1}(B') = \{x \in A \mid f(x) \in B'\}$, 这是 A 的子集, 叫做 B' 的**原像**. 如果 $f(A) = B$, 即 B 中每个元素均是 A 中某个元素(在 f 之下)的像, 则 f 叫做**满射**; 如果 A 中不同元素被 f 映成 B 中不同元素, 即 a, $a' \in A$, $a \neq a' \Rightarrow f(a) \neq f(a')$, 则 f 叫做**单射**. 最后, 若 $f:A \rightarrow B$ 同时是单射和满射, 则 f 叫做**一一映射**或**一一对应**. 例如: 将集合 A 中每个元素均映成其自身的映射

$$1_A:A \rightarrow A, \qquad 1_A(a) = a.$$

就是 A 到 A 的一一对应. 映射 1_A 叫做集合 A 的**恒等映射**. 通常采用下面引理来判断一个映射是否为一一对应.

引理 2　映射 $f:A \rightarrow B$ 是一一对应的充分必要条件是存在映射 $g:B \rightarrow A$, 使得 $f \circ g = 1_B$, $g \circ f = 1_A$.

证明　如果 f 是一一对应, 由定义知这意味着对每个 $b \in B$, 均存在唯一的 $a \in A$ 使得 $f^{-1}(b) = a$(存在性是由于 f 是满射, 唯一性是由于 f 是单射). 于是可定义映射

$$g:B \rightarrow A, \qquad g(b) = f^{-1}(b).$$

直接验证 $g \circ f = 1_A$ 和 $f \circ g = 1_B$ 成立.

另一方面,如果 f 不是满射,则存在 $b\in B$,使得 $f^{-1}(b)=\varnothing$. 所以对每个映射 $g:B\rightarrow A$,均有 $(f\circ g)(b)=f(g(b))\neq b$. 于是 $f\circ g\neq 1_B$. 如果 f 不是单射,则存在 a, $a'\in A$, $a\neq a'$,使得 $f(a)=f(a')=b$. 那么对于每个映射 $g:B\rightarrow A$, $(g\circ f)(a)=g(b)=(g\circ f)(a')$,于是 $g\circ f\neq 1_A$. 所以若存在 $g:B\rightarrow A$ 使得 $f\circ g=1_B$ 并且 $g\circ f=1_A$,则 f 必然是一一对应. 证毕.

当 $f:A\rightarrow B$ 是一一对应时,满足 $f\circ g=1_B$ 和 $g\circ f=1_A$ 的映射 $g:B\rightarrow A$ 是唯一的. 这是因为:若 $g':B\rightarrow A$ 也有性质 $f\circ g'=1_B$, $g'\circ f=1_A$,则

$$g'=g'\circ 1_B=g'\circ(f\circ g)=(g'\circ f)\circ g=1_A\circ g=g.$$

我们将这个唯一存在的映射 g 叫做 f 的**逆映射**,表示成 f^{-1}.

设 A 是集合,集合 $A\times A$ 的每个子集 R 叫做集合 A 上的一个**关系**. 如果 $(a,b)\in R$,便称 a 和 b 有关系 R,写成 aRb. 例如 $\mathbf{R}\times\mathbf{R}$ 中子集

$$R=\{(a,b)\in\mathbf{R}\times\mathbf{R}\mid a\text{ 比 }b\text{ 大}\},$$

则实数 a 和 b 有关系 R,即指 a 比 b 大,这就是"大于"关系. 通常将这个关系记成 $a>b$. 同样还有 $\mathbf{R}$ 上的关系 $\geqslant$(大于或等于),$<$(小于),$\leqslant$(小于或等于),$=$(等于). 集合 A 上的关系 $\sim$ 叫做**等价关系**,是指它满足如下三个条件:

(1) 自反性:$a\sim a$(对于每个 $a\in A$);

(2) 对称性:若 $a\sim b$,则 $b\sim a$;

(3) 传递性:若 $a\sim b$, $b\sim c$,则 $a\sim c$.

设 $\sim$ 是集合 A 上的等价关系. 如果 $a\sim b$,由对称性知 $b\sim a$. 这时称元素 a 和 b 等价. 对于每个 $a\in A$,以 $[a]$ 表示 A 中与 a 等价的全部元素构成的集合,即

$$[a]=\{b\in A\mid b\sim a\}.$$

由自反性知 $a\in[a]$,称 $[a]$ 为 a 所在的**等价类**,由传递性可知同一等价类中任意二元素彼此等价(设 b, $c\in[a]$,则 $b\sim a$, $a\sim c$,于是 $b\sim c$). 不同等价类之间没有公共元素(为什么?)因此集合 A 是一些等价类 $\{[a_i]\mid i\in I\}$ 的并,而这些等价类是两两不相交的. 我们从每个等价类 $[a_i]$ 中取出一个元素 b_i(即 $b_i\in[a_i]$),则 $R=\{b_i\mid i\in I\}$ 具有如下性质:A 中每个元素均等价于某个 b_i,而不同的 b_i 彼此不等价. 我们把具有这样性质的 R 叫做 A 对于等价关系 $\sim$ 的**完全代表系**. 于是

$$A=\bigcup_{a\in R}[a]\quad\text{(两两不相交之并)}.\tag{$*$}$$

一般地,若集合 A 是它的某些子集 $\{A_i\mid i\in I\}$ 之并,并且 A_i 两两不相交,便称 $\{A_i\mid i\in I\}$ 是集合 A 的一个**分拆**. 如上所述,A 上的每个等价关系给出集合 A 的一个分拆 $(*)$. 反过来,如果 $\{A_i\mid i\in I\}$ 是集合 A 的一个分拆,可如下定义 A 上一个关系:对于 a, $b\in A$,

$$a \sim b \Longleftrightarrow a \text{ 和 } b \text{ 在同一 } A_i \text{ 之中}.$$

请读者证明这是等价关系. 以 E 表示 A 的全部等价关系, 以 P 表示 A 的全部分拆, 则上面由等价关系到分拆的映射 $f: E \rightarrow P$ 和从分拆到等价关系的映射 $g: P \rightarrow E$ 满足 $f \circ g = 1_P$, $g \circ f = 1_E$, 从而 f 是一一对应(引理 2). 换句话说, 集合 A 上的等价关系和 A 的分拆是一一对应的.

例如, 设 F 是由某些集合构成的集族. 在 F 上定义如下的关系: 对于 A, $B \in F$,

$$A \sim B \Longleftrightarrow \text{存在从 } A \text{ 到 } B \text{ 的一一对应}.$$

这是 F 上的等价关系(自反性: $1_A: A \rightarrow A$ 是一一对应, 从而 $A \sim A$. 对称性: 若 $f: A \rightarrow B$ 是一一对应, 则 $f^{-1}: B \rightarrow A$ 是一一对应, 从而 $A \sim B \Rightarrow B \sim A$. 传递性基于本节习题第 3 题). 对于这种等价关系, 彼此等价的集合叫做是**等势**的. 比如说, 两个有限集合等势(即存在一一对应)的充要条件是它们有同样多元素, 即 $|A| = |B|$. 与正整数集合 **N** 等势的集合叫做**可数无限集合**, 其他无限集合叫做**不可数集合**. 读者熟知的实数集合 **R** 是不可数集合. 而正偶整数的全体 E 是可数(无穷)集合, 因为存在着一一对应 $\mathbf{N} \rightarrow E, n \mapsto 2n$. 这个例子也表明, 无限集合 A 的一个真子集可以与 A 等势!

设 A 是集合. 从 $A \times A$ 到 A 的映射

$$f: A \times A \rightarrow A$$

叫做集合 A 上的一个(二元)**运算**. 例如: 通常复数加法就是运算

$$f: \mathbf{C} \times \mathbf{C} \rightarrow \mathbf{C}, \qquad f(\alpha, \beta) = \alpha + \beta.$$

我们经常把集合 A 上的运算表示成 $\cdot$, 即对于 $a, b \in A$, $f(a, b)$ 写成 $a \cdot b$ $(\in A)$ 或者更简单地写成 ab.

运算 $\cdot$ 满足结合律, 是指

$$a \cdot (b \cdot c) = (a \cdot b) \cdot c \quad (\text{对任意 } a, b, c \in A).$$

运算 $\cdot$ 满足交换律, 是指

$$a \cdot b = b \cdot a \quad (\text{对任意 } a, b \in A).$$

一个集合赋予满足某些特定性质的(一个或多个)二元运算, 便得到各种代数结构. 本书讲述群、环和域三种代数结构.

习　题

1. 设 B, $A_i (i \in I)$ 均是集合. 试证:

(1) $B \cap (\bigcup_{i \in I} A_i) = \bigcup_{i \in I} (B \cap A_i)$;

(2) $B \cup (\bigcap_{i \in I} A_i) = \bigcap_{i \in I} (B \cup A_i)$;

(3) $\overline{\bigcup_{i \in I} A_i} = \bigcap_{i \in I} \bar{A}_i$, $\overline{\bigcap_{i \in I} A_i} = \bigcup_{i \in I} \bar{A}_i$.

2. 设 $f: A \to B$ 是集合的映射,A 是非空集合.试证:

(1) f 为单射$\Longleftrightarrow$存在 $g: B \to A$,使得 $g \circ f = 1_A$;

(2) f 为满射$\Longleftrightarrow$存在 $h: B \to A$,使得 $f \circ h = 1_B$.

3. 如果 $f: A \to B$,$g: B \to C$ 均是一一对应,则 $g \circ f: A \to C$ 也是一一对应,且 $(g \circ f)^{-1} = f^{-1} \circ g^{-1}$.

4. 设 A 是有限集,$P(A)$ 是 A 的全部子集(包括空集)所构成的集族,试证 $|P(A)| = 2^{|A|}$,换句话说,n 元集合共有 2^n 个不同的子集.

5. 设 $f: A \to B$ 是集合间的映射.在集合 A 上如下定义一个关系:对任意 $a, a' \in A$,$a \sim a'$ 当且仅当 $f(a) = f(a')$.试证这样定义的关系是一个等价关系.

6. 证明等价关系的三个条件是互相独立的,也就是说,已知任意两个条件不能推出第三个条件.

7. 设 A, B 是两个有限集合.

(1) A 到 B 的不同映射共有多少个?

(2) A 上不同的二元运算共有多少个?

1.2 什 么 是 群

让我们先从半群讲起.

定义 1 集合 S 和 S 上满足结合律的二元运算 · 所形成的代数结构叫做**半群**.这个半群记成 $(S, \cdot)$ 或者简记成 S,运算 $x \cdot y$ 也常常简写成 xy.

如果运算又满足交换律,则 $(S, \cdot)$ 叫做**交换半群**.像通常那样令 $x^2 = x \cdot x$,$x^{n+1} = x^n \cdot x (= x \cdot x^n, n \geqslant 1)$.

定义 2 设 S 是半群,元素 $e \in S$ 叫做半群 S 的**幺元素**,是指对每个 $x \in S$,$xe = ex = x$.

如果半群 S 有幺元素 e，则它是唯一的，因若 e' 也是幺元素，则 $e' = e'e = e$．我们将半群 S 中这个唯一的幺元素（如果存在的话）通常记作 1_S 或者 1，具有幺元素的半群叫**含幺半群**．

定义 3　设 S 是含幺半群．元素 $y \in S$ 叫做元素 $x \in S$ 的**逆元素**，是指 $xy = yx = 1$．

如果 x 有逆元素，则它一定唯一．因为若 y' 也是 x 的逆元素，则 $xy' = y'x = 1$．于是

$$y = y \cdot 1 = y(xy') = (yx)y' = 1 \cdot y' = y'.$$

所以，若 x 具有逆元素，我们把这个唯一的逆元素记作 x^{-1}，则 $xx^{-1} = x^{-1}x = 1$．

定义 4　半群 G 如果有幺元素，并且每个元素均可逆，则 G 叫做**群**．此外，若运算又满足交换律，则 G 叫做**交换群**或叫**阿贝尔**（Abel）**群**．

下面给出半群和群的一些例子．

例 1　设 M 为非负整数全体，$(M, +)$ 是含幺交换半群，幺元素是数 0，但它不是群，因为，只有 0 对于加法在 M 中才可逆．

$\mathbf{Z}, \mathbf{Q}, \mathbf{R}, \mathbf{C}$ 对于加法均是阿贝尔群，分别叫做整数加法群，有理数加法群等等．

$(\mathbf{N}, \cdot)$ 是含幺交换（乘法）半群，幺元素为 1．它不是群．令 $\mathbf{Q}^*$ 为非零有理数全体，则 $(\mathbf{Q}^*, \cdot)$ 是交换群，幺元素为 1，非零有理数 α 的乘法逆为 α^{-1}．这叫非零有理数乘法群，同样有 $(\mathbf{R}^*, \cdot)$ 和 $(\mathbf{C}^*, \cdot)$，这些都是阿贝尔群．

例 2　以 $M_{m,n}(\mathbf{C})$ 表示全体 m 行 n 列复矩阵组成的集合，它对矩阵加法形成阿贝尔群．幺元素是全零矩阵，而矩阵 $A = (\alpha_{ij})$ 的加法逆是 $-A = (-\alpha_{ij})$．以 $M_n(\mathbf{C})$ 表示 n 阶复方阵全体，它对乘法形成含幺半群，幺元素是单位方阵 I_n．由线性代数可知，n 阶复方阵 A 有乘法逆的充要条件是 $\det A \neq 0$．从而 $M_n(\mathbf{C})$ 不是群，并且当 $n \geqslant 2$ 时，易知半群 $M_n(\mathbf{C})$ 不是交换的．类似有加法交换群 $M_{m,n}(\mathbf{R})$、含幺半群 $M_n(\mathbf{Q})$ 等等．

例 3　设 A 是非空集合，以 $\Sigma(A)$ 表示从 A 到 A 全体映射组成的集合．则 $\Sigma(A)$ 对于映射合成运算形成含幺半群．幺元素为 A 上恒等映射 1_A．由 1.1 节的引理 2 可知，$\Sigma(A)$ 中映射 f 可逆的充要条件是 f 为一一对应．所以当 $|A| > 1$ 时，$\Sigma(A)$ 不是群，并且半群 $\Sigma(A)$ 不是交换的．

例 4　欧氏平面 $\mathbf{R}^2$ 中保持欧氏距离不变的运动叫做**欧氏运动**．由于欧氏运动必为 $\mathbf{R}^2$ 到自身之上的一一对应，并且它的逆仍是欧氏运动，而两个欧氏运动的合成仍是欧氏运动，从而全体欧氏运动形成群，叫做平面上的**欧氏运动群**，这也是非阿贝尔群．

例5 设 n 为正整数,我们在 $\mathbf{Z}$ 上定义如下关系:对于整数 a 和 b,

$$a \sim b \Leftrightarrow n \mid a - b \ (即 a \equiv b (\bmod n)).$$

易知这是等价关系,于是整数集合 $\mathbf{Z}$ 分拆成 n 个等价类:$\overline{0}, \overline{1}, \cdots, \overline{n-1}$.其中 $\overline{i}$ 表示 i 所在的等价类,即 $\overline{i} = \{m \in \mathbf{Z} \mid m \equiv i (\bmod n)\}$.而 $\{0, 1, 2, \cdots, n-1\}$ 是 $\mathbf{Z}$ 对于上述模 m 同余关系的一个完全代表系.

以 $\mathbf{Z}_n$ 表示上述 n 个等价类组成的集合.在 $\mathbf{Z}_n$ 上定义加法:

$$\overline{a} + \overline{b} = \overline{a+b}.$$

由同余式基本性质可知这个加法运算是可以定义的,即与等价类(或叫**模 n 同余类**)中代表元的取法无关,并且 $\mathbf{Z}_n$ 对于这个运算形成交换群,幺元素是 $\overline{0}$,这叫**整数模 n 加法群**.

如果 $\mathbf{Z}_n$ 中定义乘法

$$\overline{a}\,\overline{b} = \overline{ab},$$

则 $\mathbf{Z}_n$ 对此乘法是含幺交换半群,幺元素为 $\overline{1}$.等式 $\overline{a}\overline{b} = \overline{1}$ 相当于同余式 $ab \equiv 1 (\bmod n)$.从初等数论知道,对于给定的 a,存在 b 满足 $ab \equiv 1 (\bmod n)$ 的充要条件是 $(a, n) = 1$.从而 $\overline{a}$ 对于上述乘法可逆的充要条件是 $(a, n) = 1$.

设 $(M, \cdot)$ 是含幺半群,我们以 $\mathrm{U}(M)$ 或者 M^* 表示半群 M 中可逆元素全体.

定理 若 $(M, \cdot)$ 是含幺半群,则 $(\mathrm{U}(M), \cdot)$ 是群.

证明 由 $1_M^{-1} = 1_M$ 可知 $1 = 1_M \in \mathrm{U}(M)$.若 $a, b \in \mathrm{U}(M)$,则 a, b 均可逆,易知 $b^{-1}a^{-1}$ 是 ab 的逆元素,从而 $ab \in \mathrm{U}(M)$.因此 $\cdot$ 是 $\mathrm{U}(M)$ 上的二元运算.这运算在 $\mathrm{U}(M)$ 中当然也满足结合律,于是 $(\mathrm{U}(M), \cdot)$ 是含幺半群.由于 $\mathrm{U}(M)$ 中每个元素 a 均可逆,从而 $a^{-1} \in M$ 也可逆(因为 a 是 a^{-1} 的逆),因此 $a^{-1} \in \mathrm{U}(M)$.从而 $\mathrm{U}(M)$ 中每个元素在 $\mathrm{U}(M)$ 中均可逆.根据定义,$\mathrm{U}(M)$ 为群.证毕.

于是,由前面的例子便知:

(a) 全体 n 阶可逆复方阵形成乘法群,叫做复数上的 n 次**一般线性群**,表示成 $\mathrm{GL}(n, \mathbf{C})$.同样有群 $\mathrm{GL}(n, \mathbf{R})$,$\mathrm{GL}(n, \mathbf{Q})$ 等.

(b) 设 A 为非空集合,A 到自身之上的所有一一对应对于合成运算形成群,叫做集合 A 上的**对称群**或**全置换群**,表示成 $S(A)$,其中元素(即 A 到 A 的一一对应)叫做集合 A 上的**置换**.

(c) 设 n 为正整数,$\overline{a}$ 为整数 a 的模 n 同余类.则集合

$$\mathbf{Z}_n^* = \{\overline{a} \mid (a, n) = 1\}$$

对于乘法形成阿贝尔群.这个群有 $\varphi(n)$ 个元素,其中 $\varphi(n)$ 是 1 到 n 中与 n 互素的整数个数($\varphi(n)$ 叫**欧拉函数**).

设 G 是群.若集合 G 有限,称 G 为有限群,否则叫无限群.若有限群 G 共有 n 个元素,则 G 叫 n **阶群**或叫 n **元群**,$n=|G|$ 叫有限群 G 的**阶**.

为了考查各种群之间的联系,我们要研究群之间的映射.但是群不仅是集合还有运算,所以我们需要映射与群运算保持协调.确切地说:

定义 5 设 $(G,\cdot)$ 和 $(G',\circ)$ 是两个群.映射 $f:G\to G'$ 叫做群 G 到群 G' 的**同态**,是指对 $a,b\in G$,

$$f(a\cdot b)=f(a)\circ f(b) \quad (\text{简记成 } f(ab)=f(a)f(b)).$$

此外,若 f 又为单射或满射,则 f 分别叫**单同态**或**满同态**.如果同态 f 是一一对应,则称 f 是群 G 到群 G' 的**同构**.这时,称群 G 和 G' 是**同构**的,表示成 $G\cong G'$ 或者 $f:G\xrightarrow{\sim} G'$.

彼此同构的群具有完全相同的群结构.在群论中,同构的群认为本质上是同一个群,我们更主要地是研究本质不同的群之间的联系,所以,同态是群论中更重要的研究手段.

例 6 考虑映射

$$\det:\mathrm{GL}(n,\mathbf{C})\to\mathbf{C}^*,\qquad A\mapsto\det A,$$

即把每个 n 阶可逆复方阵 A 映成它的行列式 $\det A$(这是非零复数).由于 $\det(AB)=(\det A)(\det B)$,可知 $\det$ 是乘法群同态,并且易知这是满同态.当 $n\geq 2$ 时,这不是单同态.

例 7 设 n 为正整数.$C_n=\{\mathrm{e}^{\frac{2\pi ia}{n}}\,|\,0\leq a\leq n-1\}$.则 C_n 中 n 个复数形成乘法群(叫 n **次单位根群**).作映射

$$f:C_n\to(\mathbf{Z}_n,+),\qquad \mathrm{e}^{\frac{2\pi ia}{n}}\mapsto\bar{a}.$$

则

$$f\left(\mathrm{e}^{\frac{2\pi ia}{n}}\cdot\mathrm{e}^{\frac{2\pi ib}{n}}\right)=f\left(\mathrm{e}^{\frac{2\pi i(a+b)}{n}}\right)=\overline{a+b}=\bar{a}+\bar{b}$$

$$=f\left(\mathrm{e}^{\frac{2\pi ia}{n}}\right)\cdot f\left(\mathrm{e}^{\frac{2\pi ib}{n}}\right).$$

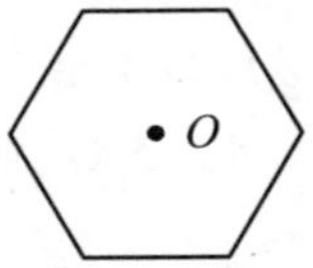

所以 f 是群同态,显然 f 是一一对应,从而 f 为群同构.

图 1

如果 $n\geq 3$.考虑以点 O 为中心的正 n 边形(图 1 为正六边形).设 G_n 是以 O 为中心将此正 n 边形变成自身的旋转群.如果用 σ 表示逆时针旋转 $\frac{360^\circ}{n}$,则 $G_n=\{1,\sigma,\sigma^2,\cdots,\sigma^{n-1}\}$(注意 $\sigma^n=1=\sigma^0$).不难看出,群 G_n 与前面的群 $C_n,\mathbf{Z}_n$ 均同构.尽管它们分别来自几何、代数或者数论,但是它们本质上是同一个群,即有同样的群结构.

群 G 到自身的同态(同构)叫群 G 的**自同态**(**自同构**). 以 $\mathrm{Aut}(G)$ 表示群 G 的自同构全体,请读者验证它对于合成运算为群,其幺元素为 G 上的恒等自同构 (即恒等映射). 对于群 G 决定出它的**自同构群** $\mathrm{Aut}(G)$(即确定 G 的全部自同构 并刻画出 $\mathrm{Aut}(G)$ 的群结构),是群论的一个基本问题.

例8 考虑整数加法群 $(\mathbf{Z}, +)$. 设 $f: \mathbf{Z} \to \mathbf{Z}$ 是 $\mathbf{Z}$ 的自同态. 则必然有 $f(0) = 0$, $f(-n) = -f(n)$(习题15). 从而若 $f(1) = t \in \mathbf{Z}$, 则 $f(2) = f(1+1) = f(1) + f(1) = t + t = 2t$. 用数学归纳法即知对每个正整数 n, $f(n) = nt$, 从而 $f(-n) = -nt$. 不难看出如此定义的映射是加法群 $\mathbf{Z}$ 的自同态. 将此自同态记成 f_t. 不同的 t 对应不同的自同态. 因此 $\mathbf{Z}$ 的自同态(含幺半群)为 $\{f_t \mid t \in \mathbf{Z}\}$.

自同态 f_t 的像为 $\{tn \mid n \in \mathbf{Z}\}$. 从而 f_t 为自同构 $\Longleftrightarrow \{tn \mid n \in \mathbf{Z}\} = \mathbf{Z} \Longleftrightarrow t = \pm 1$. 因此 $\mathrm{Aut}(\mathbf{Z}) = \{f_1, f_{-1}\}$(二元群). 其中幺元素 f_1 为恒等自同构,而 f_{-1} 为自同构 $n \mapsto -n$. $\mathrm{Aut}(\mathbf{Z})$ 中群运算是 $f_{-1} \cdot f_{-1} = f_1$.

习　题

1. 令 N 是所有 $n \times n$ 上三角非奇异复方阵的集合,P 是主对角线上的元素都 是 1 的上三角方阵的集合,运算定义为矩阵的乘法. 试证 N 和 P 都是群.

2. 令 G 是实数对 (a, b), $a \neq 0$ 的集合. 在 G 上定义
$$(a, b)(c, d) = (ac, ad + b).$$
试证 G 是群.

3. 令 Ω 是任意一个集合,G 是一个群,Ω^G 是 Ω 到 G 的所有映射的集合. 对 任意两个映射 $f, g \in \Omega^G$, 定义乘积 fg 是这样的映射:对任意 $\alpha \in \Omega$, $fg(\alpha) = f(\alpha)g(\alpha)$. 试证 Ω^G 是群.

4. 令 G 是所有秩不大于 r 的 $n \times n$ 复方阵的集合,试证在矩阵的乘法下 G 成 半群.

5. 举出一个半群的例子,它不是含幺半群;再举出一个含幺半群的例子,它不 是群.

*6. 设 G 是一个半群. 如果

(1) G 中含有左幺元 e, 即对任意 $a \in G$, $ea = a$;

(2) G 的每个元素 a 有左逆 a^{-1}, 使得 $a^{-1}a = e$. 试证 G 是群.

*7. 设 G 是半群. 如果对任意 $a, b \in G$, 方程 $xa = b$ 和方程 $ay = b$ 在 G 内有 解,则 G 是群.

*8. 设 G 是一个有限半群,如果在 G 内消去律成立,即由 $ax=ay$ 或 $xa=ya$ 可推出 $x=y$,则 G 是群.

9. 设 G 是含幺半群,$a,b\in G$.

(1) 如果 a 有逆元素 a^{-1},则 a^{-1} 也有逆元素且 $(a^{-1})^{-1}=a$;

(2) 如果 a 和 b 都具有逆元素,则 ab 也有逆元素,且
$$(ab)^{-1}=b^{-1}a^{-1}.$$

*10. b 是含幺半群 G 中元素 a 的逆元素当且仅当成立
$$aba=a \quad 和 \quad ab^2a=1.$$

*11. 令 G 是 n 阶有限群,$a_1,a_2,\cdots,a_n$ 是群 G 的任意 n 个元素,不一定两两不同.试证:存在整数 p 和 q,$1\leqslant p\leqslant q\leqslant n$,使得
$$a_p a_{p+1}\cdots a_q=1.$$

*12. 在偶数阶群 G 中,方程 $x^2=1$ 总有偶数个解.

*13. 令 G 是 n 阶有限群,S 是 G 的一个子集,$|S|>n/2$.试证:对任意 $g\in G$,存在 $a,b\in S$ 使得 $g=ab$.

14. 设 $f:G\rightarrow H$ 是群的同态.试证:
$$f(1_G)=1_H \text{ 且对任意 } x\in G,f(x^{-1})=f(x)^{-1}.$$

15. 对任意 $a\in G$,$a\mapsto a^{-1}$ 是群 G 的自同构当且仅当 G 是阿贝尔群.

*16. 求有理数加群 $\mathbf{Q}$ 的自同构群 $\mathrm{Aut}(\mathbf{Q})$.

*17. 证明有理数加群 $\mathbf{Q}$ 和非零有理数乘法群 $\mathbf{Q}^*$ 不同构.

18. 证明:

(1) 有理数加群 $\mathbf{Q}$ 和正有理数乘法群 $\mathbf{Q}^+$ 不同构;

(2) 实数加群 $\mathbf{R}$ 同构于正实数乘法群 $\mathbf{R}^+$.

*19. 群 G 的自同构 α 称为没有不动点的自同构,是指对 G 的任意元素 $g\neq 1$,$\alpha(g)\neq g$.如果有限群 G 具有一个没有不动点的自同构 α 且 $\alpha^2=1$,则 G 一定是奇数阶阿贝尔群.

1.3　子群和陪集分解

定义 1　设 $(G,\cdot)$ 为群.A 为 G 的子集.如果 $(A,\cdot)$ 为群,则称 A 为 G 的子群,表示成 $A\leqslant G$.此外,若 $A\neq G$,则称 A 为 G 的**真子群**,表示成 $A<G$.

例如,对每个群 G,一元群$\{1_G\}$以及 G 自身均是 G 的子群,它们叫做 G 的**平凡子群**.

为了验证子集 A 是否为群 G 的子群,只需验证 A 对于 G 中的运算形成群,即只需验证以下三点:

(1) $1_G \in A$;

(2) $a \in A \Rightarrow a^{-1} \in A$(即 A 中每个元素对于 G 中运算的逆元素均在 A 中);

(3) $a, b \in A \Rightarrow ab \in A$(即 G 中运算也是 A 中二元运算). 根据这个方法不难验证下面例子中的子群.

例 1 对每个非负整数 n,$n\mathbf{Z} = \{na \mid a \in \mathbf{Z}\}$是整数加法群 $\mathbf{Z}$ 的子群,当 $n \geqslant 1$ 时,这些子群均与 $\mathbf{Z}$ 同构.

例 2 以 $\mathrm{SL}(n, \mathbf{C})$ 表示行列式为 1 的 n 阶复方阵全体,它是一般线性群 $\mathrm{GL}(n, \mathbf{C})$ 的子群,叫做**特殊线性群**.

设 G 为群,A,B 为 G 的子集,$a \in G$.今后记
$$aA = \{ax \mid x \in A\}, \quad Aa = \{xa \mid x \in A\},$$
$$A^{-1} = \{a^{-1} \mid a \in A\}, \quad AB = \{ab \mid a \in A, b \in B\}.$$

引理 1 设 G 是群,$A \leqslant G$.定义 G 上的关系为:对于 g,$h \in G$,$g \sim h \Leftrightarrow gh^{-1} \in A$.则 $\sim$ 是 G 上的等价关系,并且元素 g 对此等价关系的等价类是 Ag.

证明 (1) 对每个 $g \in G$,由于 $gg^{-1} = 1 \in A$,从而 $g \sim g$.(2) 若 $g \sim h$,则 $gh^{-1} \in A$,由于 A 是子群,从而 $hg^{-1} = (gh^{-1})^{-1} \in A$,于是 $h \sim g$.(3) 若 $g \sim h$,$h \sim l$,则 gh^{-1},$hl^{-1} \in A$.因此 $gl^{-1} = (gh^{-1})(hl^{-1}) \in A$.于是 $g \sim l$.综上所述,即知 $\sim$ 为 G 上的等价关系.

进而,$g \sim h \Leftrightarrow gh^{-1} = a^{-1} \in A \Leftrightarrow h = ag \in Ag$.从而,与 g 等价的元素全体为集合 Ag,证毕.

由引理 1 可知,群 G 分拆成形如 Ag 的一些集合,每个等价类 Ag 叫做 G 对于子群 A 的**右陪集**.如果 $R = \{g_i \mid i \in I\}$ 是 G 对于上述等价关系的完全代表元系,则它通常叫做 G 对 A 的**右陪集代表元系**.于是有分拆
$$G = \bigcup_{g \in R} Ag \quad (\text{两两不交的并}),$$
这叫 G 对子群 A 的**右陪集分解**.其中右陪集个数为 $|R|$,表示成$[G:A]$.如果 R 为有限集,则 $[G:A] = |R|$ 是正整数,若 R 是无限集,则记成 $[G:A] = \infty$. $[G:A]$ 叫做子群 A 对于群 G 的**指数**.

类似可定义群 G 对于子群 A 的左陪集分解(左陪集形式为 gA)并且 A 对于这两种分解在 G 中有相同的指数(习题 8,9).

作为陪集分解的应用,现在证明群论中第一个重要的数量结果.

定理 1(拉格朗日(J. Lagrange))　设 G 为有限群,$A \leqslant G$. 则

$$|G| = |A| \cdot [G:A],$$

特别地,G 的每个子群的阶都是 G 的阶的因子.

证明　考虑右陪集分解

$$G = \bigcup_{g \in R} Ag \quad (\text{两两不交的并}).$$

对于 a,$b \in A$,由消去律可知 $a \neq b \Leftrightarrow ag \neq bg$. 从而,对每个 $g \in R$,$|Ag| = |A|$. 由右陪集分解式即知

$$|G| = \sum_{g \in R} |Ag| = \sum_{g \in R} |A| = |A| \cdot |R| = |A| \cdot [G:A].$$

证毕.

拉格朗日定理是群论中简单而有用的定理. 例如:一个 6 阶群只能有 1,2,3,6 阶子群,不能有 4 阶或 5 阶子群. 又如,素数阶群只有平凡子群.

拉格朗日定理还有一个重要的推论. 设 $g \in G$,若存在正整数 n 使得 $g^n = 1$,则满足此式的最小正整数 n 叫做 g 的阶,并且称 g 是**有限阶元素**. 例如,1_G 是 1 阶元素. 如果不存在正整数 n 使得 $g^n = 1$,则称 g 是**无限阶元素**. 有限群 G 中每个元素均是有限阶元素,这是因为:考虑集合 $\{g, g^2, g^3, \cdots\}$. 由于 G 有限,从而有 $0 < m < n$,使得 $g^n = g^m$,于是 $g^{n-m} = g^n g^{-m} = g^m g^{-m} = 1$. 而 $n - m$ 为正整数,因此,g 为有限阶元素.

定理 2　设 G 是有限群,则 G 中每个元素 g 的阶均是 $|G|$ 的因子.

证明　由上所述知 g 是有限阶元素. 设 g 的阶为 n,则 $1 = g^0, g^1, \cdots, g^{n-1}$ 是 G 中 n 个不同的元素,而 $g^n = 1$. 不难看出它们形成 G 的一个 n 阶子群 A,于是,由定理 1 即知 $n = |A|$ 为 $|G|$ 的因子. 证毕.

设 $g \in G$,g 的阶为 n. 若对某个整数 m,$g^m = 1$,则由整数集合上的欧几里得带余除法即知 $n \mid m$.

作为定理 2 的应用,我们来确定非阿贝尔群的最小阶数. 首先有:

引理 2　若群 G 中每个元素 $g(\neq e)$ 的阶均为 2,则 G 是阿贝尔群.

证明　设 a,$b \in G$,则 $a^2 = b^2 = 1$,$abab = (ab)^2 = 1$. 于是,$a(abab)b = a \cdot 1 \cdot b = ab$. 但是,$a(abab)b = (aa)ba(bb) = ba$,即 $ba = ab$. 证毕.

引理 3　p(素数)阶群 G 均是阿贝尔群,并且均同构于整数模 p 加法群 $\mathbf{Z}_p$.

证明　根据定理 2,对于每个 $1 \neq g \in G$,g 的阶为 p,于是 $\{1, g, g^2, \cdots, g^{p-1}\}$ 是 G 中 p 个不同元素. 但是 $|G| = p$,于是 $G = \{1, g, g^2, \cdots, g^{p-1}\}$. 这显然是阿贝尔群 $(g^i g^j = g^{i+j} = g^{j+i} = g^j \cdot g^i)$. 由于 $g^p = 1$,易知 $f: G \to \mathbf{Z}_p$,$g^i \mapsto i$ 是群的同构. 证毕.

这个引理表明:对于每个素数 p,p 阶群本质上只有一个,即 $\mathbf{Z}_p$.

现在可以证明:

引理4 非阿贝尔群的最小阶数是6.

证明 由引理3知2,3,5阶群均是阿贝尔群.1元群显然是阿贝尔群.考虑4元群 G.由定理2,G 中元素 $g \neq 1$ 的阶只能是 2 和 4.如果 G 中有 4 阶元素 g,则 $G = \{1, g, g^2, g^3\} \cong \mathbf{Z}_4$,从而是阿贝尔群.否则,$G$ 中每个 $g \neq 1$ 的阶都是 2,由引理 2 可知它也是阿贝尔群.这就证明了 4 阶群均是阿贝尔群.最后,以 S_3 表示集合 $\{1, 2, 3\}$ 的对称群(即 $\{1, 2, 3\}$ 的全部置换形成的群),它是 $6 (= 3 \times 2)$ 元群:$S_3 = \{I, (12), (13), (23), (123), (132)\}$,其中 (123) 表示将 1 变成 2,2 变成 3,3 变成 1 的置换.由于 $(12)(13) = (132) \neq (123) = (13)(12)$,从而 S_3 不是阿贝尔群.因此,最小非阿贝尔群的阶数是 6.证毕.

定理3 设 g 和 h 为群 G 中元素.

(1) 若 g 是 n 阶元素,则对每个正整数 m,g^m 的阶是 $\dfrac{n}{(m, n)}$;

(2) 若 $gh = hg$,元素 g 和 h 的阶为 m 和 n,并且 $(m, n) = 1$,则 gh 的阶为 nm.

证明 (1) 令 g^m 的阶是 N.由于

$$(g^m)^{\frac{n}{(m,n)}} = (g^n)^{\frac{m}{(m,n)}} = 1 \quad \left(\text{注意} \frac{n}{(m,n)}, \frac{m}{(m,n)} \in \mathbf{Z}\right),$$

从而 $N \mid \dfrac{n}{(m, n)}$.另一方面,由 $g^{mN} = (g^m)^N = 1$,可知 $n \mid mN$,于是 $\dfrac{n}{(m, n)} \mid \dfrac{m}{(m, n)} N$.但是 $\dfrac{n}{(m, n)}$ 和 $\dfrac{m}{(m, n)}$ 互素,因此 $\dfrac{n}{(m, n)} \mid N$.所以 $N = \dfrac{n}{(m, n)}$.

(2) 设 gh 的阶为 N.由于 $gh = hg$,从而 $(gh)^{nm} = g^{nm} h^{nm} = (g^m)^n (h^n)^m = 1$,因此 $N \mid nm$.另一方面,由(1)知 g^n 的阶为 $\dfrac{m}{(m, n)} = m$,又 $g^n = g^n h^n = (gh)^n$,从而 g^n 的阶为 $\dfrac{N}{(n, N)}$.于是 $m = \dfrac{N}{(n, N)}$,即 $m \mid N$.同样地,$n \mid N$.由于 m 和 n 互素,从而 $mn \mid N$.于是 $N = nm$.证毕.

定理4 设 G 为有限群,$A, B \leqslant G$.则

(1) $|AB| = |A| \cdot |B| / |A \cap B|$;

(2) 若 $A \leqslant B \leqslant G$,则 $[G : A] = [G : B][B : A]$;

(3) $[G : A \cap B] \leqslant [G : A][G : B]$.进而,若 $[G : A]$ 和 $[G : B]$ 互素,则 $[G : A \cap B] = [G : A][G : B]$ 且 $AB = G$.(注意:若 A 和 B 为 G 的子群,易知

$A \cap B$ 也是 G 的子群.)

证明 (1) 集合 AB 显然是一些陪集 Ab ($b \in B$) 的并, 而 B 是一些陪集 $(A \cap B)b$ ($b \in B$) 的并. 但是, 对于 $b, b' \in B$, 有

$$Ab = Ab' \Leftrightarrow b'b^{-1} \in A \Leftrightarrow b'b^{-1} \in A \cap B$$
$$\Leftrightarrow (A \cap B)b = (A \cap B)b'.$$

所以, 上述两种分解中陪集个数一样多, 即

$$\frac{|AB|}{|A|} = \frac{|B|}{|A \cap B|},$$

这就证明了(1).

(2) 设 G 对子群 B 的陪集分解为

$$G = \bigcup_{j=1}^{n} Bg_j, \qquad n = [G : B].$$

B 对子群 A 的陪集分解为

$$B = \bigcup_{i=1}^{m} Ab_i, \qquad m = [B : A].$$

则 $G = \bigcup_{j=1}^{n} \bigcup_{i=1}^{m} Ab_ig_j$, 如果 $Ab_ig_j = Ab_{i'}g_{j'}$ ($1 \leqslant i, i' \leqslant m, 1 \leqslant j, j' \leqslant n$), 则 $b_{i'}g_{j'} g_j^{-1} b_i^{-1} \in A$, 从而 $g_jg_{j'}^{-1} \in b_{i'}^{-1}Ab_i \subseteq B$. 因此 $Bg_j = Bg_{j'}$, 所以 $j = j'$. 从而 $b_ib_{i'}^{-1} \in A$, 即 $Ab_i = Ab_{i'}$, 而这又得出 $i = i'$. 这就表明, 当 $(i,j) \neq (i',j')$ 时, Ab_ig_j 和 $Ab_{i'}g_{j'}$ 是 G 对 A 的不同陪集. 于是

$$[G : A] = mn = [G : B][B : A].$$

(3) 对于 $b, b' \in B$, 由于

$$(A \cap B)b \neq (A \cap B)b' \Rightarrow b'b^{-1} \notin A \cap B \Rightarrow b'b^{-1} \notin A \Rightarrow Ab \neq Ab'.$$

可知 $[B : A \cap B] \leqslant [G : A]$. 从而

$$[G : A \cap B] = [G : B][B : A \cap B] \leqslant [G : B][G : A].$$

另一方面, 由上式知 $[G : B] \mid [G : A \cap B]$. 同样有 $[G : A] \mid [G : A \cap B]$. 由于 $[G : B]$ 和 $[G : A]$ 互素, 所以 $[G : B][G : A] \mid [G : A \cap B]$. 于是必然有 $[G : A \cap B] = [G : A][G : B]$, 即 $\dfrac{|G|}{|A \cap B|} = \dfrac{|G|^2}{|A| \cdot |B|}$. 从而 $|G| = \dfrac{|A| \cdot |B|}{|A \cap B|}$. 但是, 由 (1) 知 $|AB| = \dfrac{|A| \cdot |B|}{|A \cap B|}$, 因此 $|AB| = |G|$, 即 $AB = G$. 证毕.

定义 2 设 A 和 B 是群 G 的两个子集. 如果存在 $g \in G$ 使得 $g^{-1}Ag = B$, 则称 A 和 B **共轭**.

不难看出,群 G 的子集之间的共轭关系是等价关系.每个等价类叫做**共轭类**. 易知 $|g^{-1}Ag| = |A|$,从而彼此共轭的集合有相同的势数.又若 A 是 G 的子群,易知 $g^{-1}Ag$ 也是 G 的子群,叫做 A 的**共轭子群**.从而 G 的所有子群也分成一些共轭类.元素 $g^{-1}ag$ 叫做 a 的**共轭元素**.

定义 3 设 M 是群 G 的子集.则
$$N_G(M) = \{g \in G \mid g^{-1}Mg = M\}$$
是 G 的子群(为什么?),叫做 M 的**正规化子**.又令
$$C_G(M) = \{g \in G \mid g^{-1}ag = a, \forall a \in M\}.$$
由于 $g^{-1}ag = a$ 相当于 $ag = ga$,从而 $C_G(M)$ 即是 G 中与 M 中每个元素均可换的元素全体.这也是 G 的子群,叫做 M 的**中心化子**.因此 $C_G(G)$ 中元素就是与 G 中每个元素均可交换的那些元素,这叫做 G 的**中心元素**,而子群 $C(G) = C_G(G)$ 叫做 G 的**中心**.于是:G 为阿贝尔群 $\Leftrightarrow G = C(G)$.所以,$C(G)$ 的大小反映了群 G 的交换性程度.又由定义知 $C_G(M) \leqslant N_G(M)$.并且对每个元素 $a \in G$,$C_G(a) = N_G(a)$.

定理 5 设 M 是群 G 的子集,则与 M 共轭的子集个数等于 $[G : N_G(M)]$.

证明 与 M 共轭的子集有形式 $g^{-1}Mg(g \in G)$.但是
$$g^{-1}Mg = g'^{-1}Mg' \Leftrightarrow g'g^{-1}Mgg'^{-1} = M$$
$$\Leftrightarrow gg'^{-1} \in N_G(M)$$
$$\Leftrightarrow N_G(M)g = N_G(M)g'.$$
从而 M 的共轭子集数等于 G 对 $N_G(M)$ 的陪集个数.证毕.

系 设 $a \in G$,则与 a 共轭的元素个数等于 $[G : C_G(a)]$.

由这个系及定理 5 可推出下面有益的结果:

定理 6 设 p 为素数,$n \geqslant 1$,G 为 p^n 阶群.则 $|C(G)| > 1$,即 G 有非平凡(即不为 1)的中心元素.

证明 设 $r = |C(G)|$.由于 $1 \in C(G)$,从而 $r \geqslant 1$.令 $C(G) = \{a_1, \cdots, a_r\}$.由定义知:$a$ 为 G 的中心元素 $\Leftrightarrow$ 只有 a 自身与 a 共轭.所以,将 G 分拆成共轭元素类的并时,每个中心元素 $a_i (1 \leqslant i \leqslant r)$ 均自成一类,而其余共轭类中元素个数均多于一个.但是,由定理 5 的系可知每个共轭类的元素个数均是 $p^n = |G|$ 的因子.所以
$$p^n = \underbrace{1 + 1 + \cdots + 1}_{r \text{个}} + p^{i_1} + p^{i_2} + \cdots \quad (i_1, i_2 \cdots \geqslant 1).$$
因此 $r \equiv 0 \pmod{p}$.但是 $r \geqslant 1$,从而 $|C(G)| = r \geqslant p$,这就表明存在(至少 $p - 1$ 个)不为 1 的中心元素.证毕.

我们已经证明过 4 阶群是阿贝尔群. 现在可以证明:

定理 7　对每个素数 p, p^2 阶群 G 均是阿贝尔群.

证明　设 $1 \neq a \in G$, 则 a 的阶为 p 或者 p^2(拉格朗日定理). 如果 G 中存在 p^2 阶元素 g, 则 $G = \{1, g, g^2, \cdots, g^{p^2-1}\}$ 是阿贝尔群(同构于 $\mathbf{Z}_{p^2}$). 否则, 每个元素 $a \neq 1$ 均是 p 阶元素. 由定理 6 知 G 中存在中心元素 $a \neq 1$, 而 a 阶数是 p, 从而子群 $A = \{1, a, \cdots, a^{p-1}\}$ 中每个元素均是中心元素. 由于 $|G| = p^2$, $|A| = p$, 所以, G 中有元素 $b \notin A$, 而 b 的阶也为 p, 不难证明: $A, Ab, Ab^2, \cdots, Ab^{p-1}$ 是 G 对 A 的全部陪集(若 $Ab^n = Ab^m$, $0 \leqslant n < m \leqslant p-1$, 则 $b^{m-n} \in A$, $1 \leqslant m - n \leqslant p-1$, 由于 $m - n$ 和 p 互素, 而 b 的阶为 p, 即知 $b \in A$, 矛盾), 因此 $G = \{a^n b^m \mid 0 \leqslant n, m \leqslant p-1\}$. 由于 a^n 为中心元素, 所以

$$(a^n b^m)(a^{n'} b^{m'}) = a^n (b^m a^{n'}) b^{m'} = a^n a^{n'} b^m b^{m'}$$
$$= a^{n+n'} b^{m+m'} = (a^{n'} b^{m'})(a^n b^m).$$

这就表明 G 是阿贝尔群. 证毕.

习　题

1. 试证群 G 的任意多个子群的交仍是 G 的子群.

2. 设 A 是群 G 的非空子集. 试证 A 是 G 的子群当且仅当对任意 $a, b \in A$, $ab^{-1} \in A$(这也相当于 $AA^{-1} = A$).

3. 设 A 是群 G 的有限子集, 则 A 是 G 的子群当且仅当对任意 $a, b \in A$, $ab \in A$.

4. 设 A 和 B 分别是群 G 的两个子群. 试证: $A \cup B$ 是 G 的子群当且仅当 $A \leqslant B$ 或 $B \leqslant A$. 利用这个事实, 证明群 G 不能表示成两个真子群的并.

5. 设 A, B 是群 G 的两个子群. 试证:
$$AB \leqslant G \text{ 当且仅当 } AB = BA.$$

6. 设 A, B 是群 G 的两个子群且 $G = AB$. 如果子群 C 包含 A, 则
$$C = A(B \cap C).$$

*7. 设 A 和 B 是有限群 G 的两个非空子集. 若
$$|A| + |B| > |G|,$$
则 $G = AB$.

8. 试证: 群 G 可以分解成它的子群 A 的互不相交的一些左陪集 $gA(g \in G)$ 的并(G 对 A 的左陪集分解).

9. 如果 R 是群 G 对于子群 A 的右陪集代表元系, 则 R^{-1} 是群 G 对于 A 的左

陪集代表元系.

10. 设 $A \leqslant G$，$B \leqslant G$.如果存在 a，$b \in G$，使得 $Aa = Bb$，则 $A = B$.

*11. 设 H 和 K 分别是有限群 G 的两个子群.试证：
$$|HgK| = |H| \cdot [K : g^{-1}Hg \bigcap K].$$

12. 设 A 是群 G 的具有有限指数的子群.试证：存在 G 的一组元素 g_1，$g_2, \cdots$，它们既可以作为 A 在 G 中的右陪集代表元系，又可以作为 A 在 G 中的左陪集代表元系.

13. 设 a，b 是群 G 的任意两个元素.试证：a 和 a^{-1}，ab 和 ba 有相同的阶.

*14. 令 $G = \mathrm{GL}(n, \mathbf{C})$，$P$ 是主对角线上的元素均为 1 的 $n \times n$ 上三角方阵全体形成的 G 的子群.试分别确定 $N_G(P)$，$C_G(P)$ 和 P 的中心 $C(P)$.

*15. 试证有限群 G 的一个真子群的全部共轭子群不能覆盖整个群 G.结论对无限群是否成立？

*16. 设 G 是有限阿贝尔群.试证：g 对应到 g^k 是 G 的一个自同构当且仅当 k 和 $|G|$ 互素.

*17. 设 G 是奇数阶有限群，$\alpha \in \mathrm{Aut}(G)$ 且 $\alpha^2 = 1$.令
$$G_1 = \{g \in G \mid \alpha(g) = g\}, \quad G_{-1} = \{g \in G \mid \alpha(g) = g^{-1}\}.$$
试证：$G = G_1 G_{-1}$ 且 $G_1 \bigcap G_{-1} = \{1\}$.

18. 设 G 为群.对每个元素 $g \in G$，如下定义 $f_g : G \rightarrow G$，对任意 $x \in G$，$f_g(x) = g^{-1}xg$.试证：f_g 是 G 的自同构，且 f_g 是恒等自同构当且仅当 $g \in C(G)$.这样的自同构 f_g 称为 G 的内自同构.

1.4 循 环 群

设 G 为群，S 是 G 的子集，G 中包含 S 的最小子群 A 叫做**由 S 生成的子群**，表示成 $A = \langle S \rangle$（注意：若 A_1 和 A_2 是包含 S 的子群，则 $A_1 \bigcap A_2$ 也是包含 S 的子群，从而包含 S 的子群当中确实有最小的一个.事实上，它就是 G 中包含 S 的所有子群之交）.显然对 S 中每个元素 a，a 和 a^{-1} 均属于 $\langle S \rangle$，从而对 $a_1, \cdots$，$a_m \in S \bigcup S^{-1}$ 时，$a_1 \cdots a_m \in \langle S \rangle$.但是易证这种形式的元素之逆与积仍为这种形式的元素，所以它们形成一个子群，从而这也是包含 S 的最小子群.于是
$$\langle S \rangle = \{a_1 \cdots a_m \mid m \geqslant 0, a_i \in S \bigcup S^{-1}\}.$$

（这里当 $m=0$ 时理解为 $a_1 \cdots a_m = 1$.）

如果群 G 自身由子集 S 生成，即 $G = \langle S \rangle$，则称 S 是 G 的一个**生成元系**，如果 $G = \langle S \rangle$ 并且 S 是有限集，称 G 是**有限生成群**.特别若群 G 由一个元素 a 生成，即 $G = \langle a \rangle$，称 G 是**循环群**.循环群是一类最简单的群，本节研究这种群的性质（子群特性，生成元特性以及确定它们的自同构群）.

设 $G = \langle a \rangle$ 是循环群.若 a 是无限阶元素，则 $\cdots, a^{-n}, a^{-n+1}, \cdots, a^{-2}, a^{-1},$ $a^0 = 1, a, a^2, \cdots, a^n, \cdots$ 是彼此不同的元素，全体即是 G.从而 G 是同构于 $\mathbf{Z}$ 的无限群（同构可取为 $f: G \xrightarrow{\sim} \mathbf{Z}, a^n \mapsto n$）.如果 a 是有限阶元素，令 a 的阶为 $n \geqslant 1$，我们已多次指出，$G = \{1, a, a^2, \cdots, a^{n-1}\}$ 与整数模 n 加法群 $\mathbf{Z}_n$ 同构.于是我们证明了：

定理 1 无限循环群同构于整数加法群 $\mathbf{Z}$，n 阶有限循环群同构于 $\mathbf{Z}_n$.从而同阶循环群彼此同构（不同阶循环群当然不同构）.

根据这个定理，n 阶循环群本质上只有一个，即样板为 $\mathbf{Z}$（当 $n = \infty$ 时）或 $\mathbf{Z}_n$.由于 $\mathbf{Z}$ 和 $\mathbf{Z}_n$ 是初等数论的主要研究对象，所以循环群的各种性质（及其证明）不过是初等数论中整数和同余性质的群论叙述形式.先谈循环群的子群.

定理 2 循环群的子群均是循环群.详言之，设 $G = \langle a \rangle$ 是循环群.

(1) 若 G 是无限循环群，则对每个正整数 m，G 恰有一个指数为 m 的子群 $G_m = \langle a^m \rangle$，并且它们和 $\{1\}$ 是 G 的全部子群；

(2) 若 G 是 n 阶有限循环群，则对 n 的每个正因子 m，G 恰有一个指数为 m 的 $\dfrac{n}{m}$ 阶子群 $G_m = \langle a^m \rangle$，并且它们是 G 的全部子群.

证明 设 H 是 $G = \langle a \rangle$ 的子群.不妨设 $H \neq \{1\}$.令 m 是满足 $a^m \in H$ 的最小正整数.易知对每个整数 n，$a^n \in H \Leftrightarrow m \mid n$.于是 $H = \langle a^m \rangle = G_m$.并且当 a 为无限阶元素时，$[G : G_m] = m$.这就证明了 (1).若 a 是 n 阶元素，则 $m \mid n$（设 $n = mq + r$，$0 \leqslant r \leqslant m-1$，$q \in \mathbf{Z}$.由于 $a^m \in H$ 可知 $a^r = a^{n-mq} = (a^m)^{-q} \in H$.由 m 的极小性可知 $r = 0$，即 $m \mid n$）.于是 $n = mq$.从而 $H = G_m = \{1, a^m, a^{2m}, \cdots,$ $a^{(q-1)m}\}$.这是 $q = n/m$ 阶循环群，从而 $[G : G_m] = |G| / |G_m| = n/q = m$（注意 $G_n = \{1\}$）.这就证明了 (2).证毕.

设 $G = \langle a \rangle$ 为 n 阶循环群.拉格朗日定理是说，G 的每个子群的阶 t 必是 n 的因子.定理 2 表明拉格朗日定理的逆也成立，即对于 n 的每个正因子 t，G 恰好有一个 t 阶子群 $\langle a^{n/t} \rangle$.

定理 3 设 $G = \langle a \rangle$ 是循环群.

（1）若 G 为无限循环群，则 G 的生成元只有 a 和 a^{-1}；

（2）若 G 为 n 阶有限循环群，则 G 的生成元共有 $\varphi(n)$ 个，它们是 $a^k (1 \leqslant k \leqslant n, (k,n)=1)$.

证明 （1）显然 $\langle a^{-1} \rangle = \langle a \rangle = G$. 另一方面，由于 $[G : \langle a^n \rangle] = |n|$，可知 $\langle a^n \rangle = G \Longleftrightarrow n = \pm 1$.

（2）根据 1.3 节的定理 3，由于 a 的阶为 n，从而 a^k 的阶是 $n/(k,n)$. 于是 $\langle a^k \rangle = G \Longleftrightarrow a^k$ 的阶为 $n \Longleftrightarrow n = n/(k,n) \Longleftrightarrow (k,n)=1$. 证毕.

最后我们确定循环群的自同构群. 设 $G = \langle a \rangle$，$f: G \to G$ 是 G 的自同构. 令 $f(a) = a^m$，则 $f(G) = \langle a^m \rangle = G$. 从而当 G 是无限循环群时必然 $m = \pm 1$（定理 3）. 当 $f(a) = a$ 时，$f(a^m) = a^m$，因此这是恒等自同构. 当 $f(a) = a^{-1}$ 时，$f(a^m) = a^{-m}$（对每个 $m \in \mathbf{Z}$），这也是 G 的自同构. 所以 $\mathrm{Aut}(G)$ 是二元群. 如果 G 是 n 阶有限循环群，则 $\langle a^m \rangle = G \Longleftrightarrow (m,n)=1$（定理 3）. 当 $(m,n)=1$ 时，直接验证

$$f_m: G \to G, \quad f_m(a^t) = a^{tm} \quad （对每个 0 \leqslant t \leqslant n-1）$$

是群的同态，并且由上述知 f_m 是满同态. 由于 f_m 把 n 元集合 G 映到 n 元集 G 之上，由 f_m 是满同态即知 f_m 也是单同态（为什么？），于是 f_m 是同构. 当 $0 \leqslant m \neq k \leqslant n-1$ 时，$f_m(a) = a^m \neq a^k = f_k(a)$，可知 $f_m \neq f_k$. 从而 G 共有 $\varphi(n)$ 个自同构 $\{f_m | 1 \leqslant m \leqslant n, (m,n)=1\}$. 由于 $(f_m \cdot f_{m'})(a) = f_m(a^{m'}) = a^{mm'} = f_{mm'}(a)$，于是 $f_m \cdot f_{m'} = f_{mm'}$. 由此即知 $\mathrm{Aut}(G)$ 同构于 $\mathbf{Z}_n$ 中乘法可逆元构成的乘法群 $\mathbf{Z}_n^*$，这是 $\varphi(n)$ 阶阿贝尔群.

习　题

1. 试证：满足方程 $x^n = 1$ 的复数解集在通常乘法下是一个 n 阶循环群.

2. 证明：群 G 没有非平凡子群的充分必要条件是 $G = \{1\}$ 或 G 是素数阶循环群.

3. 试证：有理数加群 $\mathbf{Q}$ 不是循环群，但它的任意有限生成的子群都是循环群.

4. 设 a 和 b 是群 G 的元素，阶数分别是 n 和 m，$(n,m)=1$ 且 $ab = ba$. 试证 $\langle ab \rangle$ 是 G 的 mn 阶循环子群.

5. 在 n 阶循环群 G 中，对 n 的每个正因子 m，阶为 m 的元素恰好有 $\varphi(m)$ 个，由此证明等式 $\sum_{m | n} \varphi(m) = n$.

*6. 设 G 是一个 n 阶有限群. 若对 n 的每一因子 m，G 中至多只有一个 m 阶

子群,则 G 是循环群.

7. 真子群 M 称为群 G 的极大子群,如果不存在 G 的子群 B 使得 $M<B<G$. 试确定无限循环群的全部极大子群.

*8. 如果有限群 G 的极大子群 M 是唯一的,则 G 是素数幂阶循环群.

9. 举一个无限群的例子,它的任意阶数不为 1 的子群都具有有限指数.

*10. 设 p 是一个素数,G 是方程 $x^p=1$,$x^{p^2}=1$,$\cdots$,$x^{p^n}=1$,$\cdots$的所有根在复数乘法下的群.试证 G 的任意真子群都是有限阶的循环群.

1.5 正规子群、商群和同态定理

在以上几节我们讲了一些群论中的定量结果(拉格朗日定理是典型例子).本节主要目的是研究群论中定性结果——同态基本定理.它是研究群的最基本也是最重要的一个工具.先谈正规子群和商群.

设 N 是群 G 的子群,$G=\bigcup\limits_{a\in R}Na$ 是 G 对于 N 的陪集分解.以 $\overline{G}$ 表示全体右陪集构成的集合,即 $\overline{G}=\{Na\mid a\in R\}$.我们希望将集合 $\overline{G}$ 赋以群的结构.最自然的运算是定义 $(Na)(Nb)=Nab$.但首先遇到的问题是:如此定义运算是否可行? 因为若取 Na 和 Nb 中另一组代表元 a' 和 b'(即 $Na=Na'$,$Nb=Nb'$),是否 $Na'b'=Nab$? 如果不然,那么上述运算是不能定义的.

上面的要求相当于:对每个 $a'\in Na$,$b'\in Nb$,均要 $Na'b'=Nab$.这也相当于要求 $NaNb=Nab$,即 $NaN=Na$.或者写成 $NaNa^{-1}=N$,而这又相当于要求 $aNa^{-1}\subseteq N$(对 $a\in G$).由此式得出 $N\subseteq a^{-1}Na$(对每个 $a\in G$).这也相当于 $N\subseteq aNa^{-1}$(对每个 $a\in G$).于是要求 $aNa^{-1}=N$(对每个 $a\in G$).换句话说,我们要求 N 是 G 的**自共轭子群**,即只有 N 自身是 N 的共轭子群.

定义 群 G 的子群 N 叫做 G 的**正规子群**,是指对每个 $g\in G$,$g^{-1}Ng=N$.如果 N 是 G 的正规子群,则表示成 $N\lhd G$.

引理 1 设 N 是 G 的子群.则下列条件彼此等价:

(1) $N\lhd G$;

(2) 对于每个 $g\in G$,$gN=Ng$;

(3) $N_G(N)=G$;

(4) G 对于 N 的每个左陪集均是右陪集.

证明 由 $g^{-1}Ng = N \Leftrightarrow Ng = gN$ 可知(1)和(2)等价.由于子群 N 的共轭子群个数为 $[G:N_G(N)]$(1.3 节定理 5),从而 $N \lhd G \Leftrightarrow [G:N_G(N)] = 1 \Leftrightarrow G = N_G(N)$.所以(1)和(3)等价.由(2)显然推出(4).最后证(4)$\Rightarrow$(2):对 $g \in G$,由(4)知有 $g' \in G$ 使得 $gN = Ng'$.由于 $1 \in N$,从而 $g = g \cdot 1 \in Ng'$.因此 $Ng = Ng' = gN$.这就证明了(2).证毕.

设 $N \lhd G$.令 $\bar{a} = Na = aN$.我们可以在集合 $\bar{G} = \{\bar{a} \mid a \in G\}$ 上定义二元运算:$\bar{a} \cdot \bar{b} = \overline{ab}$.这个运算的可定义性是因为:若 $\overline{a'} = \bar{a}$,$\overline{b'} = \bar{b}$,即 $a'N = aN$,$b'N = bN$.则

$$\overline{a'b'} = a'b'N = a'b'NN = a'Nb'N = aNbN = \overline{ab}.$$

不难验证 $\bar{G}$ 对此运算形成群,幺元素为 $\bar{1} = 1 \cdot N = N$.而 $(\bar{a})^{-1} = \overline{a^{-1}}$.我们把群 $\bar{G}$ 叫做群 G 对正规子群 N 的**商群**,表示成 $\bar{G} = G/N$.如果 G 是有限群,则

$$|G/N| = |G:N| = \frac{|G|}{|N|}.$$

现在讲本节最主要的结果.

定理 1(同态基本定理) 设 $f:G \to G'$ 是群的同态.则 $\operatorname{Im}f = f(G)$ 是 G' 的子群,$\operatorname{Ker}f = f^{-1}(1) = \{g \in G \mid f(g) = 1\}$ 是 G 的正规子群.并且有群同构

$$\bar{f}:G/\operatorname{Ker}f \overset{\sim}{\to} \operatorname{Im}f, \qquad \bar{f}(g) = f(g).$$

$\operatorname{Im}f$ 和 $\operatorname{Ker}f$ 分别叫做同态 f 的**像**和**核**.

证明 先证 $\operatorname{Im}f$ 为 G' 的子群.显然 $1_{G'} = f(1_G) \in \operatorname{Im}f$.若 $a',b' \in \operatorname{Im}f$,则有 $a,b \in G$ 使得 $f(a) = a'$,$f(b) = b'$.于是 $(a')^{-1} = f(a)^{-1} = f(a^{-1}) \in \operatorname{Im}f$,$a'b' = f(a)f(b) = f(ab) \in \operatorname{Im}f$.这就表明 $\operatorname{Im}f$ 是 G' 的子群.

再证 $\operatorname{Ker}f \lhd G$.不难看出 $\operatorname{Ker}f \leqslant G$.进而,对每个 $g \in G$,$a \in \operatorname{Ker}f$,

$$f(g^{-1}ag) = f(g^{-1})f(a)f(g) = f(g)^{-1} \cdot 1 \cdot f(g) = 1.$$

因此 $g^{-1}ag \in \operatorname{Ker}f$.从而 $g^{-1}(\operatorname{Ker}f)g \subseteq \operatorname{Ker}f$.类似可知 $g(\operatorname{Ker}f)g^{-1} \subseteq \operatorname{Ker}f$,即 $\operatorname{Ker}f \subseteq g^{-1}(\operatorname{Ker}f)g$.从而 $\operatorname{Ker}f = g^{-1}(\operatorname{Ker}f)g$(对每个 $g \in G$).这就表明 $\operatorname{Ker}f \lhd G$.

现在定义映射

$$\bar{f}:G/\operatorname{Ker}f \to \operatorname{Im}f, \qquad \bar{f}(g) = f(g) \quad (\text{对每个 } g \in G/\operatorname{Ker}f).$$

首先要说明映射 $\bar{f}$ 的可定义性,即与 $g = g(\operatorname{Ker}f)$ 中代表元选取无关.因若 $g' \in g(\operatorname{Ker}f)$,则 $g' = gk$,$k \in \operatorname{Ker}f$.于是 $\bar{f}(\bar{g'}) = f(g') = f(gk) = f(g)f(k) = f(g) = \bar{f}(\bar{g})$.其次,易证 $\bar{f}$ 为群的同态:

$$\bar{f}(\bar{g} \cdot \bar{g'}) = \bar{f}(\overline{gg'}) = f(gg') = f(g) \cdot f(g') = \bar{f}(\bar{g}) \cdot \bar{f}(\bar{g'}).$$

再证 $\bar{f}$ 是满同态:对每个 $a' \in \mathrm{Im}\, f$,有 $a \in G$ 使得 $f(a) = a'$.于是 $\bar{f}(\bar{a}) = f(a) = a'$.最后证 $\bar{f}$ 是单同态.若 $\bar{a}, \bar{b} \in G/\mathrm{Ker}\, f\, (a, b \in G)$,并且 $\bar{f}(\bar{a}) = \bar{f}(\bar{b})$,则 $f(a) = f(b)$.于是 $f(a^{-1}b) = f(a)^{-1}f(b) = 1$.从而 $a^{-1}b \in \mathrm{Ker}\, f$.于是 $a(\mathrm{Ker}\, f) = b(\mathrm{Ker}\, f)$.即 $\bar{a} = \bar{b}$.综合上述,便知 $\bar{f}: G/\mathrm{Ker}\, f \to \mathrm{Im}\, f$ 是群的同构.证毕.

定理中给出的 $\bar{f}$ 叫做**正则同构**.如果将 $\bar{f}$ 看成 $G/\mathrm{Ker}\, f \to G'$,则这是单同态,叫**正则(单)同态**.

系　设 $f: G \to G'$ 是群的同态.则

(1) f 为单同态 $\Leftrightarrow \mathrm{Ker}\, f = \{1\}$;

(2) 若 f 为满同态,则有(正则)同构 $\bar{f}: G/\mathrm{Ker}\, f \xrightarrow{\sim} G'$.

证明　(1) 若 f 为单同态,则 $\mathrm{Ker}\, f = f^{-1}(1_{G'})$ 只能包含一个元素 1_G,即 $\mathrm{Ker}\, f = \{1\}$.反之,若 $\mathrm{Ker}\, f = \{1\}$,则当 $a, b \in G$ 时,$f(a) = f(b) \Rightarrow f(a^{-1}b) = 1 \Rightarrow a^{-1}b \in \mathrm{Ker}\, f = \{1\} \Rightarrow a^{-1}b = 1 \Rightarrow a = b$.于是 f 为单同态.

(2) 由同态基本定理推出.因为这时 $\mathrm{Im}\, f = G'$.

今后我们要反复使用同态基本定理.为了研究各种群之间的联系,我们要善于构作和发现不同群之间的同态.现在先举两个简单例子.

例 1　不难验证 $f: \mathbf{Z} \to \mathbf{Z}_n$,$f(a) = \bar{a}$ 是加法群满同态(这里 $\bar{a}$ 是整数 a 的模 n 同余类).并且 $\mathrm{Ker}\, f = n\mathbf{Z} = \{na \mid a \in \mathbf{Z}\}$.于是我们得到加法群同构 $\mathbf{Z}/n\mathbf{Z} \cong \mathbf{Z}_n$.所以整数模 n 加法群 $\mathbf{Z}_n$ 也常常写成 $\mathbf{Z}/n\mathbf{Z}$ 的形式.

例 2　映射 $\det: \mathrm{GL}(n, \mathbf{C}) \to \mathbf{C}^*$ 是乘法群的满同态,它把每个 n 阶可逆复方阵 $\boldsymbol{M}$ 映成它的行列式 $\det \boldsymbol{M}$,从而

$$\mathrm{Ker}(\det) = \{\boldsymbol{M} \in \mathrm{GL}(n, \mathbf{C}) \mid \det \boldsymbol{M} = 1\} = \mathrm{SL}(n, \mathbf{C}).$$

因此 $\mathrm{SL}(n, \mathbf{C}) \triangleleft \mathrm{GL}(n, \mathbf{C})$ 并且 $\mathrm{GL}(n, \mathbf{C})/\mathrm{SL}(n, \mathbf{C})$ 同构于非零复数乘法群 $\mathbf{C}^*$.

定理 2　设 $N \triangleleft G$.令 $\bar{\mathscr{M}}$ 是商群 $\bar{G} = G/N$ 的全体子群组成的集合,$\mathscr{M} = \{M \mid N \leqslant M \leqslant G\}$,即 G 和 N 的中间群全体.则 $f: \mathscr{M} \to \bar{\mathscr{M}}$,$M \mapsto \bar{M} = M/N$ 是一一对应(注意 $N \triangleleft G$,$N \leqslant M \leqslant G \Rightarrow N \triangleleft M$).并且对 $M \in \mathscr{M}$,$M \triangleleft G \Leftrightarrow \bar{M} \triangleleft \bar{G}$.

证明　作映射

$$h: \bar{\mathscr{M}} \to \mathscr{M}, \qquad \bar{M} \mapsto \{g \in G \mid gN = \bar{g} \in \bar{M}\}.$$

请读者自证:当 $\bar{M} \in \bar{\mathscr{M}}$ 时,$h(\bar{M}) = \{g \in G \mid \bar{g} = gN \in \bar{M}\}$ 是 G 的子群并且包含 N,从而 h 是从 $\bar{\mathscr{M}}$ 到 $\mathscr{M}$ 的映射.由于

$$fh(\bar{M}) = f(\{g \in G \mid gN \in \bar{M}\}) = \bar{M} \quad (\text{对 } \bar{M} \in \bar{\mathscr{M}}),$$
$$hf(M) = h(\bar{M}) = M \quad (\text{对 } M \in \mathscr{M}).$$

从而 f 和 h 是互逆的映射.因此 f 是一一对应.进而 $M \triangleleft G \Leftrightarrow g^{-1}Mg = M$(对每个

$g \in G) \Leftrightarrow g^{-1}\overline{M}g = \overline{M}$(对每个 $g \in \overline{G}$)$\Leftrightarrow \overline{M} \lhd \overline{G}$. 证毕.

例 3 我们确定所有的 4 元群. 前面已知 4 元群 G 必是阿贝尔群, 从而 G 的每个子群都是正规的. 若 G 有 4 阶元素, 则 $G \cong \mathbf{Z}_4$(循环群). 否则每个 $a \in G$ ($a \neq 1$)的阶均为 2. 取 $a \in G$, $a \neq 1$, 则 $a^2 = 1$, 即 $a = a^{-1}$. $\langle a \rangle$ 为 G 的 2 阶子群. 从而 $\overline{G} = G/\langle a \rangle$ 为 2 元(循环)群, 令 $\overline{G} = \{\overline{1}, \overline{b}\}$, $\overline{1} = \langle a \rangle$, $\overline{b} = b\langle a \rangle = \{b, ba\}$. 由 $\overline{1} \neq \overline{b}$ 可知 $b \notin \langle a \rangle$, 即 $b \neq 1$, $b \neq a$. 但是 $b \in G$ 也是 2 阶元素. 显然 $\overline{ab} = \overline{a} \cdot \overline{b} = \overline{1} \cdot \overline{b} = \overline{b}$, 从而 $ab \neq \overline{1}$, 即 $ab \neq 1$, $ab \neq a$, 又由 $a \neq 1$ 可知 $ab \neq b$. 因此 ab 就是 G 中除了 $1, a, b$ 之外的第四个元素, 即 $G = \{1, a, b, ab\}$. 其中 $a^2 = b^2$, $ab = ba$, $(ab)^2 = 1$. 这个群叫做**克莱因(Klein)四元群**, 记成 K_4. 它显然与 $\mathbf{Z}_4$ 不同构, 因为 $\mathbf{Z}_4$ 中有 4 阶元素而 K_4 中没有 4 阶元素. 或者: K_4 中有三个 2 阶子群 $\langle a \rangle$, $\langle b \rangle$, $\langle ab \rangle$, 而 $\mathbf{Z}_4$ 中只有一个 2 阶子群. 这就表明 4 阶群本质上只有两个: K_4 和 $\mathbf{Z}_4$.

设 $\mathbf{Z}_4 = \langle g \rangle$, 则商群 $K_4/\langle a \rangle$ 和 $\mathbf{Z}_4/\langle g^2 \rangle$ 均是 2 阶子群, 从而彼此同构. 这个简单的例子表明: 设 N 和 N' 分别是 G 和 G' 的正规子群. 如果 $N \cong N'$, $G/N \cong G'/N'$, 我们不能推出 $G \cong G'$.

作为同态基本定理的应用, 我们再给出两个同构定理.

定理 3 设 $N \lhd G$, $H \leqslant G$. 则

$$(H \cap N) \lhd H, \quad N \lhd NH \leqslant G, \quad \text{并且 } NH/N \cong H/H \cap N.$$

证明 由 $N \lhd G$ 可知 $Ng = gN$(对每个 $g \in H$), 从而 $NH = HN$. 于是

$$(NH)(NH)^{-1} = (NH)(H^{-1}N^{-1}) = (NH)(HN)$$
$$= N(HH)N = NHN = NNH = NH.$$

因此 $NH \leqslant G$(参见 1.3 节中习题 2). 由于 $N \lhd G$, $N \subseteq NH \subseteq G$, 可知 $N \lhd NH$. 考虑映射

$$f: H \to NH/N, \qquad h \mapsto \overline{h} = Nh.$$

易知这是群的满同态. 并且对每个 $h \in H$,

$$h \in \mathrm{Ker}\, f \Leftrightarrow f(h) = Nh = \overline{1} = N \Leftrightarrow h \in N \Leftrightarrow h \in H \cap N.$$

于是 $\mathrm{Ker}\, f = H \cap N$, 从而 $H \cap N \lhd H$. 并且由同态基本定理的系可知 $H/H \cap N \cong NH/N$. 证毕.

定理 4 设 $N \lhd G$, $M \lhd G$, $N \leqslant M$, 则 $G/M \cong \dfrac{G/N}{M/N}$(注意: 由定理 2 知 $M/N \lhd G/N$; 由 $N \lhd G$, $N \leqslant M$ 知 $N \lhd M$).

证明 设 $f: G/N \to G/M$, $gN \mapsto gM$. 首先说明这个映射可以定义: 若 $gN = g'N$($g, g' \in G$), 则 $g^{-1}g' \in N \subseteq M$, 即 $g^{-1}g' \in M$, 于是 $gM = g'M$. 进而, f 显然是满同态. 最后, 对于 $g \in G$,

$$gN \in \text{Ker} f \Longleftrightarrow gM = M \Longleftrightarrow g \in M \Longleftrightarrow gN \in M/N.$$

从而 $\text{Ker} f = M/N$. 于是由同态基本定理的系便知 $\dfrac{G/N}{M/N} \cong G/M$. 证毕.

习　题

1. 令 G 是实数对 (a,b)，$a \neq 0$ 带有乘法
$$(a,b)(c,d) = (ac, ad + b)$$
的群. 试证：$K = \{(1,b) \mid b \in \mathbf{R}\}$ 是 G 的正规子群且 $G/K \cong \mathbf{R}^*$. 这里 $\mathbf{R}$ 是实数集合，$\mathbf{R}^*$ 是非零实数的乘法群.

2. 设 G 是群，$N < M < G$.

(1) 如果 $N \lhd G$，则 $N \lhd M$；

(2) 如果 $N \lhd M$，N 是否一定是 G 的正规子群？

3. 试证群 G 的中心 $C(G)$ 是 G 的正规子群.

4. 试证群 G 的指数为 2 的子群一定是 G 的正规子群.

5. 设 $N \lhd G$，M 是 G 的子群且 $N \leqslant M$，则 $N_G(M)/N = N_{\bar{G}}(\bar{M})$. 这里 $\bar{G} = G/N$，$\bar{M} = M/N$.

6. 设 $f: G \to H$ 是群同态，$M \leqslant G$. 试证 $f^{-1}(f(M)) = KM$，这里 $K = \text{Ker} f$.

7. 设 M 和 N 分别是群 G 的正规子群. 如果 $M \cap N = \{1\}$，则对任意 $a \in M$，$b \in N$，$ab = ba$.

8. 设 $f: G \to H$ 是群同态. 如果 g 是 G 的一个有限阶元素，则 $f(g)$ 的阶整除 g 的阶.

9. 设 $N \lhd G$，g 是群 G 的任意一个元素. 如果 g 的阶和 $|G/N|$ 互素，则 $g \in N$.

10. 如果 $G/C(G)$ 是循环群，则 G 是阿贝尔群.

11. 群 G 的非平凡子群 N 称为 G 的极小子群，如果不存在子群 B 使得 $\{1\} < B < N$. 试证：

(1) 整数加群 $\mathbf{Z}$ 没有极小子群；

*(2) 有理数加群 $\mathbf{Q}$ 既没有极小子群也没有极大子群.

12. 用 $I(G)$ 表示 G 的全部内自同构组成的集合. 试证 $I(G) \leqslant \text{Aut}(G)$ 且 $I(G) \cong G/C(G)$. 内自同构的定义参见 1.3 节习题 18.

*13. 若群 G 不是 Abel 群，则 G 的自同构群不是循环群.

1.6 置 换 群

除了同态基本定理,研究群的另一个重要手段是**群在集合上的作用**,或者说成是群的**置换表示**,即一个给定群到某个置换群上的同态.为此,我们在本节中介绍有限集合上置换群的基本知识.

我们说过,集合 Σ 到自身之上的每个一一对应 σ 叫做 Σ 上的一个置换.如果 $\Sigma = \{a_1, \cdots, a_n\}$ 是有限集,这个置换可以表示成

$$\sigma = \begin{pmatrix} a_1 & a_2 & \cdots & a_n \\ \sigma(a_1) & \sigma(a_2) & \cdots & \sigma(a_n) \end{pmatrix}.$$

两个置换的乘积定义成它们作为 Σ 到 Σ 映射的合成(这仍是集合 Σ 上的置换),即若 σ 和 τ 是 Σ 上两个置换,则置换 $\sigma\tau$ 定义为

$$(\sigma\tau)(a_i) = \sigma(\tau(a_i)) \quad (1 \leqslant i \leqslant n).$$

例如

$$\begin{pmatrix} a_1 & a_2 & a_3 & a_4 \\ a_1 & a_3 & a_4 & a_2 \end{pmatrix} \begin{pmatrix} a_1 & a_2 & a_3 & a_4 \\ a_4 & a_3 & a_2 & a_1 \end{pmatrix} = \begin{pmatrix} a_1 & a_2 & a_3 & a_4 \\ a_2 & a_4 & a_3 & a_1 \end{pmatrix}.$$

而置换 σ 的逆则为 σ 作为 Σ 到 Σ 映射的逆,即

$$\sigma^{-1} = \begin{pmatrix} \sigma(a_1) & \sigma(a_2) & \cdots & \sigma(a_n) \\ a_1 & a_2 & \cdots & a_n \end{pmatrix}.$$

以 $S(\Sigma)$ 表示 Σ 上全部置换构成的集合,这是一个 $n!$ 元群,$n = |\Sigma|$.幺元素是恒等置换

$$1_{\Sigma} = \begin{pmatrix} a_1 & a_2 & \cdots & a_n \\ a_1 & a_2 & \cdots & a_n \end{pmatrix},$$

$S(\Sigma)$ 叫集合 Σ 上的**对称群**,它的每个子群均叫集合 Σ 上的**置换群**.

设 Σ 和 Σ' 是两个有限集合,如果 $|\Sigma| = |\Sigma'| = n$,易知 $S(\Sigma)$ 和 $S(\Sigma')$ 同构,从而可以谈 n **元集合上的对称群**,表示成 S_n.而 S_n 的每个子群均叫 n 元集合上的**置换群**.用 I 表示 S_n 中的恒等置换.

一个置换若把 t 个不同元素 $a_{i_1}, a_{i_2}, \cdots, a_{i_t}$ 分别映成 $a_{i_2}, a_{i_3}, \cdots, a_{i_t}, a_{i_1}$,则

这件事写成 $(a_{i_1} a_{i_2} \cdots a_{i_t})$,叫做是一个长为 t 的**轮换**.不难看出,每个置换均可写成一些轮换的乘积,使得不同轮换中没有公共元素.例如 $\begin{pmatrix} 123456 \\ 132564 \end{pmatrix} = (1)(23)$ (456).长为 1 的置换往往略去不写,即上式通常记为 $(23)(456)$.由于不同轮换中没有公共元素,这些轮换的次序可任意改变,例如 $(23)(456) = (456)(23)$.如果不计这种次序,那么每个置换可唯一表成没有公共元素的一些轮换之积.

长为 2 的轮换叫**对换**.例如 (ab) 即是把 a 变为 b 而把 b 变为 a(其余元素不变).每个轮换可表示成一些对换之积:$(a_1 a_2 \cdots a_n) = (a_1 a_n)(a_1 a_{n-1}) \cdots (a_1 a_2)$.所以每个置换总可表示成有限个对换之积.这种表达式(甚至对换的个数)显然不唯一.但是,一个熟知的事实是:同一个置换以多种方式表成对换之积时,其所含对换个数的奇偶性是不变的.表成奇(偶)数个对换之积的置换叫做奇(偶)置换.显然,两个奇置换或两个偶置换之积是偶置换,一个奇置换与一个偶置换之积是奇置换.所以当 $n \geqslant 2$ 时考虑映射

$$f: S_n \to \{\pm 1\} \qquad \text{(右边为二元乘法群)}.$$

其中 $f(偶置换) = 1, f(奇置换) = -1$.则由上述可知这是群同态.当 $n \geqslant 2$ 时由 $f(I) = 1, f((a_1 a_2)) = -1$,可知 f 是满同态.$\mathrm{Ker} f$ 是全体偶置换构成的子群,叫做 n 元集合上的**交错群**,记为 A_n,从而 A_n 是 S_n 的正规子群,并且 $[S_n : A_n] = 2$,$|A_n| = n!/2$(当 $n \geqslant 2$ 时).

现在谈群 S_n 和 A_n 的生成元系.

定理 1 将 S_n 看作是 $\{1, 2, \cdots, n\}$ 上的对称群,则 $n \geqslant 2$ 时,$(12), (13), \cdots,$ $(1n)$ 是 S_n 的一个生成元系.

证明 由于每个置换均是有限个对换之积,而当 $i \neq j$, $i \neq 1$, $j \neq 1$ 时,$(ij) = (1i)(1j)(1i)$.证毕.

定理 2 当 $n \geqslant 3$ 时,全体长为 3 的轮换形成 A_n 的一个生成元系.

证明 设 $\sigma \neq 1$ 是偶置换,则 σ 是偶数个对换之积.从而只需证任意两个对换之积可用长为 3 的轮换表示即可.对于 $\tau = (ij)(rs)$ $(i \neq j, r \neq s)$.如果 $(ij) = (rs)$,则 $\tau = 1$.如果 $j = r, i \neq s$,则 $\tau = (jsi)$.如果 i, j, r, s 两两不等,则 $\tau = (ris)(ijr)$.证毕.

现在研究 S_n 中元素的共轭分类.设 $\sigma \in S_n$,设将 σ(唯一地)表示成没有公共元素的轮换之积.如果其中长为 r 的轮换共有 λ_r 个 $(1 \leqslant r \leqslant n)$,则称置换 σ 的型为 $1^{\lambda_1} 2^{\lambda_2} \cdots n^{\lambda_n}$.例如 S_7 中的置换 $\sigma = (123)(45)$ 的型为 $1^2 2^1 3^1 4^0 5^0 6^0 7^0$.当 $\lambda_i = 0$ 时(即 σ 中没有长为 i 的轮换),$i^{\lambda_i} = i^0$ 可略去.例如前面 σ 的型为 $1^2 2^1 3^1$.

定理 3 对称群 S_n 中两个置换共轭的充要条件是它们有相同的型.

证明 设 σ 和 σ' 是 S_n 中两个置换. 如果 σ 和 σ' 共轭, 则存在 $\tau \in S_n$ 使得 $\sigma' = \tau\sigma\tau^{-1}$, 将 σ 表示成无公共元素的轮换之积:

$$\sigma = (a\,b\cdots c)\cdots(\alpha\beta\cdots\gamma),$$

则

$$\sigma' = \tau\sigma\tau^{-1} = (\tau(a)\,\tau(b)\cdots\tau(c))\cdots(\tau(\alpha)\,\tau(\beta)\cdots\tau(\gamma)).$$

这是因为

$$(\tau\sigma\tau^{-1})(\tau(a)) = (\tau\sigma)(a) = \tau(\sigma(a)) = \tau(b).$$

即当 σ 把 a 变成 b 时, $\tau\sigma\tau^{-1}$ 把 $\tau(a)$ 变成 $\tau(b)$, 于是 σ' 和 σ 有同样的型. 现在设 σ 和 σ' 有同样的型: $\sigma = (a\,b\cdots c)\cdots(\alpha\beta\cdots\gamma)$, $\sigma' = (a'b'\cdots c')\cdots(\alpha'\beta'\cdots\gamma')$. 令 $\tau = \begin{pmatrix} a & b & \cdots & c & \cdots & \alpha & \beta & \cdots & \gamma \\ a' & b' & \cdots & c' & \cdots & \alpha' & \beta' & \cdots & \gamma' \end{pmatrix}$, 则 $\tau\sigma\tau^{-1} = \sigma'$. 证毕.

以 $[1^{\lambda_1} 2^{\lambda_2} \cdots n^{\lambda_n}]$ 表示 S_n 中型为 $1^{\lambda_1} 2^{\lambda_2} \cdots n^{\lambda_n}$ 的全部置换($1\lambda_1 + 2\lambda_2 + \cdots + n\lambda_n = n$)组成的共轭元素类, 下面列出 S_4 的所有共轭元素类:

$[1^4]$: I(恒等置换).

$[1^2 2^1]$: $(12), (13), (14), (23), (24), (34)$.

$[1^1 3^1]$: $(123), (132), (124), (142), (234), (243),$
$(134), (143)$.

$[2^2]$: $(12)(34), (13)(24), (14)(23)$.

$[4^1]$: $(1234), (1243), (1324), (1342), (1423),$
(1432).

定义 群 G 称为**单群**, 如果 $G \neq \{1\}$, 并且 G 的正规子群只有 $\{1\}$ 和 G 本身.

例如: 素数阶群 $\mathbf{Z}_p$ 是循环群, 它只有平凡子群 $\{1\}$ 和 $\mathbf{Z}_p$, 从而是单群. 由 1.4 节定理 2 知, 阿贝尔群是单群的充要条件是它为素数阶(循环)群. 所以除了素数阶 (循环)群之外, 其他单群均是非阿贝尔群. 决定全部有限非阿贝尔单群的问题具有漫长而有趣的历史. 这个著名群论问题最终于 1981 年才完全解决. 可是人们很早就发现:

定理 4 当 $n \geq 5$ 时, 交错群 A_n 是单群.

证明 设 $\{1\} \neq N \lhd A_n$, 我们分几步证明 $N = A_n$.

(1) N 中必包含一个长为 3 的轮换. 事实上, 设 $1 \neq \sigma \in N$, 并且 σ 将 $\Sigma = \{a_1, \cdots, a_n\}$ 中尽可能多的元素保持不动. 我们证明 σ 恰好变动 3 个 a_i, 从而必是长为 3 的轮换. 首先, σ 至少变动 3 个 a_i (因为只变动两个 a_i 的为对换, 而对换是奇置换不属于 A_n). 现在把 σ 写成没有公共元素的轮换之积, 并且把最长的轮换写在左边. 若 σ 恰好变动 4 个 a_i, 则 $\sigma = (a_1\,a_2)(a_3\,a_4)$. 由于

$n \geqslant 5$，从而 $\beta = (a_3\ a_4\ a_5) \in A_n$，而 $\sigma_1 = \beta\sigma\beta^{-1} = (a_1\ a_2)(a_4\ a_5) \in N$，于是 $\sigma\sigma_1 = (a_3\ a_4)(a_4\ a_5) = (a_3\ a_4\ a_5) \in N$，即是长为 3 的轮换. 若 σ 至少变动 5 个 a_i，则又分三种情形考虑：

(a) σ 包含长度 $\geqslant 4$ 的轮换，即 $\sigma = (a_1\ a_2\ a_3\ a_4 \cdots)\cdots$. 取 $\beta = (a_2\ a_3\ a_4) \in A_n$，则 $\sigma_1 = \beta\sigma\beta^{-1} = (a_1\ a_3\ a_4\ a_2 \cdots)\cdots \in N$，而 $i \geqslant 5$ 时，$\sigma(a_i) = \sigma_1(a_i)$，从而 N 中 $\sigma_1\sigma^{-1}$ 至多变动 4 个 a_i，这与 σ 变动 a_i 个数的极小性矛盾.

(b) σ 中轮换最大长度为 3，则 $\sigma = (a_1\ a_2\ a_3)(a_4\ a_5 \cdots)\cdots$，由于 σ 至少变动 5 个 a_i，从而 σ 不是长为 3 的轮换. 因此这样的 σ 至少变动 6 个 a_i. 取 $\beta = (a_2\ a_3\ a_4) \in A_n$，则 $\sigma_1 = \beta\sigma\beta^{-1} = (a_1\ a_3\ a_4)(a_2\ a_5 \cdots)\cdots \in N$，而 N 中置换 $\sigma_1\sigma^{-1}$ 至多变动 5 个 a_i，这又导致矛盾.

(c) 设 σ 是一些对换之积：$\sigma = (a_1\ a_2)(a_3\ a_4)\cdots$，它至少变动 6 个 a_i. 取 $\beta = (a_2\ a_3\ a_4) \in A_n$，则 $\sigma_1 = \beta\sigma\beta^{-1} = (a_1\ a_3)(a_4\ a_2)\cdots \in N$，而 $\sigma\sigma_1^{-1}(\in N)$ 只变动 4 个 a_i，矛盾. 综合上述，可知 N 中包含元素是长为 3 的轮换.

(2) 再证：所有长为 3 的轮换均属于 N. 由于 (1) 中已证有长为 3 的轮换 σ 属于 N. 现设 σ' 是 A_n 中任意一个长为 3 的轮换，由于 σ 和 σ' 有同样的型，从而有 $\tau \in S_n$ 使 $\sigma' = \tau^{-1}\sigma\tau$（定理 3）. 若 $\tau \in A_n$，则 $\sigma' \in N$. 若 $\tau \notin A_n$，即 τ 为奇置换，由于 $n \geqslant 5$，可知 σ 至少固定两个文字（不妨设是）a_1 和 a_2. 令 $\beta = (a_1\ a_2)$，则 $\beta\sigma = \sigma\beta$，于是 $(\beta\tau)^{-1}\sigma(\beta\tau) = \tau^{-1}\beta^{-1}\sigma\beta\tau = \tau^{-1}\sigma\tau = \sigma'$. 而 $\beta\tau \in A_n$，从而又得到 $\sigma' \in N$. 于是 N 包含所有长为 3 的轮换.

(3) 根据定理 2，全部长为 3 的轮换生成 A_n. 因此 $N = A_n$. 即 A_n 为单群（$n \geqslant 5$）. 证毕.

系　当 $n \geqslant 5$ 时，A_n 是 S_n 的唯一非平凡正规子群.

证明　我们已经说过 $A_n \lhd S_n$. 另一方面，设 $\{1\} \neq N \lhd S_n$. 如果 $N \leqslant A_n$，则 $N \lhd A_n$，由定理 4 知 $N = A_n$. 如果 N 包含奇置换，则 $N \cap A_n \lhd A_n$ 并且 $A_n/N \cap A_n \cong NA_n/N = S_n/N$（1.5 节定理 3）. 于是

$$|N \cap A_n| = \frac{|N| \cdot |A_n|}{|S_n|} = \frac{1}{2}|N|.$$

但是 $N \cap A_n \lhd A_n$，由定理 4 知 $N \cap A_n$ 为 A_n 或 $\{1\}$. 若 $N \cap A_n = A_n$，则 $|N| = 2|N \cap A_n| = 2|A_n| = n!$，从而 $N = S_n$. 若 $N \cap A_n = \{1\}$，则 $|N| = 2$. 易证 $n \geqslant 5$ 时 S_n 不可能有 2 阶正规子群. 从而只能 $N = S_n$ 或 A_n，即 A_n 是 S_n 的唯一非平凡正规子群. 证毕.

习　题

1. 把置换 $\sigma = (456)(567)(761)$ 写成不相交轮换的积.

2. 讨论置换

$$\sigma = \begin{pmatrix} 1 & 2 & \cdots & n \\ n & n-1 & \cdots & 1 \end{pmatrix}$$

的奇偶性.

*3. S_n 中型为 $1^{\lambda_1} 2^{\lambda_2} \cdots n^{\lambda_n}$ 的置换共有 $n! / \prod\limits_{i=1}^{n} \lambda_i! \, i^{\lambda_i}$ 个，由此证明

$$\sum_{\substack{\lambda_i \geqslant 0 \\ \lambda_1 + 2\lambda_2 + \cdots + n\lambda_n = n}} \frac{1}{\prod\limits_{i=1}^{n} \lambda_i! \, i^{\lambda_i}} = 1.$$

4. 设 $\sigma = (12 \cdots n)$ 是 S_n 的一个全轮换，试证 $C_{S_n}(\sigma) = \langle \sigma \rangle$.

5. 试证一个置换的阶等于它的轮换表示中各个轮换的长度的最小公倍数.

6. 试确定 S_4 的全部正规子群.

7. 试证 A_4 没有 6 阶子群.

8. 试证：当 $n \geqslant 3$ 时，$C(S_n) = \{1\}$.

9. 当 $n \geqslant 3$ 时，试证：$n-2$ 个 3 轮换 $(123), (124), \cdots, (12n)$ 是 A_n 的一组生成元.

10. 设 σ_1 和 σ_2 是 S_n 中的两个偶置换，如果 σ_1 和 σ_2 在 S_n 中共轭，它们在 A_n 中也一定共轭吗？

*11. 当 $n \geqslant 2$ 时，试证 (12) 和 $(123 \cdots n)$ 是 S_n 的一组生成元.

1.7　群在集合上的作用

我们说过同态是研究群之间关系的基本手段. 为了研究一个群 G，自然希望有一些理想的"样板"群作为标准，然后通过研究 G 到样板群的各种同态来把握 G 的特性. 理想的样板群有两类，一类是置换群，另一类是矩阵群. 一个群 G 到置换群的同态叫 G 的**置换表示**，而到矩阵群的同态叫**线性表示**. 研究群的线性表示是群

论的一个美妙的分支,即通常所谓**群表示理论**,它在物理、化学、力学等许多方面都得到了重要应用.本节的目的是介绍群的置换表示理论的一些基本知识.

设 Σ 是一个集合,$S(\Sigma)$ 是 Σ 上的对称群,群 G 到 $S(\Sigma)$ 的每个同态 $f:G \to S(\Sigma)$ 都叫做**群 G 在集合 Σ 上的一个置换表示**.如果 f 是单同态,则称 f 是**忠实表示**.这时,对于 G 中不同的元素 g,$f(g)$ 是 Σ 上不同的置换.群 G 借助于置换表示 f 作用在集合 Σ 之上,也就是说,元素 $g \in G$ 在集合 Σ 上的作用看成是置换 $f(g)$,对于每个 $a \in \Sigma$,定义 $ga = f(g)a$.

设 $\pi:G \to S(\Sigma)$ 是一个置换表示.在 Σ 上定义如下的关系:对于 $a,b \in \Sigma$,$a \sim b \Leftrightarrow$ 有 $g \in G$,使得 $ga = b$.容易验证这是一个等价关系.

对于上述等价关系,Σ 中元素 a 所在的等价类是 $[a] = Ga = \{ga \mid g \in G\}$.每个等价类叫一个 **$G$-轨道**,或简称轨道.于是集合 Σ 分拆成一些轨道,在同一轨道中,可以通过某个 $g \in G$ 的作用将其一个元素变为另一个元素,而不同轨道中的两个元素不可以这样做.如果 G 在 Σ 上的作用只有一个轨道,则称 G 在 Σ 上是**传递**的.显然,如果将 G 看成它在某一个 G-轨道上的作用,则 G 显然是传递的.

例 1　设 G 是群,取 $\Sigma = G$.如下作映射 $\rho:G \to S(G)$,$\rho(g)a = ga$,对每个 g,$a \in G$.也就是说,对于 $g \in G$,$\rho(g)$ 是集合 G 上如下的置换:它将 G 的每个元素 a 变成 ga.(由群 G 上的消去律可知 $\rho(g)$ 是 G 上的置换.)由于

$$(\rho(g)\rho(g'))a = \rho(g)(\rho(g')a) = \rho(g)(g'a) = gg'a = \rho(gg')a,$$

从而 $\rho(g)\rho(g') = \rho(gg')$,即 $\rho:G \to S(G)$ 是群的同态,因此,ρ 是群 G 在集合 G 上的一个置换表示,这叫做群 G 的**左正则表示**.由于

$$g \in \operatorname{Ker}\rho \Leftrightarrow ga = a,\ \forall a \in G \Leftrightarrow g = 1_G.$$

于是 ρ 为单同态,即左正则表示是忠实的.

类似地定义

$$\tau:G \to S(G),\qquad \tau(g)a = ag^{-1},$$

由 $\tau(g)\tau(g')a = \tau(g)ag'^{-1} = ag'^{-1}g^{-1} = a(gg')^{-1} = \tau(gg')a$,可知 τ 也是一个群同态.表示 τ 叫做 G 的**右正则表示**,它也是忠实的.

作为正则表示的应用,我们有:

定理 1(凯莱(Cayley))　每个群均同构于某个置换群.

证明　由于正则表示 ρ(或者 τ)$:G \to S(G)$ 是忠实的,根据同态基本定理,G 同构于 $\rho(G)$,而 $\rho(G)$ 是集合 G 上对称群 $S(G)$ 的子群,从而 $\rho(G)$ 是集合 G 上的置换群.证毕.

这个定理充分显示出置换群有资格作为一切群的样板群.但是一般来讲,集合 G 太大,我们希望能给出群 G 在较小集合 Σ 上的置换表示.因为一般来说,$n =$

$|\Sigma|$ 愈小, $S(\Sigma) = S_n$ 的子群愈容易研究.

例 2　设 $H \leqslant G$. 取 $\Sigma = \{aH \mid a \in G\}$, 即 Σ 是 G 对于 H 的全部陪集 aH 构成的集合, 定义

$$\rho_H : G \to S(\Sigma), \qquad \rho_H(g)(aH) = gaH,$$

即对每个 $g \in G$, $\rho_H(g)$ 把陪集 aH 变成 gaH. 这是集合 Σ 上的置换, 并且 ρ_H 是群的同态, 从而 ρ_H 给出 G 的一个置换表示, 叫做群 G 对于子群 H 的**左诱导表示**. 由于

$$g \in \mathrm{Ker}\,\rho_H \Leftrightarrow gaH = aH, \ \forall a \in G \Leftrightarrow a^{-1}ga \in H, \ \forall a \in G$$
$$\Leftrightarrow g \in aHa^{-1}, \ \forall a \in G \Leftrightarrow g \in \bigcap_{a \in G} aHa^{-1}.$$

从而 $\mathrm{Ker}\,\rho_H = \bigcap_{a \in G} aHa^{-1} = H$ 的所有共轭子群的交.

类似可定义 G 对于子群 H 的**右诱导表示**: $\Sigma = \{Ha \mid a \in G\}$, $\tau_H : G \to S(\Sigma)$, $\tau_H(g)(Ha) = Hag^{-1}$. $\mathrm{Ker}\,\tau_H$ 也是 H 的所有共轭子群的交.

例 3　设 A 是群 G 的任意子集. 取 $\Sigma = \{aAa^{-1} \mid a \in G\}$（即 A 的全部共轭子集）. 定义

$$\pi : G \to S(\Sigma), \qquad \pi(g)(aAa^{-1}) = gaAa^{-1}g^{-1} = (ga)A(ga)^{-1},$$

这是一个置换表示, 叫做群 G 对于子集 A 的**共轭表示**. 由于

$$g \in \mathrm{Ker}\,\pi \Leftrightarrow gaAa^{-1}g^{-1} = aAa^{-1}, \ \forall a \in G$$
$$\Leftrightarrow a^{-1}ga \in N_G(A), \ \forall a \in G$$
$$\Leftrightarrow g \in aN_G(A)a^{-1}, \quad \forall a \in G.$$

从而 $\mathrm{Ker}\,\pi = \bigcap_{a \in G} aN_G(A)a^{-1}$, 即为正规化子 $N_G(A)$ 的所有共轭子群的交.

设群 G 作用于集合 Σ 之上, 则对每个元素 $a \in \Sigma$, $G_a = \{g \in G \mid ga = a\}$ 是 G 的一个子群, 叫做元素 a 的**固定子群**.

定理 2（轨道公式）　设有限群 G 作用于集合 Σ 上, $a \in \Sigma$, 则

$$|G| = |G_a| \, |[a]|.$$

证明　作 G 对子群 G_a 的陪集分解, $G = g_1 G_a \cup g_2 G_a \cup \cdots \cup g_n G_a$, $n = [G : G_a]$. 令 $g_i a = a_i$, $1 \leqslant i \leqslant n$. 对每个 $g \in G$, 则有唯一的 i $(1 \leqslant i \leqslant n)$ 使得 $g \in g_i G_a$, 令 $g = g_i h$, $h \in G_a$, 则 $ga = g_i ha = a_i$. 但是 $a_i = a_j \Leftrightarrow g_i a = g_j a \Leftrightarrow g_j^{-1} g_i a = a \Leftrightarrow g_j^{-1} g_i \in G_a \Leftrightarrow g_i G_a = g_j G_a \Leftrightarrow i = j$, 从而 $a_1, a_2, \cdots, a_n$ 两两相异, $[a] = \{a_1, a_2, \cdots, a_n\}$ 是 n 元集合, 即

$$|[a]| = n = [G : G_a] = \frac{|G|}{|G_a|}.$$

证毕.

系　设有限群 G 作用在有限集 Σ 上是传递的,则对于每个 $a \in \Sigma$,
$$|G| = |G_a||\Sigma|.$$

注意:(1) 当 G 是无限群时,如果 $[G:G_a]$ 有限,则 $|[a]| = [G:G_a]$ 也是正确的.

(2) 利用例 3 的共轭表示和定理 2,我们重新得到前面所证的:设 A 为群 G 的子集,则 A 的共轭子集个数等于 $[G:N_G(A)]$.

例 4　正 n 边形的对称群 $(n \geqslant 3)$.

设正 n 边形的顶点依次为 $1,2,\cdots,n$,通过平面上欧氏运动和反转将正 n 边形变成自身的每个运动叫做该正 n 边形的一个对称.全体这种对称自然形成一个群,叫做正 n 边形的**对称群**,记成 D_n.我们来决定这个群.

D_n 中的元素显然是正 n 边形 n 个顶点的一个置换,并且它由这个置换完全决定,所以我们可以把 D_n 看成是 n 个顶点 $\{1,2,\cdots,n\}$ 上的置换群.首先,绕正 n 边形中心 0 逆时针旋转 $\dfrac{2\pi}{n}$ 角度是 D_n 中的元素,它看成顶点置换则为 $\sigma = (123\cdots n)$,这是 n 阶元素.由于 $\sigma^i(1) = i+1(0 \leqslant i \leqslant n-1)$,所以 D_n 在 $\{1,2,\cdots,n\}$ 上的作用是传递的.其次,将顶点 1 固定的对称一共有两个,除了恒等置换之外还有将顶点 1 保持不动的反射

$$\tau = \begin{cases} (2,n)(3,n-1)\cdots\left(\dfrac{n}{2}, \dfrac{n}{2}+2\right) & (\text{若 } 2 \mid n), \\ (2,n)(3,n-1)\cdots\left(\dfrac{n+1}{2}, \dfrac{n+3}{2}\right) & (\text{若 } 2 \nmid n). \end{cases}$$

从而顶点 1 的固定子群是 2 阶的.根据轨道公式便知 $|D_n| = 2n$.注意 τ 是 2 阶元素.$\sigma^i \tau^j(0 \leqslant i \leqslant n-1, 0 \leqslant j \leqslant 1)$ 是 $2n$ 个不同的对称,它们给出群 D_n 的全部元素.这个群的运算法则由 $\sigma^n = 1$,$\tau^2 = 1$ 和 $\tau\sigma = \sigma^{-1}\tau$ 完全确定.

最后我们用群在集合上的作用解决一些群论问题.

引理 1　设 G 是 $2n$ 阶群,$2 \nmid n$,则 G 必有指数为 2 的正规子群.

证明　考虑 G 的左正则表示 $\rho: G \to S(G) = S_{2n}$.由于 ρ 是忠实表示,$G \cong \rho(G)$,因此只需对置换群 $\rho(G)$ 证明该引理.注意群 G 中必有 2 阶元素 $g, g \neq 1$,$g^2 = 1$.由于 $\rho(g)a \neq a$,$\rho(g)^2 a = a$,$\forall a \in G$,置换 $\rho(g)$ 是一些对换 $(a, \rho(g)a)$ 之积.G 共有 $2n$ 个元素,从而 $\rho(g)$ 是 n 个对换之积.由假设 n 是奇数,$\rho(g)$ 为奇置换.我们证明了群 $\rho(G)$ 中含有奇置换,从而 $\rho(G)$ 中的偶置换构成了 $\rho(G)$ 的指数为 2 的子群,指数为 2 的子群必是正规的,证毕.

由此得到一个重要的:

定理 3 设 G 为有限群，$|G| \geqslant 6$ 且 $|G| \equiv 2 \pmod 4$，则 G 不是单群.

引理 2 设 G 为有限群，p 是 $|G|$ 的最小素因子. 如果 $N \leqslant G$，$[G:N] = p$，则 $N \lhd G$.

证明 考虑 G 对于子群 N 的诱导表示 $\rho_N: G \to S_p$，$\mathrm{Ker}\, \rho_N = \bigcap_{a \in G} a^{-1} N a \leqslant N$，从而 $p = |G|/|N|$ 除尽 $|G|/|\mathrm{Ker}\, \rho_N|$. 由于 $p^2 \nmid p! = |S_p|$，而 $G/\mathrm{Ker}\, \rho_N$ 同构于 S_p 的一个子群，因此 p^2 除不尽 $|G/\mathrm{Ker}\, \rho_N|$. 另一方面 $|G/\mathrm{Ker}\, \rho_N|$ 没有比 p 大的素因子，由对 p 的假设它也没有比 p 小的素因子，从而 $|G/\mathrm{Ker}\, \rho_N| = p$. 但是 $[G:N] = p$ 且 $\mathrm{Ker}\, \rho_N \leqslant N$，因此 $N = \mathrm{Ker}\, \rho_N$，于是 $N \lhd G$. 证毕.

习　题

1. 设 G 作用在集合 Σ 上，对任意 $a, b \in \Sigma$，若存在 $g \in G$ 使得 $ga = b$，则 $G_a = g^{-1} G_b g$. 换句话说，同一轨道中元素的固定子群彼此共轭.

2. 求正四面体，正立方体，正八面体，正十二面体和正二十面体的对称群各有多少元素？这五个对称群当中是否有同构的（图 2）？

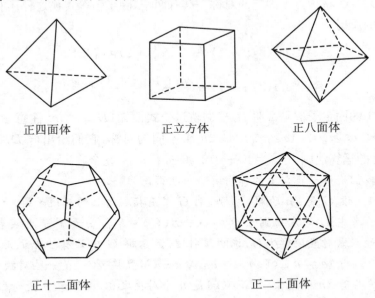

正四面体　　　　　正立方体　　　　　正八面体

正十二面体　　　　　　　正二十面体

图 2

3. 设群 G 在集合 Σ 上的作用是传递的，N 是 G 的正规子群，则 Σ 在 N 作用下的每个轨道有同样多的元素.

*4. 设群 G 作用在集合 Σ 上. 令 t 表示 Σ 在 G 作用下的轨道个数, 对任意 $g \in G$, $f(g)$ 表示 Σ 在 g 作用下的不动点个数. 试证

$$\sum_{g \in G} f(g) = t \mid G \mid.$$

这就是说, G 的每个元素在 Σ 上作用平均使得 t 个文字不动.

*5. 设 p 是一个素数, G 是 p 的方幂阶的群. 试证 G 的非正规子群的个数一定是 p 的倍数.

*6. 令 G 是一个单群, 如果存在 G 的真子群 H 使得 $[G:H] \leqslant 4$, 则 $|G| \leqslant 3$.

*7. 设 H 是无限群 G 的一个具有有限指数的真子群. 试证 G 一定含有一个有有限指数的真正规子群.

*8. 试证一般线性群 $GL(n, \mathbf{C})$ 不含有指数有限的真子群.

*9. 令 G 是阶数为 $2^n m$ 的群, 其中 m 是奇数. 如果 G 含有一个 2^n 阶的元素, 则 G 含有一个指数为 2^n 的正规子群.

*10. 求对称群 S_3 的自同构群 $\mathrm{Aut}(S_3)$.

*11. 设 α 是有限群 G 的一个自同构. 若 α 把每个元素都变到它在 G 中的共轭元素, 即对任意 $g \in G$, g 和 $\alpha(g)$ 共轭, 则 α 的阶的每个素因子都是 $|G|$ 的因子.

*12. 设 p 是 $|G|$ 的最小素因子. 若 p 阶子群 $A \lhd G$, 则 $A \leqslant C(G)$.

1.8 西 罗 定 理

拉格朗日定理是说: 若有限群 G 的阶数是 n, 则 G 的每个子群的阶都是 n 的因子. 反过来, 对于 n 的每个因子 d, G 未必有 d 阶子群. 例如我们已知 60 阶群 A_5 是单群, 它没有 30 阶子群, 因为这样的子群一定是正规的. 但是下一定理表明, 对于 $|G|$ 的特殊的因子 d, G 必有 d 阶子群. 在本定理以及以后许多结果的证明中, 我们不断使用群在集合上的作用这一有效工具.

定理 1 设 G 是有限群, p 为素数, r 是正整数, p^r 是 $|G|$ 的因子. 用 $N(p^r)$ 表示 G 的 p^r 阶子群的个数. 则 $N(p^r) \equiv 1 \pmod{p}$. 特别地, 若 $p^r \| |G|$, 则 G 至少存在一个 p^r 阶子群.

证明 令 $|G| = p^r n$, $\Omega := \{G$ 的 p^r 元子集$\}$. 则 $|\Omega| = \begin{bmatrix} p^r n \\ p^r \end{bmatrix}$. 考虑 G 在 Ω

上的如下作用：

$$\forall g \in G, \forall M \in \Omega, \quad gM := Mg^{-1}.$$

不难验证这的确为群作用. 因此 Ω 是一些 G-轨道的无交之并：

$$\Omega = \dot{\bigcup_{i \in I}} T_i, \quad |\Omega| = \sum_{i \in I} |T_i|, \quad |T_i| = \frac{|G|}{|A_i|}, \quad \forall i \in I,$$

其中, A_i 是轨道 T_i 中任意元 M_i 的稳定子群, 即 $A_i = \{g \in G \mid M_i g^{-1} = M_i\}$. 注意, 若取轨道 T_i 中另一个元 $M_i' = M_i x^{-1}$, 则 M_i' 的稳定子群 $A_i' = x^{-1} A_i x$. 以下对每个轨道 T_i 取定 T_i 中的元 M_i 以及其稳定子群 A_i.

因此 $M_i A_i = M_i$, 所以 G 的 p^r 元子集 M_i 是群 A_i 的一些左陪集的无交之并：

$$M_i = \dot{\bigcup_{1 \leqslant j \leqslant \kappa_i}} g_{ij} A_i, \quad g_{ij} \in M_i, \quad 1 \leqslant j \leqslant k_i.$$

则

$$k_i = \frac{|M_i|}{|A_i|} = \frac{p^r}{|A_i|}, \forall i \in I.$$

于是 $|A_i| = p^{r_i}, 0 \leqslant r_i \leqslant r$. 下面我们按 $r_i < r$ 和 $r_i = r$ 这两种情况来讨论.

若 $r_i < r$, 则

$$|T_i| = \frac{|G|}{|A_i|} = \frac{p^r n}{p^{r_i}} = p^{r-r_i} n \equiv 0 \pmod{pn}.$$

若 $r_i = r$, 则

$$|T_i| = \frac{|G|}{|A_i|} = \frac{p^r n}{p^r} = n.$$

因此我们看到 $|T_i| = n$ 当且仅当 $r_i = r$, 即 $|A_i| = p^r$; 当且仅当 $k_i = 1$; 当且仅当 M_i 恰是 A_i 的一个左陪集, 即 $M_i = g_i A_i$. 而长为 n 的轨道 T_i 的个数对于我们很有用, 这是因为

$$\binom{p^r n}{p^r} = |\Omega| = \sum_{i \in I} |T_i| \equiv \sum_{i \in I, |T_i| = n} |T_i| = n \Big(\sum_{i \in I, |T_i| = n} 1 \Big) \pmod{pn}. \quad (a)$$

我们断言：$\sum_{i \in I, |T_i| = n} 1 = N(p^r)$, 即, 长为 n 的轨道 T_i 的个数恰好是 G 的 p^r 阶子群的个数 $N(p^r)$.

为了证明这一断言, 令 Γ 是上述群作用下长为 n 的轨道集合, Θ 是 G 的 p^r 阶子群的集合. 我们希望得到 Γ 到 Θ 的一个一一映射 ρ. 这样就可证明上述断言了.

对于任意 $T_i \in \Gamma$, 即 T_i 是一个长为 n 的轨道, 令 $\rho(T_i) = B_i := g_i A_i g_i^{-1} \in \Theta$. 则

(1) p^r 阶子群 B_i 与 p^r 元子集 $M_i = g_i A_i$ 同属轨道 T_i.

(2) M_i 是子群 B_i 的一个右陪集, 即 $M_i = B_i g_i$.

(3) 子群 B_i 的任意一个右陪集 $B_ig = M_ig_i^{-1}g$ 均是 T_i 中的元.

(4) T_i 中任意元均形如 $M_ig = B_ig_ig$,从而是子群 B_i 的一个右陪集.所以

(5) 长为 n 的轨道 T_i 中的 n 个元恰为某个 p^r 阶子群 B_i 的 n 个右陪集.

(6) 另一方面易知,一个子群 B 的右陪集的集合中只有一个陪集是子群,即这个子群本身做成的右陪集(其他右陪集均不可能成为子群:若 $C:Bg$ 是子群,则 $1 = g^{-1}g \in C = Bg$,故 $g^{-1} \in B, g \in B$,从而 $C = Bg = B$).

(7) 综上所述,给定任意一个长为 n 的轨道 T_i,p^r 阶集 $\rho(T_i)$ 恰是 T_i 中的唯一的 p^r 阶子群 B_i,使得 T_i 中的 n 个元恰为 B_i 的 n 个右陪集.

(8) 显然,对于另一个不同的长为 n 的轨道 T_j,我们得到 p^r 阶子群 $\rho(T_j) = B_j$ 使得 T_j 中的 n 个元恰为 B_j 的 n 个右陪集.因为 $T_i \neq T_j$,B_j 当然是与 B_i 不同的.即 ρ 是单射.

(9) 对于任意 $B \in \Theta$,p^r 阶子群 B 的 n 个右陪集又恰好作成一个长为 n 的 Ω 的 G-轨道 T.由结论(7)即知 $\rho(T) = B$,即 ρ 是满射.

因此,$\rho: \Gamma \mapsto \Theta$ 是一一映射.这就证明了上述断言.

这样由式(a)知,对于任意 p^rn 阶群 G 均有同余式

$$nN(p^r) = \binom{p^rn}{p^r} \pmod{pn}. \tag{b}$$

特别地,这个同余式对于 p^rn 阶循环群 G 当然也是对的.而对于 p^rn 阶循环群 G 来说,由循环群的结构知 $N(p^r) = 1$,从而得知

$$\binom{p^rn}{p^r} \equiv nN(p^r) = n \pmod{pn}.$$

因此由式(b)知对于任意 p^rn 阶群 G 均有同余式

$$nN(p^r) \equiv n \pmod{np},$$

故有 $N(p^r) \equiv 1 \pmod{p}$.证毕.

定义　设 G 为 p^rn 阶群,其中 p 为素数,$r \geqslant 1$,$p \nmid n$,则 G 的每个 p^r 阶子群均叫做 G 的**西罗(Sylow)p-子群**.

定理 2(西罗(Sylow))　设 G 为有限群,则

(1) 对 $|G|$ 的每个素因子 p,均存在 G 的西罗 p-子群;

(2) G 的西罗 p-子群彼此共轭;

(3) G 的西罗 p-子群的个数 $\equiv 1 \pmod{p}$;

(4) 设 P 为 G 的一个西罗 p-子群,则 G 的西罗 p-子群的个数为 $[G : N_G(P)]$.

证明　(1)和(3)由定理 1 直接推出,由(2)容易得到(4),从而只需证(2).令 Σ

是 G 的所有西罗 p-子群构成的集合,将 G 共轭作用于其上.令 Δ 是一个 G-轨道.取 $P\in\Sigma$,再将 P 共轭作用于 Δ 上.Δ 分拆成一些 P-轨道,每个 P-轨道的长度是 $|P|=p^r$ 的因子.如果 $P'\in\Delta$,并且 P' 自身组成一个 P-轨道,即 $xP'x^{-1}=P'$,$\forall\, x$ $\in P$,则 $P\leqslant N_G(P')$ 从而 $PP'\leqslant G$.但是 $|PP'|=|P||P'|/|P\cap P'|$ 仍为 P 的幂,且 $P\leqslant PP'$,由于 P 和 P' 均是西罗 p-子群.故必 $P=P'=P'$.这就表明当 $P\in\Delta$ 时,Δ 中长为 1 的轨道只有 $\{P\}$,从而 $|\Delta|\equiv 1(\mathrm{mod}\,p)$.当 $P\notin\Delta$ 时,Δ 没有长为 1 的轨道,从而 $|\Delta|\equiv 0(\mathrm{mod}\,p)$.这两种情形不可能同时发生,所以只能是所有西罗 p-子群均在 Δ 中,即 $\Sigma=\Delta$,换句话说,G 在 Σ 上的共轭作用是传递的,即 G 的所有西罗 p-子群彼此共轭.证毕.

系 1 设素数 p 是 $|G|$ 的因子,则群 G 的每个 p 方幂阶的子群 B 均包含在 G 的某个西罗 p-子群内.

证明 仍以 Σ 表示 G 的全部西罗 p-子群,由定理 2 可知 $|\Sigma|\equiv 1(\mathrm{mod}\,p)$.将 B 共轭作用在 Σ 上,每个 B-轨道的长度是 $|B|$ 的因子,从而为 p 的方幂.由 $|\Sigma|\equiv 1(\mathrm{mod}\,p)$ 可知必有长为 1 的 B-轨道 $\{P\}$.与证明定理 2 的 (2) 一样可由此推出 $BP=P$,于是 $B\leqslant P$,即 B 包含在西罗 p-子群 P 内.证毕.

系 2 设 P 是 G 的西罗 p-子群,$A\leqslant G$,且 $N_G(P)\leqslant A$,则 $N_G(A)=A$.

证明 设 $g\in N_G(A)$,则 $g^{-1}Ag=A$,从而 $g^{-1}Pg\leqslant g^{-1}Ag=A$,由于 $P\leqslant N_G(P)\leqslant A\leqslant G$,从而 P 为 A 的西罗 p-子群.再由 $g^{-1}Pg\leqslant A$,$|P|=$ $|g^{-1}Pg|$,知 $g^{-1}Pg$ 也是 A 的西罗 p-子群.由定理 2 即知存在 $a\in A$,使得 $a^{-1}(g^{-1}Pg)a=P$,即 $ga\in N_G(P)\leqslant A$.于是 $g\in A$.证毕.

系 3(弗拉梯尼(Fratini)) $M\lhd G$,P 为 M 的西罗 p-子群,则
$$G=MN_G(P).$$

证明 对每个 $g\in G$,$g^{-1}Pg\leqslant g^{-1}Mg=M$.于是由定理 2 知有 $k\in M$ 使得 $k^{-1}(g^{-1}Pg)k=P$,即 $gk\in N_G(P)$.从而 $g=(gk)k^{-1}\in N_G(P)M=MN_G(P)$.证毕.

现在我们举几个具体的例子.

例 1 148 阶群不是单群.

证明 取 $p=37|148$,则 $N(37)\equiv 1(\mathrm{mod}\,37)$.从而 $N(37)=37l+1$.由于 148 阶群 G 的全部西罗 37-子群形成一个共轭类,其总数应当是 $|G|=148$ 的因子,即 $N(37)=37l+1|148$.于是 $37l+1|4$,这只能 $l=0$,即 $N(37)=1$.因此 G 只有一个 37 阶子群,从而必然是正规子群,G 不是单群.

例 2 56 阶群 G 不是单群.

证明 与前例一样,$N(7)=7n+1|56$,从而 $7n+1|8$,于是 $N(7)=1$ 或 8.如

果 $N(7)=1$,则 7 阶西罗子群是正规的;如果 $N(7)=8$,令 $P_1,P_2,\cdots,P_8$ 是 G 的 8 个不同的 7 阶子群,它们中的任意两个只有公共元素 1_G,合起来共占了 $7\times8-7=49$ 个元素,余下 $56-49=7$ 个元素加上 1_G 必然形成 G 的 8 阶西罗 2-子群,从而 G 的西罗 2-子群只有一个,必为正规子群. G 不是单群.

定理 3　设 p 和 q 是两个素数,则 pq 阶群 G 不是单群.

证明　若 $p=q$, p^2 阶群 G 是阿贝尔群.由定理 1 知它有 p 阶子群,阿贝尔群的子群都是正规的,所以 G 不是单群.如果 $p\neq q$,不妨设 $p>q$, $N(p)=(np+1)\mid q$,而 $q<p$,只能 $n=0$. G 只有一个西罗 p-子群,它是正规子群.于是 G 不是单群.证毕.

定理 4　设 p 和 q 是素数,则 p^2q 阶群 G 不是单群.

证明　若 $p=q$,已证过 p^3 阶群 G 必有非平凡的中心 $C(G)$,且 $C(G)$ 有 p 阶子群 N,显然 $N\lhd G$.因此 G 不是单群.

如果 $p>q$,则 $N(p^2)=np+1\mid q$, $q<p$,于是 $n=0$. G 有正规的 p^2 阶西罗子群, G 不是单群.

最后设 $p<q$.则 $N(q)=nq+1\mid p^2$.如果 $N(q)=1$,则 G 有正规 q 阶子群, G 不是单群.由于 $p<q$, $N(q)$ 不能为 p.最后若 $N(q)=p^2$,即 G 有 p^2 个 q 阶子群,它们共占据 G 的 $p^2(q-1)+1$ 个元素,余下 p^2-1 个元素和 1_G 便构成 G 的唯一的 p^2 阶西罗子群 P, $P\lhd G$.所以 G 也不是单群.证毕.

作为本节的结果,我们证明:

定理 5　非阿贝尔单群的最小阶数是 60,且 60 阶单群必同构于 A_5.

证明　到目前为止我们已证明了下列结果:

$p^n(n\geqslant2,p$ 为素数)阶群有非平凡中心,因此不是单群;

pq, p^2q (p 和 q 为素数)阶群均不是单群;

$2m$ (m 为奇数, $m\geqslant3$)阶群不是单群;

素数阶循环群在我们考虑的范围之外.

在 59 之内除了上述情形后只剩下 $\mid G\mid=24,36,40,48,56$.例 2 表明 56 阶群不单; 40 阶群有唯一的西罗 5-子群,从而不是单群.

设 $\mid G\mid=48=3\times2^4$.易知 G 的西罗 2-子群的个数为 1 或 3.若 $N(16)=1$,则 G 不单.若 $N(16)=3$,令 P_1,P_2,P_3 为 G 的 3 个西罗 2-子群, G 在 $\{P_1,P_2,P_3\}$ 上的共轭作用给出同态 $\rho:G\to S_3$.令 $N=\mathrm{Ker}\,\gamma$,则 $N\lhd G$.由于 $\mid G\mid=48>\mid S_3\mid=6$,从而 $N\neq\{1\}$.又由于 P_1,P_2,P_3 彼此共轭, $N\neq G$.于是 N 是 G 的非平凡正规子群.因此 48 阶群不单.类似地可证 24 阶群不单.

设 $\mid G\mid=36=2^2\times3^2$,则 G 的西罗 3-子群的个数为 1 或 4,若 $N(9)=1$,则 G

不单.若 $N(9)=4$,则 G 在西罗 3-子群 $\{P_1,P_2,P_3,P_4\}$ 的集合上的共轭作用给出同态 $\rho:G\to S_4$.由上面同样的方法断定 G 有非平凡正规子群,G 不是单群.

最后考虑 $|G|=60$.已证过 A_5 为单群,现在我们证明 60 阶单群 G 必然同构于 A_5.我们断言 G 有指数为 5 即 12 阶的子群.为此,令 P 是 G 的一个 4 阶西罗子群,$N(4)=[G:N_G(P)]$.由 G 为单群可知 $N(4)\ne 1$.上面的方法同样给出 $N(4)\ne 3$,从而 $4\leqslant|N_G(P)|<15$.由于 $4||N_G(P)||60$,如果 $|N_G(P)|\ne 12$,则必然 $|N_G(P)|=4$,G 有 15 个西罗 2-子群.如果它们两两只有公共元素 1_G,则它们共占去 G 的 $15\times 3+1=46$ 个元素.由于 G 为单群,G 的西罗 5-子群至少有 6 个,它们有 $6\times 4+1=25$ 个元素.上述所有子群的任意两个均只有公共元素 1_G,从而总共有 $46+25-1=70$ 个元素,但 $|G|=60$,这一矛盾表明必有两个不同的西罗 2-子群 P 和 P' 存在,使得 $P\bigcap P'=K\ne\{1\}$.由于 P 和 P' 都是阿贝尔群,$\langle P,P'\rangle$ 是 $C_G(K)$ 的子群.因为 $P\ne P'$,P 和 P' 生成的群 $\langle P,P'\rangle$ 的阶大于 4,于是 $4<|C_G(K)|<15$.但 $4||C_G(K)||60$,只能 $|C_G(K)|=12$.因此 G 必有 12 阶子群.

设 N 为 G 的 12 阶子群,G 对于 N 的诱导表示产生同态 $\rho:G\to S_5$.由于 ρ 是单同态,G 同构于 S_5 的一个 60 阶子群 M.M 是 S 的非平凡正规子群,M 必然为 A_5.这就完成了定理的证明.

习　题

1. 若 p 是 $|G|$ 的素因子,则群 G 必有 p 阶元素.

2. 设 G 是一个 n 阶群,p 是 n 的一个素因子.试证:方程 $x^p=1$ 在群 G 中解的个数是 p 的倍数.

3. 证明 6 阶非交换群只有 S_3.

4. 试证 200 阶群 G 一定含有一个正规的西罗子群.

5. 确定 S_4 的不同的西罗子群的个数.

6. 确定 S_4 的自同构群 $\mathrm{Aut}(S_4)$.

7. 设 N 是有限群 G 的一个正规子群.如果 p 和 $|G/N|$ 互素,则 N 包含 G 的所有西罗 p-子群.

8. 设 G 是任意一个有限群,N 是 G 的正规子群,P 是 G 的一个西罗 p-子群.试证:

(1) $N\bigcap P$ 是 N 的西罗 p-子群;

(2) PN/N 是 G/N 的西罗 p-子群;

(3) $N_G(P)N/N\cong N_{G/N}(PN/N)$.

*9. 令 $P_1, P_2, \cdots, P_N$ 是有限群 G 的全部西罗 p-子群. 如果对任意 $i \neq j$, 总有

$$[P_i : P_i \bigcap P_j] \geqslant p^r,$$

则 $N \equiv 1 (\bmod p^r)$.

*10. 令 G 是集合 Σ 上的置换群, P 是 G 的西罗 p-子群, $a \in \Sigma$. 如果 p^m 整除 $|Ga|$, 则 p^m 整除 $|Pa|$.

*11. 令 G 是集合 Σ 上的置换群. 对任意 $a \in \Sigma$, 设 P 是固定子群 G_a 的西罗 p-子群, Δ 是轨道 Ga 在 P 作用下的全部不动点的集合. 试证 $N_G(P)$ 在 Δ 上的作用是传递的.

*12. 设群 G 是 24 阶群且 $C(G) = 1$. 试证 $G \cong S_4$.

13. 设 P 是 G 的西罗 p-子群, 且 $N_G(P)$ 是 G 的正规子群. 试证 P 是 G 的正规子群.

1.9 自由群和群的表现

现在我们进一步研究某些群的结构, 首先介绍约束条件最少的群——自由群以及用定义关系刻画群结构的方法.

为了讲自由群, 我们先讲什么是自由半群. 设 S 为任意集合, S 中有限个元素 $x_1, x_2, \cdots, x_n$ 连在一起叫做是一个**字**. 字 $x_1 x_2 \cdots x_n$ 和 $y_1 y_2 \cdots y_m$ 相等, 如果 $n = m$ 且 $x_i = y_i (1 \leqslant i \leqslant n)$. 以 $\Sigma * (S)$ 表示所有这样的字(包括空字 1)组成的集合, 在 $\Sigma * (S)$ 中定义两个字的运算为

$$(x_1 x_2 \cdots x_n)(y_1 y_2 \cdots y_m) = x_1 \cdots x_n y_1 \cdots y_m,$$

且对每个字 $\alpha \in \Sigma * (S)$, 规定 $1 \cdot \alpha = \alpha \cdot 1 = \alpha$, 则这个运算显然满足结合律, 从而 $\Sigma * (S)$ 对上述运算形成一个含幺半群, 它称为集合 S 上的**自由含幺半群**, 集合 S 叫做 $\Sigma * (S)$ 的基. "自由"一词意味着 $\Sigma * (S)$ 中除了含幺半群定义中的要求之外, 没有任何其他约束条件.

如果将自由含幺半群 $\Sigma * (S)$ 扩大成群, 每个元素 $x \in S$ 应当有逆元素, 所以给了集合 S 之后, 再考虑集合 $S^{-1} = \{x^{-1} | x \in S\}$. 令

$$F(S) = \{a_1 a_2 \cdots a_n \mid a_i \in S \bigcup S^{-1}, 1 \leqslant i \leqslant n\},$$

这里当 $n = 0$ 时, 规定 $a_1 \cdots a_n = 1$. $F(S)$ 中运算仍定义为 $(a_1 \cdots a_n)(b_1 \cdots b_m) = a_1 \cdots a_n b_1 \cdots b_m$, 但是约定 $aa^{-1} = a^{-1}a = 1$, 对每个 $\alpha \in F(S)$, $1 \cdot \alpha = \alpha \cdot 1 =$

α. 例如 $(ab)(b^{-1}c) = ac$，$(ab)(b^{-1}a^{-1}) = 1$ 等等. 这时，$F(S)$ 中每个元素均有逆元素，例如 a^{-1} 的逆元素为 a，$(a^3b^{-1}c)^{-1} = c^{-1}ba^{-3}$. $F(S)$ 对于上述运算和约定成群，叫做集合 S 上的**自由群**，S 叫做此自由群的**基**. 显然 S 是群 $F(S)$ 的一个生成元系. 如果 S 是有限集，则 $F(S)$ 叫做**有限生成自由群**. 特别当 $S = \{a\}$ 时，$F(S) = \langle a \rangle = \{a^n \mid n \in \mathbf{Z}\}$ 就是无限循环群，而当 $|S| \geqslant 2$ 时，$F(S)$ 是无限非阿贝尔群.

下面定理显示出自由群的作用.

定理 1　每个群都是自由群的商群；每个有限生成群都是有限生成自由群的商群.

证明　设 G 为群. 取 G 的一个生成元系 Σ（例如可取 $\Sigma = G$）. 定义集合 $S = \{X_a \mid a \in \Sigma\}$，并考虑映射 $f: F(S) \rightarrow G$，其中 $f(X_a) = a$，$f(X_a^{-1}) = a^{-1}$，然后对于 $A_i \in \Sigma \cup \Sigma^{-1}$（$1 \leqslant i \leqslant n$），定义 $f(A_1 \cdots A_n) = f(A_1) \cdots f(A_n)$. 这个映射是可以定义的，即不依赖于 $F(S)$ 中元素的不同表达方式，因为不同表达方式是由于插入或消去 $X_a X_a^{-1}$ 或 $X_a^{-1} X_a$ 造成的，而 $f(X_a X_a^{-1}) = aa^{-1} = 1, f(X_a^{-1} X_a) = a^{-1}a = 1$. 进一步，易知 f 是群同态，并且是满的，因为对每个生成元 $a \in \Sigma, a = f(X_a) \in \mathrm{Im} f$，从而 $G = \langle \Sigma \rangle = \mathrm{Im} f$. 根据同态基本定理，$G \cong F(S)/\mathrm{Ker} f$，即 G 同构于自由群 $F(S)$ 的商群. 如果 G 是有限生成的，令有限集 Σ 是 G 的一个生成元系，则 $S = \{X_a \mid a \in \Sigma\}$ 也是有限集，从而 $F(S)$ 为有限生成自由群. 证毕.

设 G 同构于自由群 $F(S)$ 的商群，$f: F(S)/K \cong G, K \lhd F(S)$，则 G 是由 $f(S) = \Sigma$ 生成的. 进一步，对 K 中每个元素 α，G 中就有一个等式 $f(\alpha) = 1_G$. K 中有多少元素，G 中就相应有多少个关系. 如果 P 是 K 的一个子集，且 K 是 $F(S)$ 中包含 P 的最小正规子群（叫做由 P 生成的正规子群），则 K 中每个元素均可由 P 在 $F(S)$ 中的全部共轭集合的元素运算出来. 反映在群 G 中，G 的所有关系均可由 P 中元素给出的关系推导出来. 我们把由 P 中元素给出的那些关系全体叫做群 G 的**定义关系集**，并且群 G 写成

$$G = \langle \Sigma \mid f(\alpha) = 1, \ \forall \alpha \in P \rangle.$$

这种刻画群的方式叫做群 G 的一个**表现**. 例如，令 $S = \{a, b\}$，K 是 $F(S)$ 中的元素 a^3 和 $(ab)^2$ 生成的正规子群，如果 $G \cong F(S)/K$，则 G 的结构可以写成 $G = \langle A, B \mid A^3 = (AB)^2 = 1 \rangle$.

例 1　以 φ 表示关系集合为空集. $G = \langle S \mid \varphi \rangle$ 即是以 S 为基的自由群，因为此时 $K = \{1\}$，$G \cong F(S)/\{1\} = F(S)$.

例 2　$\mathbf{Z}_n \cong \langle a \rangle / \langle a^n \rangle = F(S)/\langle a^n \rangle$，其中 $S = \{a\}$. 因而 n 阶循环群的表现

为 $\mathbf{Z}_n = \langle a \mid a^n = 1 \rangle$.

例 3 正 $n(n \geq 3)$ 边形对称群 D_n 是 $2n$ 阶群,它有生成元系 $\{\sigma, \tau\}$,其中 $\sigma^n = \tau^2 = 1$, $(\tau\sigma)^2 = 1$. 令 F 是以 $\{a, b\}$ 为基的自由群,则有群的满同态 $f: F \to D_n$, $f(a) = \sigma$, $f(b) = \tau$. 由同态基本定理可知 $D_n \cong F/\mathrm{Ker}f$. 由于 $f(a^n) = \sigma^n = 1$, $f(b^2) = \tau^2 = 1$, $f((ba)^2) = (\tau\sigma)^2 = 1$, a^n, b^2, $(ba)^2 \in \mathrm{Ker}f$. 令 K 是 F 中由 a^n, b^2, $(ba)^2$ 生成的正规子群,则 $K \leqslant \mathrm{Ker}f$.

现在考虑商群 F/K. 以 A 和 B 分别表示 a 和 b 在 F/K 中的像,则 $A^n = B^2 = (BA)^2 = 1$. F/K 可由 $\{A, B\}$ 生成,由于 $BA = A^{-1}B^{-1} = A^{n-1}B$, F/K 中元素均可表示成 $A^iB^j (0 \leqslant i \leqslant n-1, 0 \leqslant j \leqslant 1)$,从而 $|F/K| \leqslant 2n$.

$$2n = |D_n| = |F/\mathrm{Ker}f| = \frac{|F/K|}{|\mathrm{Ker}f/K|} \leqslant \frac{2n}{|\mathrm{Ker}f/K|},$$

因此 $K = \mathrm{Ker}f$, $D_n \cong F/K$. 于是 D_n 有如下的表现:

$$D_n = \langle a, b \mid a^n = b^2 = (ba)^2 = 1 \rangle.$$

例 4 令 $Q_8 = \langle a, b \mid a^4 = 1, b^2 = a^2, ba = a^3b \rangle$. Q_8 中每个元素均可写成 $a^ib^j (0 \leqslant i \leqslant 3, 0 \leqslant j \leqslant 1)$,从而 $|Q_8| \leqslant 8$. 但是我们有一个具体矩阵群 $G = \langle A, B \rangle$,其中 $A = \begin{pmatrix} 0 & 1 \\ -1 & 0 \end{pmatrix}$, $B = \begin{pmatrix} 0 & i \\ i & 0 \end{pmatrix}$ ($i = \sqrt{-1}$),满足 $A^4 = 1, B^2 = A^2$, $BA = A^3B$,并且可直接验证 $A^iB^j (0 \leqslant i \leqslant 3, 0 \leqslant j \leqslant 1)$ 为 8 个不同的矩阵,因此 $|G| = 8$. 然后可按例 3 中同样的方法得出 $G \cong Q_8$,即 Q_8 为 8 阶非阿贝尔群.

定义 1 设 S 为任意集合,表现为

$$F = \langle S \mid ba = ab, \forall a, b \in S \rangle$$

的群叫做以 S **为基**(或**在 S 上**)**的自由阿贝尔群**(除了交换性条件之外不再有任何关系).

由于元素可交换,所以 F 中元素均可写成

$$g = a_1^{n_1} a_2^{n_2} \cdots a_r^{n_r} \quad (r \geqslant 0, n_i \in \mathbf{Z}, n_i \neq 0, a_i \in S, 1 \leqslant i \leqslant r),$$

其中 $a_1, a_2, \cdots, a_r$ 是 S 中不同元素,并且若不考虑前后次序,g 的这个表达方式是唯一的. 可以像定理 1 那样证明:每个(有限生成)阿贝尔群均是(有限生成)自由阿贝尔群的商群. 为了进一步看清有限生成自由阿贝尔群的结构,我们现在引进群的直积.

定义 2 设 $G_1, \cdots, G_n$ 是群,在集合的直积

$$G = G_1 \times \cdots \times G_n = \{(g_1, \cdots, g_n) \mid g_i \in G_i, 1 \leqslant i \leqslant n\}$$

中定义运算

$$(g_1, \cdots, g_n)(g_1', \cdots, g_n') = (g_1g_1', \cdots, g_ng_n').$$

易证 G 对此运算成群,叫做群 $G_1,\cdots,G_n$ 的**直积**.它的幺元素为 $(1_{G_1},\cdots,1_{G_n})$,元素 $(g_1,\cdots,g_n)$ 的逆为 $(g_1^{-1},\cdots,g_n^{-1})$.

设 G 和 K 是群,则 $G\times 1=\{(g,1)\mid g\in G\}$ 和 $1\times K=\{(1,k)\mid k\in K\}$ 是 $G\times K$ 的两个子群,并且 $G\times 1\cong G$, $1\times K\cong K$. $G\times 1$ 中元素和 $1\times K$ 中元素可交换, $G\times K=(G\times 1)(1\times K)$, $(G\times 1)\bigcap(1\times K)=\{1\}$.反之有:

引理 设 $H,K\leqslant G$, $H\bigcap K=\{1\}$, $G=HK$,且对每个 $h\in H,k\in K$, $hk=kh$,则 $G\cong H\times K$.

证明 由 $G=HK$ 和 H 中元素与 K 中元素的交换性,可知 G 中每个元素均可表成 $g=hk$, $h\in H$, $k\in K$.再由 $H\bigcap K=\{1\}$, g 的这个表达式是唯一的.于是我们可以定义

$$f:G\rightarrow H\times K,\qquad hk\mapsto(h,k).$$

由上述可知这是一一对应,并且

$$f((hk)(h'k'))=f(hh'kk')=(hh',kk')=f(hk)f(h'k'),$$

从而 f 为同构,即 $G\cong H\times K$.证毕.

下面定理是判别一个群为某些子群直积的方法.以后将 $G=G_1\times\cdots\times G_n$ 中元素 $(g_1,1,\cdots,1)$ 等同于 G_1 中元素 g_1,由此将 G_1 看成是 G 的正规子群.类似地, $G_2,\cdots,G_n$ 也自然地看成 G 的正规子群,从而 G 的每个元素唯一地表示成 $g=g_1\cdots g_n$ $(g_i\in G_i)$.

定理 2 设 $G_1,\cdots,G_n\lhd G$, $n\geqslant 2$.则以下三个条件是彼此等价的:

(1) $G=G_1\times\cdots\times G_n$;

(2) G 中每个元素可以唯一表示成 $g=g_1\cdots g_n$,其中 $g_i\in G_i$;

(3) $G=G_1\cdots G_n$,且对每个 $m(1<m\leqslant n)$,有 $(G_1G_2\cdots G_{m-1})\bigcap G_m=\{1\}$.

证明 (1)$\Rightarrow$(2) 如定理前面的约定, G 中元素 $(g_1,\cdots,g_n)$ 唯一地写成 $(g_1,1,\cdots,1)\cdots(1,\cdots,1,g_n)=g_1\cdots g_n$.

(2)$\Rightarrow$(3) 设 $g\in(G_1\cdots G_{m-1})\bigcap G_m$,则有 $g_i\in G_i$ 使得 $g=g_1\cdots g_{m-1}=g_m$,于是 $1=g_1\cdots g_{m-1}g_m^{-1}$.由(2)中唯一性假设, $g_m^{-1}=1$.从而 $g=g_m=1$,即 $(G_1\cdots G_{m-1})\bigcap G_m=\{1\}$.

(3)$\Rightarrow$(1) 令 $J_m=G_1\cdots G_m$.由 $G_i\lhd G(1\leqslant i\leqslant n)$, $J_m\lhd G$.现在对 m 归纳证明 $J_m=G_1\times\cdots\times G_m(2\leqslant m\leqslant n)$.当 $m=2$ 时, $\forall g_1\in G_1$, $g_2\in G_2$, $g_1g_2g_1^{-1}g_2^{-1}=g_1(g_2g_1^{-1}g_2^{-1})=(g_1g_2g_1^{-1})g_2^{-1}\in G_1\bigcap G_2=\{1\}$, $g_1g_2=g_2g_1$,由引理, $J_2=G_1\times G_2$.现在设 $J_{m-1}=G_1\times\cdots\times G_{m-1}$,则 J_{m-1}, $G_m\lhd G$, $J_m=J_{m-1}G_m$ 且由(3)中假设 $J_{m-1}\bigcap G_m=\{1\}$.于是又由引理, $J_m=J_{m-1}\times G_m=G_1\times\cdots\times G_m$.特别地,对 $m=n$, $G=J_n=G_1\times\cdots\times G_n$.

现在回到有限生成自由阿贝尔群 G. 设它的基为 $S = \{a_1, \cdots, a_r\}$, 则 G 中每个元素唯一表示成 $g = a_1^{\lambda_1} \cdots a_r^{\lambda_r}$, $\lambda_i \in \mathbf{Z}$. 由于阿贝尔群 G 的子群 $G_i = \langle a_i \rangle$ 均是正规的, 从定理 2 的 (2) 即知 $G = G_1 \times \cdots \times G_r$. 但是 $G_i = \langle a_i \rangle$ 是无限循环群, G 同构于 r 个无限循环群的直积.

对于每个群 G, 我们今后把 n 个群 G 的直积写成 G^n, 而令 $G_n = \{g^n \mid g \in G\}$. 当 G 为阿贝尔群时, G_n 是 G 的子群. 现在设 G 是有限生成自由阿贝尔群, 则 $G = \langle a_1 \rangle \times \cdots \times \langle a_r \rangle \cong \mathbf{Z}^r$, 其中 $\langle a_i \rangle$ 均是无限循环群. 于是对每个 $n \geqslant 2$, $G_n = \langle a_1^n \rangle \times \cdots \times \langle a_r^n \rangle$, $G/G_n \cong (\langle a_1 \rangle / \langle a_1^n \rangle) \times \cdots \times (\langle a_r \rangle / \langle a_r^n \rangle) \cong \mathbf{Z}_n \times \cdots \times \mathbf{Z}_n = \mathbf{Z}_n^r$. $|G/G_n| = |\mathbf{Z}_n^r| = n^r$, 因此数 $r = \log |G/G_n| / \log n$ 是由群 G 本身所唯一确定的. 换句话说, 如果 $G \cong \mathbf{Z}^r$ 且又 $G \cong \mathbf{Z}^s$, 则 $r = s$. 所以, 有限生成自由阿贝尔群本质上是 $\mathbf{Z}^r$ ($r = 1, 2, \cdots$) 并且它们互不同构.

如果 $G \cong \mathbf{Z}^r$, 则 r 叫做有限生成自由阿贝尔群 G 的**秩**, 记为 $\mathrm{rank}(G)$. 综合上述, 我们证明了下面的结构定理:

定理 3　有限生成自由阿贝尔群 G 同构于有限个无限循环群的直积, $G \cong \mathbf{Z}^r$, $r = \mathrm{rank}(G) \geqslant 1$. 两个这样的群 G 和 G' 同构 $\Leftrightarrow \mathrm{rank}(G) = \mathrm{rank}(G')$.

系　设 S 和 S' 是有限生成自由阿贝尔群 G 的两组基, 则 $|S| = |S'|$.

我们给出了有限生成自由阿贝尔群的结构 (或叫分类). 下一节我们将要给出任意有限生成阿贝尔群的结构 (分类).

习　题

*1. 令 $G = \langle g_1, g_2, \cdots, g_n \rangle$ 由 n 个元素生成. 如果 G 的子群 A 具有有限指数, 则 A 可以由 $2n[G : A]$ 个元素生成.

2. 如果 n 为正奇数, 求证 $D_{2n} \cong D_n \times \mathbf{Z}_2$.

3. 若 $n \geqslant 3$, 试问 $A_n \times \mathbf{Z}_2$ 与 S_n 是否同构?

4. 设 G_1, G_2, G_3 为群, 则

(1) $G_1 \times G_2 \cong G_2 \times G_1$;

(2) $(G_1 \times G_2) \times G_3 \cong G_1 \times (G_2 \times G_3)$.

5. 设 $G_i (1 \leqslant i \leqslant n)$ 为群, 则

(1) $C(G_1 \times G_2 \times \cdots \times G_n) = C(G_1) \times C(G_2) \times \cdots \times C(G_n)$;

(2) $G_1 \times G_2 \times \cdots \times G_n$ 为阿贝尔群当且仅当每个 G_i 均为 Abel 群.

6. 设 $G_i (1 \leqslant i \leqslant n)$ 为群, $N_i \leqslant G_i$. 则

(1) $N_1 \times N_2 \times \cdots \times N_n \leqslant G_1 \times G_2 \times \cdots \times G_n$；

(2) $N_1 \times N_2 \times \cdots \times N_n \lhd G_1 \times G_2 \times \cdots \times G_n$ 当且仅当对每个 i，$N_i \lhd G_i$；

(3) 当 $N_1 \times \cdots \times N_n \lhd G_1 \times \cdots \times G_n$ 时，
$$G_1 \times \cdots \times G_n / N_1 \times \cdots \times N_n \cong G_1/N_1 \times \cdots \times G_n/N_n.$$

7. 设 $G = G_1 \times \cdots \times G_n$，且 H 是 G 的子群. 问 H 是否一定形如 $H = H_1 \times \cdots \times H_n$，其中 $H_i \leqslant G_i$，$1 \leqslant i \leqslant n$.

8. 设 G_1 和 G_2 是两个非交换单群. 试证 $G_1 \times G_2$ 的非平凡正规子群只有 G_1 和 G_2.

9. 以 $\mathbf{C}^*$ 表示非零复数乘法群，$\mathbf{R}^+$ 为正实数乘法群，$\mathbf{R}$ 为实数加法群，则
$$\mathbf{C}^* \cong \mathbf{R}^+ \times (\mathbf{R}/2\pi\mathbf{Z}).$$

10. 设 $n_1, n_2, \cdots, n_r$ 为自然数，则

(1) $\mathbf{Z}_{n_1} \times \mathbf{Z}_{n_2} \cong \mathbf{Z}_{n_1 n_2}$ 当且仅当 $(n_1, n_2) = 1$；

(2) 如果 $n_1, n_2, \cdots, n_r$ 两两互素，则
$$\mathbf{Z}_{n_1} \times \mathbf{Z}_{n_2} \times \cdots \times \mathbf{Z}_{n_r} \cong \mathbf{Z}_{n_1 n_2 \cdots n_r}.$$

*11. 试证 $5 \cdot 7 \cdot 13$ 阶群一定是循环群.

12. 令 $G = G_1 \times G_2$，$H \lhd G$ 且 $H \bigcap G_i = \{1\}$，$i = 1, 2$. 试证 H 是阿贝尔群.

*13. 令 $G = G_1 \times G_2 \times \cdots \times G_n$，且对任意 $i \neq j$，$|G_i|$ 和 $|G_j|$ 互素. 则 G 的任意子群 H 都是它的子群 $H \bigcap G_i$ $(i = 1, 2, \cdots, n)$ 的直积.

*14. 设 G 是有限生成的自由阿贝尔群，$\mathrm{rank}(G) = r$. 如果 $g_1, g_2, \cdots, g_n$ 是 G 的一组生成元，则 $n \geqslant r$.

1.10 有限生成阿贝尔群的结构

在本节中，像通常所作的那样，我们把阿贝尔群 A 中运算写成加法形式，从而幺元素为 0，元素 a 的逆是 $-a$，n 个 a 运算为 $a + a + \cdots + a = na$，有限阶元素 a 的阶为满足 $na = 0$ 的最小正整数 n. $nA = \{na \mid a \in A\}$. 直积则改叫做**直和**并且写成 $A \oplus A'$，n 个 A 的直和仍表成 A^n.

为了研究有限生成阿贝尔群的结构，下一定理是最基本的.

定理 1 有限生成自由阿贝尔群 F 的每个子群 G（$G \neq \{0\}$）仍是有限生成自由阿贝尔群，且 $\mathrm{rank}(G) \leqslant \mathrm{rank}(F)$. 更确切地说，令 $n = \mathrm{rank}(F)$，则存在 F 的一

组基 $\{x_1, \cdots, x_n\}$,一个整数 $r(1 \leqslant r \leqslant n)$ 和一组正整数 $d_1, \cdots, d_r$,使得 $d_1 \mid d_2 \mid \cdots \mid d_r$,并且 G 是以 $\{d_1 x_1, \cdots, d_r x_r\}$ 为基的自由阿贝尔群.

证明　当 $n = 1$ 时,由无限循环群的子群特性可知定理 1 成立.现在假设定理对于秩小于 n 的所有自由阿贝尔群均成立.以 S 表示集合

$$\{s \in \mathbf{Z} \mid \text{存在 } F \text{ 的一组基} \{y_1, \cdots, y_n\}, \text{使得 } G \text{ 中有}$$
$$\text{形如 } s y_1 + k_2 y_2 + \cdots + k_n y_n (k_i \in \mathbf{Z}) \text{ 的元素}\}.$$

注意 $\{y_2, y_1, \cdots, y_n\}$ 也是 F 的一组基,从而 $k_2 \in S$.类似地每个 $k_i \in S$.由于 $G \neq \{0\}$, S 中有非零整数.易知若 $s \in S$,则 $-s \in S$,因此 S 中有非零正整数.以 d_1 表示 S 中的最小正整数,于是存在 $v = d_1 y_1 + k_2 y_2 + \cdots + k_n y_n \in G$,令 $k_i = d_1 q_i + r_i (0 \leqslant r_i < d_1)$,则 $v = d_1(y_1 + q_2 y_2 + \cdots + q_n y_n) + r_2 y_2 + \cdots + r_n y_n$.令 $x_1 = y_1 + q_2 y_2 + \cdots + q_n y_n$, $\{x_1, y_2, \cdots, y_n\}$ 也是 F 的一组基,从而 $r_i \in S$,由 d_1 的极小性知 $r_i = 0 (2 \leqslant i \leqslant n)$.因此 $v = d_1 x_1 \in G$.

令 $H = \langle y_2, \cdots, y_n \rangle$,这是秩为 $n-1$ 的自由阿贝尔群.我们现在证明 $G = \langle v \rangle \oplus (G \cap H) = \langle d_1 x_1 \rangle \oplus (G \cap H)$.首先,由于 $\{x_1, y_2, \cdots, y_n\}$ 为 F 的一组基, $\langle v \rangle \cap (G \cap H) = \{0\}$.其次对每个元素 $u = t_1 x_1 + t_2 y_2 + \cdots + t_n y_n \in G$ ($t_i \in \mathbf{Z}$),令 $t_1 = d_1 q_1 + r_1$, $0 \leqslant r_1 < d_1$. $u - q_1 v = r_1 x_1 + t_2 y_2 + \cdots + t_n y_n \in G$,由 d_1 的极小性知 $r_1 = 0$.于是 $t_2 y_2 + \cdots + t_n y_n \in G \cap H$, $u = q_1 v + (t_2 y_2 + \cdots + t_n y_n) \in \langle v \rangle + (G \cap H)$,因此 $G = \langle d_1 x_1 \rangle \oplus (G \cap H)$.

如果 $G \cap H = \{0\}$,则 $G = \langle d_1 x_1 \rangle$,定理成立.如果 $G \cap H \neq \{0\}$,则 $G \cap H$ 是秩为 $n-1$ 的自由阿贝尔群 H 的子群,根据归纳假设存在 H 的一组基 $\{x_2, \cdots, x_n\}$,正数 $r, d_2, \cdots, d_r$,使得 $d_2 \mid d_3 \mid \cdots \mid d_r$,且 $G \cap H = \langle d_2 x_2 \rangle \oplus \cdots \oplus \langle d_r x_r \rangle$.于是 $F = \langle x_1 \rangle \oplus \cdots \oplus \langle x_r \rangle$, $G = \langle d_1 x_1 \rangle \oplus \cdots \oplus \langle d_r x_r \rangle$.我们只需再证 $d_1 \mid d_2$.令 $d_2 = q d_1 + r$, $0 \leqslant r < d_1$,则 $\{x_2, x_1 + q x_2, x_3, \cdots, x_n\}$ 为 F 的一组基,而 $r x_2 + d_1(x_1 + q x_2) = d_1 x_1 + d_2 x_2 \in G$,从而 $r \in S$.由 d_1 的极小性知 $r = 0$,即 $d_1 \mid d_2$.证毕.

定理 2　每个有限生成阿贝尔群 A 均同构于 $\mathbf{Z}^r \oplus \mathbf{Z}_{m_1} \oplus \cdots \oplus \mathbf{Z}_{m_t}$,其中 $r, t \geqslant 0$, $1 < m_1 \leqslant \cdots \leqslant m_t$ 且 $m_1 \mid m_2 \mid \cdots \mid m_t$.

证明　不妨设 $A \neq \{0\}$,且 A 是由 n 个元素生成的.于是 A 同构于秩为 n 的自由阿贝尔群 F 的商群: $A \cong F/K$.如果 $K = \{0\}$,则 $A \cong F$,从而为定理中 $r = n$, $t = 0$ 的情形.如果 F 的子群 $K \neq \{0\}$,由定理 1 可知存在 $x_1, \cdots, x_n \in F$, $d_1, \cdots, d_s \in \mathbf{Z}$, $d_1 \mid d_2 \mid \cdots \mid d_s$,使得 $F = \langle x_1 \rangle \oplus \cdots \oplus \langle x_n \rangle$, $K = \langle d_1 x_1 \rangle \oplus \cdots \oplus \langle d_s x_s \rangle$.令 $d_{s+1} = \cdots = d_n = 0$,我们有

$$A \cong F/K \cong (\langle x_1 \rangle / \langle d_1 x_1 \rangle) \oplus \cdots \oplus (\langle x_n \rangle / \langle d_n x_n \rangle)$$

$$\cong (\langle x_1 \rangle / \langle d_1 x_1 \rangle) \oplus \cdots \oplus (\langle x_s \rangle / \langle d_s x_s \rangle) \oplus \mathbf{Z}^{n-s}.$$

注意：$\langle x \rangle / \langle x \rangle = \{0\}$，从而以 $m_1, \cdots, m_t$ 表示 $d_1, \cdots, d_s$ 中不为 1 的那些，则 $G \cong \mathbf{Z}^r \oplus \mathbf{Z}_{m_1} \oplus \cdots \oplus \mathbf{Z}_{m_t}$，其中 $r = n - s$ 且 $m_1 \mid m_2 \mid \cdots \mid m_t$. 证毕.

设 A 是有限生成阿贝尔群，以 A_t 表示 A 中有限阶元素全体. 如果 a 和 b 分别是 A 中阶数为 r 和 s 的元素，则 a^{-1} 和 ab 的阶分别是 r 和 $[r, s]$（r 和 s 的最小公倍数）. 从而 A_t 是 A 的子群，叫做 A 的**扭子群**. 易知 A_t 是有限阿贝尔群.

定理 3 设 A 和 B 是有限生成阿贝尔群.

(1) 存在 A 的有限生成自由阿贝尔子群 A_f，使得 $A = A_f \oplus A_t$.

(2) 如果 $A = A_f \oplus A_t$，$B = B_f \oplus B_t$，其中 A_f 和 B_f 分别为 A 和 B 的有限生成自由阿贝尔子群，则

$$A \cong B \Leftrightarrow \operatorname{rank}(A_f) = \operatorname{rank}(B_f) \text{ 且 } A_t \cong B_t.$$

证明 (1) 根据定理 2，存在同构 $\varphi: A \cong \mathbf{Z}^r \oplus T$，其中 $T = \mathbf{Z}_{m_1} \oplus \cdots \oplus \mathbf{Z}_{m_t}$，$1 < m_1 \mid m_2 \mid \cdots \mid m_t$. 不难看出 $\mathbf{Z}^r \oplus T$ 的扭子群就是 T. 因此 $\varphi^{-1}(T)$ 就是 A 的扭子群 A_t. 记 $A_f = \varphi^{-1}(\mathbf{Z}^r)$，则 $A_f \cong \mathbf{Z}^r$ 且 $A = A_f \oplus A_t$.

(2) 如果 $A \cong B$，则 $A_t \cong B_t$，从而 $A_f \cong A/A_t \cong B/B_t \cong B_f$，于是 $\operatorname{rank}(A_f) = \operatorname{rank}(B_f)$. 反之，若 $\operatorname{rank}(A_f) = \operatorname{rank}(B_f)$，则 $A_f \cong B_f$. 如果又有 $A_t \cong B_t$，则 $A = A_f \oplus A_t \cong B_f \oplus B_t = B$. 证毕.

根据定理 3，每个有限生成阿贝尔群 A 均同构于 $\mathbf{Z}^r \oplus A_t$，其中 r 是由 A 唯一确定的，叫做 A 的秩，记为 $\operatorname{rank}(A)$. 当 A 为有限生成自由阿贝尔群时，$A_t = \{0\}$，可知这里秩的定义与对自由阿贝尔群情形的定义是一致的. 定理 3 的 (2) 可简述为：设 A 和 B 是两个有限生成阿贝尔群，则 $A \cong B \Leftrightarrow \operatorname{rank}(A) = \operatorname{rank}(B)$ 且 $A_t \cong B_t$. 于是问题化为有限阿贝尔群 A_t 的分类问题.

定理 4 设 A 为有限阿贝尔群，$A \neq \{0\}$.

(1) 存在 $1 < m_1 \mid m_2 \mid \cdots \mid m_t$ $(t \geqslant 1)$，使得 $A \cong \mathbf{Z}_{m_1} \oplus \cdots \oplus \mathbf{Z}_{m_t}$，$(m_1, \cdots, m_t)$ 由 A 唯一确定.

(2) 存在一组正整数 $\{p_1^{s_1}, p_2^{s_2}, \cdots, p_k^{s_k}\}$，其中 $p_1, \cdots, p_k$ 为（不必不同的）素数，$s_1, \cdots, s_k$ 为正整数，使得 $A \cong \mathbf{Z}_{p_1^{s_1}} \oplus \cdots \oplus \mathbf{Z}_{p_k^{s_k}}$，且集合 $\{p_1^{s_1}, \cdots, p_k^{s_k}\}$ 由群 A 唯一确定.

证明 有限阿贝尔群当然是有限生成的，由定理 2，$A \cong \mathbf{Z}^r \oplus \mathbf{Z}_{m_1} \oplus \cdots \oplus \mathbf{Z}_{m_t}$. $\mathbf{Z}^r$ 中元素除 0 外均为无限阶元素，而有限群 A 中元素均为有限阶的，因此 $r = 0$，$A \cong \mathbf{Z}_{m_1} \oplus \cdots \oplus \mathbf{Z}_{m_t}$，从而得到 (1) 中的分解式. 令 $m_1 = p_1^{\lambda_1} \cdots p_l^{\lambda_l}$，其中 $p_1, \cdots, p_l$ 是不同的素数，λ_i 均为正整数，则 $\mathbf{Z}_{m_1} \cong \mathbf{Z}_{p_1^{\lambda_1}} \oplus \cdots \oplus \mathbf{Z}_{p_l^{\lambda_l}}$ 将 $\mathbf{Z}_{m_2}, \cdots, \mathbf{Z}_{m_t}$ 也如

此作成一些素数幂阶的循环群的直和,便得到(2)中的分解式.剩下只需再证满足定理条件的 $\{m_1,\cdots,m_t\}$ 和 $\{p_1^{s_1},\cdots,p_k^{s_k}\}$ 的唯一性.

让我们先证 $\{p_1^{s_1},\cdots,p_k^{s_k}\}$ 的唯一性.我们知道,对于每个素数 p,有限群 G 的西罗 p-子群是彼此共轭的,并且 G 中每个阶为 p 方幂的元素均在 G 的某个西罗 p-子群之中.当 G 为有限阿贝尔群时,每个子群均只与自己共轭,从而对 $|G|$ 的每个素因子 p,G 只有唯一的一个西罗 p-子群 G_p,并且 G_p 就是 G 中全部 p 方幂阶元素所构成的子群.设 $|G|=p_1^{\lambda_1}\cdots p_s^{\lambda_s}$ 是 $|G|$ 的素因子分解式,则 $|G_{p_i}|=p_i^{\lambda_i}$.不难看出 $G=G_{p_1}\oplus\cdots\oplus G_{p_s}$,即每个有限阿贝尔群是它的所有西罗子群的直和.为了对有限阿贝尔群 A 证明 $\{p_1^{s_1},\cdots,p_k^{s_k}\}$ 的唯一性,我们只需对它的每个西罗子群 A_p 证明这件事即可.以下设 A 为有限阿贝尔 p-群,即 A 的阶为 p 的方幂.这时,$A\cong\mathbf{Z}_{p^{a_1}}\oplus\cdots\oplus\mathbf{Z}_{p^{a_r}}$,我们只需证明 $\{a_1,\cdots,a_r\}$ 的唯一性.不妨设 $1\leqslant a_1\leqslant\cdots\leqslant a_r$.若又有 $A\cong\mathbf{Z}_{p^{c_1}}\oplus\cdots\oplus\mathbf{Z}_{p^{c_d}}$.$1\leqslant c_1\leqslant\cdots\leqslant c_d$,则 $pA=p\mathbf{Z}_{p^{a_1}}\oplus\cdots\oplus p\mathbf{Z}_{p^{a_r}}$.于是 $A/pA\cong(\mathbf{Z}_{p^{a_1}}/p\mathbf{Z}_{p^{a_1}})\oplus\cdots\oplus(\mathbf{Z}_{p^{a_r}}/p\mathbf{Z}_{p^{a_r}})$,但是 $\mathbf{Z}_{p^a}/p\mathbf{Z}_{p^a}\cong\mathbf{Z}_p$,因此 $A/pA\cong\mathbf{Z}_{p^{a_1}}$,从而 $|A/pA|=p^r$.类似地,由 $A\cong\mathbf{Z}_{p^{c_1}}\oplus\cdots\oplus\mathbf{Z}_{p^{c_d}}$ 得到 $|A/pA|=p^d$.我们首先得出 $r=d$.

现在假设 $a_1=c_1,\cdots,a_{i-1}=c_{i-1}$ 而 $a_i<c_i$.则
$$p^{a_i}A\cong p^{a_i}\mathbf{Z}_{p^{a_1}}\oplus\cdots\oplus p^{a_i}\mathbf{Z}_{p^{a_r}}\cong\mathbf{Z}_{p^{a_{i+1}-a_i}}\oplus\cdots\oplus\mathbf{Z}_{p^{a_r-a_i}}.$$

同样有 $p^{a_i}A\cong\mathbf{Z}_{p^{c_i-a_i}}\oplus\cdots\oplus\mathbf{Z}_{p^{c_r-a_i}}$.由于 $c_i-a_i,\cdots,c_r-a_i$ 均为正整数,$p^{a_i}A/p^{a_i+1}A\cong\mathbf{Z}_{p^{r-i+1}}$.但是 $a_{i+1}-a_i,\cdots,a_r-a_i$ 中共有 $r-i$ 个数,于是 $p^{a_i}A/p^{a_i+1}A$ 又同构于不超过 $r-i$ 个 $\mathbf{Z}_p$ 的直和,这就导致矛盾,从而 $a_i=c_i$,$1\leqslant i\leqslant r$.我们证明了 $\{p_1^{s_1},\cdots,p_k^{s_k}\}$ 的唯一性.

最后证明 $\{m_1,\cdots,m_i\}$ 的唯一性.设 $p_1,\cdots,p_r$ 是 $|A|=m_1\cdots m_i$ 的全部素因子.令 $m_i=p_1^{a_{i1}}\cdots p_r^{a_{ir}}$,$a_{ij}\geqslant0$,由 $m_1\mid m_2\mid\cdots\mid m_t$ 可知 $0\leqslant a_{1j}\leqslant a_{2j}\leqslant\cdots\leqslant a_{tj}$($1\leqslant j\leqslant r$).于是 $\mathbf{Z}_{m_i}$ 的西罗 p_j-子群为 $\mathbf{Z}_{p_j^{a_{ij}}}$.不难看出 $A=\mathbf{Z}_{m_1}\oplus\cdots\oplus\mathbf{Z}_{m_t}$ 的西罗 p_j-子群 A_{p_j} 为 $\mathbf{Z}_{p_j^{a_{1j}}}\oplus\cdots\oplus\mathbf{Z}_{p_j^{a_{ij}}}$($0\leqslant a_{1j}\leqslant\cdots\leqslant a_{ij}$).由上一段已知 $a_{1j},\cdots,a_{ij}$ 中不为 0 的那些由 A_{p_j} 唯一确定,因此由 A 唯一确定.由条件 $m_i>1$ 可知 t 和所有的 a_{ij} 均由 A 唯一决定.因此 $\{m_1,\cdots,m_t\}$ 由 A 唯一确定.这就完成了定理 4 的证明.

定理 4 中的 $\{m_1,\cdots,m_t\}$ 叫做 A 的**不变因子**,$\{p_1^{s_1},\cdots,p_k^{s_k}\}$ 叫做 A 的**初等因子**.对于有限生成阿贝尔群 A,A_i 的不变因子和初等因子也分别叫做 A 的不变因子和初等因子.综合上述我们完成了有限生成阿贝尔群的结构定理:

定理 5　两个有限生成阿贝尔群同构 $\Leftrightarrow$ 它们有相同的秩和初等因子 $\Leftrightarrow$ 它们有

相同的秩和不变因子.特别地,两个有限阿贝尔群同构⇔它们有相同的初等因子⇔它们有相同的不变因子.

例 1500 阶阿贝尔群的分类.设 A 为阿贝尔群,$|A| = 1500 = 2^2 \times 3 \times 5^3$.于是 A 的西罗子群的阶分别为 $|A_2| = 2^2$,$|A_3| = 3$,$|A_5| = 5^3$.A 的初等因子共有以下六种可能:$\{2,2,3,5,5,5\}$,$\{2,2,3,5,25\}$,$\{2,2,3,125\}$,$\{4,3,5,5,5\}$,$\{4,3,5,25\}$,$\{4,3,125\}$.所以 1500 阶阿贝尔群共有六个:$\mathbf{Z}_2^2 \oplus \mathbf{Z}_3 \oplus \mathbf{Z}_5^3$,$\mathbf{Z}_2^2 \oplus \mathbf{Z}_3 \oplus \mathbf{Z}_5 \oplus \mathbf{Z}_{25}$,$\mathbf{Z}_2^2 \oplus \mathbf{Z}_3 \oplus \mathbf{Z}_{125}$,$\mathbf{Z}_4 \oplus \mathbf{Z}_3 \oplus \mathbf{Z}_5^3$,$\mathbf{Z}_4 \oplus \mathbf{Z}_3 \oplus \mathbf{Z}_5 \oplus \mathbf{Z}_{25}$,$\mathbf{Z}_4 \oplus \mathbf{Z}_3 \oplus \mathbf{Z}_{125}$.

将初等因子 $\{2,2,3,5,5,5\}$ 化为不变因子则为 $t = 3$,$m_3 = 2 \times 3 \times 5$,$m_2 = 2 \times 5$,$m_1 = 5$,即不变因子为 $\{5,10,30\}$,于是 $\mathbf{Z}_2^2 \oplus \mathbf{Z}_3 \oplus \mathbf{Z}_5^3 \cong \mathbf{Z}_5 \oplus \mathbf{Z}_{10} \oplus \mathbf{Z}_{30}$.另外五个群的不变因子分别依次为 $\{10,150\}$,$\{2,750\}$,$\{5,5,60\}$,$\{5,300\}$ 和 $\{1500\}$.

习 题

1. 试证:有限生成阿贝尔群 G 是自由阿贝尔群当且仅当 G 的每个非零元素都是无限阶元素.

2. 设 $\mathbf{Q}^*$ 是正有理数的乘法群.试证:

(1) $\mathbf{Q}^*$ 是自由阿贝尔群,全部素数是它的一组基;

(2) $\mathbf{Q}^*$ 不是有限生成的.

*3. 设 $\mathbf{Q}$ 是有理数加法群.试证:

(1) $\mathbf{Q}$ 不是自由阿贝尔群;

(2) $\mathbf{Q}$ 的任意有限生成的子群都是循环群,但 $\mathbf{Q}$ 不是循环群.

4. 设 A 为有限阿贝尔群,则对于 $|A|$ 的每个正因子 d,A 均有 d 阶子群和 d 阶商群.

5. 设 H 是有限阿贝尔群 A 的子群,则有 A 的子群同构于 A/H.

6. 如果有限阿贝尔群 A 不是循环群,则存在素数 p 使得 A 有子群同构于 $\mathbf{Z}_p^2$.

7. 试证:当 $(m,n) = 1$ 时,$\mathbf{Z}_m \oplus \mathbf{Z}_n$ 的不变因子为 $\{mn\}$;而当 $(m,n) > 1$ 时,$\mathbf{Z}_m \oplus \mathbf{Z}_n$ 的不变因子为 $\{(m,n), [m,n]\}$.

8. 求 $\mathbf{Z}_2 \oplus \mathbf{Z}_9 \oplus \mathbf{Z}_{35}$ 的初等因子和不变因子.

*9. 设 p 是一个素数,问 $\mathbf{Z}_{p^3} \oplus \mathbf{Z}_{p^2}$ 有多少个 p^2 阶子群?

10. 试证非零复数乘法群 $\mathbf{C}^*$ 的每个有限子群都是循环群.

*11. 设 G 是 n 个 p 阶群的直和.问 G 有多少个极大子群?

12. 设 G, A, B 均为有限阿贝尔群.如果 $G \oplus A \cong G \oplus B$,证明 $A \cong B$.

1.11　小阶群的结构

本节我们给出阶数 $\leqslant 15$ 的所有群的结构. 由于阿贝尔群已由前一节完全确定, 以下只考虑非阿贝尔群, 从而群的阶不为 p 和 p^2.

定理 1　设 G 是 $2p$ 阶非阿贝尔群, 其中 p 是奇素数, 则 $G \cong D_p$ (正 p 边形对称群).

证明　如前令 $N(p)$ 表示 G 的西罗 p-子群的个数, 则 $N(p) = kp + 1 \mid 2$, 从而 $N(p) = 1$. 令 a 为 G 中 p 阶元素, 则 $\langle a \rangle$ 是 G 的 p 阶正规子群. G 中存在 2 阶元素 $b, b \notin \langle a \rangle$. 由于 $|G| = 2p$, $G = \langle a, b \rangle$. $\langle a \rangle$ 是正规子群, 因此 $bab^{-1} = a^l (0 \leqslant l < p)$. $a = b^2 a b^{-2} = a^{l^2}$, 所以 $l^2 \equiv 1 \pmod{p}$, 即 $l = \pm 1$. 当 $l = 1$ 时, $ba = ab$, G 为阿贝尔群. 当 $l = -1$ 时, $bab^{-1} = a^{-1}$, 群 G 即为 $\langle a, b \mid a^p = b^2 = 1, ba = a^{-1}b \rangle = D_p$. 证毕.

定理 2　设 p 和 q 为素数, $p > q$, $q \nmid p - 1$, 则 pq 阶群 G 必是循环群 $\mathbf{Z}_{pq}$.

证明　类似于定理 1 的证明, G 中存在 p 阶元素 a 且 $\langle a \rangle$ 是 G 的正规子群. 根据西罗定理, $N(q) = lq + 1 \mid p$, 因此 $N(q) = 1$ 或 p. 若 $N(q) = p$, 则 $q \mid p - 1$, 与假设矛盾. 所以 $N(q) = 1$. 即 G 中存在 q 阶元素 b, $\langle b \rangle$ 也是 G 的正规子群. 于是 $G = \langle a \rangle \times \langle b \rangle \cong \mathbf{Z}_p \times \mathbf{Z}_q \cong \mathbf{Z}_{pq}$. 证毕.

总结起来, 阶数 $n = 2, 3, 4, 5, 7, 9, 11, 13$ 的群必为阿贝尔群. 对于 $n = p$, 群为 $\mathbf{Z}_p$; 对 $n = p^2$, 群为 $\mathbf{Z}_p^2$ 或 $\mathbf{Z}_{p^2}$.

由定理 1, 阶数 $n = 2p = 6, 10, 14$ 的群有循环群 $\mathbf{Z}_{2p}$ 和非阿贝尔群 D_p.

由定理 2, 15 阶群只有循环群 $\mathbf{Z}_{15}$.

于是只剩下阶数 $n = 8$ 和 12 两种情形. 8 阶阿贝尔群有三种: $\mathbf{Z}_2^3, \mathbf{Z}_2 \oplus \mathbf{Z}_4, \mathbf{Z}_8$, 12 阶阿贝尔群有两种: $\mathbf{Z}_2 \oplus \mathbf{Z}_6$ 和 $\mathbf{Z}_{12}$. 至于非阿贝尔群的情形则有:

定理 3　8 阶非阿贝尔群 G 只有两个: D_4 和 Q_8.

证明　如果 G 有 8 阶元素, 则 G 为循环群. 如果 G 中每个元素 $a \neq 1$ 的阶均为 2, 则 G 是阿贝尔群. 所以若 G 为非阿贝尔群, 则 G 中必有 4 阶元素 a. 由于 $[G : \langle a \rangle] = 2$, $\langle a \rangle$ 是 G 的正规子群. 取 $b \notin \langle a \rangle$, 则 G 由 a 和 b 生成且 $b^2 \in \langle a \rangle$. 令 $b^2 = a^i (0 \leqslant i \leqslant 3)$. 由于 b 的阶 $\leqslant 4$, b^2 的阶 $\leqslant 2$. 因此 $i \neq 1, 3$, 即 $b^2 = 1$ 或 $b^2 = a^2$.

如果 $b^2=1$,由于 $\langle a\rangle$ 为正规子群,$bab^{-1}=a^i$,$0\leqslant i\leqslant 3$,因为 bab^{-1} 的阶等于 a 的阶,即阶为 4.从而 $i=1$ 或 3.如果 $bab^{-1}=a$,则 $ba=ab$,G 为阿贝尔群,所以应当有 $bab^{-1}=a^3=a^{-1}$,于是

$$G=\langle a,b\mid a^4=b^2=1,ba=a^{-1}b\rangle=D_4.$$

如果 $b^2=a^2$,则与前同样有 $bab^{-1}=a^3$,于是

$$G=\langle a,b\mid a^4=1,b^2=a^2,ba=a^{-1}b\rangle=Q_8.$$

最后还要证明 D_4 和 Q_8 不同构.这可以考查两个群中元素的阶.这两个群的 8 个元素均表示成 $a^ib^j(0\leqslant i\leqslant 3,0\leqslant j\leqslant 1)$,但是乘法运算不同.不难计算它们的阶分别为

群 D_4:

元素	1	a	a^2	a^3	b	ab	a^2b	a^3b
阶数	1	4	2	4	2	2	2	2

群 Q_8:

元素	1	a	a^2	a^3	b	ab	a^2b	a^3b
阶数	1	4	2	4	4	4	4	4

由于两个群中 4 阶元素的个数不同,所以不同构.证毕.

定理 4 12 阶非阿贝尔群 G 有三个:D_6,A_4 和 $T=\langle a,b\mid a^6=1,b^2=a^3,ba=a^{-1}b\rangle$.

证明 取 G 的一个西罗 3-子群 $P=\langle c\rangle$.G 在 P 的陪集上的作用给出诱导表示 $f:G\to S_4$.$K=\operatorname{Ker}f\leqslant P$.于是 $K=P$ 或 $\{1\}$.

如果 $K=\{1\}$,则 $f:G\to S_4$ 为单同态,从而 $[S_4:f(G)]=2$,但 S_4 的 12 阶子群只有 A_4,因此这时 $G\cong A_4$.

当 $K=P$ 时,$P\lhd G$,从而 G 只有唯一的西罗 3-子群 P,因此 G 只有两个 3 阶元素 c 和 c^2.由于 $[G:C_G(c)]$ 等于 c 的共轭元个数,从而 $[G:C_G(c)]=1$ 或 2,$|C_G(c)|=12$ 或 6,因此 $C_G(c)$ 中必有 2 阶元素 d,令 $a=cd=dc$,a 是 6 阶元素,于是 $\langle a\rangle$ 为 G 的正规子群.

取 $b\notin\langle a\rangle$,$b\neq1$.$bab^{-1}=a^i(0\leqslant i\leqslant 5)$.由于 bab^{-1} 为 6 阶元素,$i=\pm1$.当 $i=1$ 时,$ba=ab$,G 为阿贝尔群,因此必然 $bab^{-1}=a^{-1}$,即 $ba=a^{-1}b$.

再由 $b^2\in\langle a\rangle$ 得 $b^2=a^j(0\leqslant j\leqslant 5)$.于是 $a^j=b^2=ba^jb^{-1}=(bab^{-1})^j=a^{-j}$,从而 $a^{2j}=1$,$j=0$ 或 3.

当 $j=0$ 时,$b^2=1$,$G=\langle a,b\mid a^6=b^2=1,ba=a^{-1}b\rangle=D_6$.

当 $j=3$ 时，$G=\langle a,b \mid a^6=1,b^2=a^3,ba=a^{-1}b\rangle=T$.

我们需要证明 T 是 12 阶群. 首先，T 中元素均可写成 $a^i b^j$（$0\leqslant i\leqslant 5,0\leqslant j\leqslant 1$），从而 $\mid T\mid\leqslant 12$. 其次，考虑群 $S_3\times\mathbf{Z}_4$ 中元素 $A=((123),\alpha^2)$，$B=((12),\alpha)$，其中 α 是 $\mathbf{Z}_4$ 的生成元，则 $A^6=1$，$B^2=A^3$，$BA=A^{-1}B$，直接验证 A 和 B 生成 12 阶群，因此 T 是 12 阶群.

最后还需证明 D_6，A_4 和 T 彼此不同构. 首先，T 中有 4 阶元素 b，而 D_6 和 A_4 均没有 4 阶元素，从而 T 不同构于 D_6 或 A_4. 其次，D_6 中有七个 2 阶元素 a^3，$a^i b(0\leqslant i\leqslant 5)$，而 A_4 中只有三个 2 阶元素 $(12)(34)$，$(13)(24)$ 和 $(14)(23)$. 从而 D_6 和 A_4 也不同构. 证毕.

于是我们得到表 1.

表 1　阶数 $\leqslant 15$ 的群

$\mid G\mid$	G	
	阿贝尔群	非阿贝尔群
1	$\{1\}$	
2	$\mathbf{Z}_2$	
3	$\mathbf{Z}_3$	
4	$\mathbf{Z}_2^2,\mathbf{Z}_4$	
5	$\mathbf{Z}_5$	
6	$\mathbf{Z}_6$	$S_3=D_3$
7	$\mathbf{Z}_7$	
8	$\mathbf{Z}_2^3,\mathbf{Z}_2\oplus\mathbf{Z}_4,\mathbf{Z}_8$	D_4,Q_8
9	$\mathbf{Z}_3^2,\mathbf{Z}_9$	
10	$\mathbf{Z}_{10}$	D_5
11	$\mathbf{Z}_{11}$	
12	$\mathbf{Z}_2^2\oplus\mathbf{Z}_3,\mathbf{Z}_{12}$	D_6,A_4,T
13	$\mathbf{Z}_{13}$	
14	$\mathbf{Z}_{14}$	D_7
15	$\mathbf{Z}_{15}$	

习　题

1. 分别求 D_4 和 Q_8 的中心 $C(D_4)$ 和 $C(Q_8)$.

2. 试证 Q_8 的每一子群都是正规子群.

*3. 确定所有互不同构的 18 阶群和 20 阶群.

4. 设 p,q 是两个素数, $p<q$. 试证 pq 阶非阿贝尔群 G 一定可以由下述生成元和定义关系给出:

$$G = \langle a,b \rangle, \quad a^p = b^q = 1, \quad a^{-1}ba = b^r,$$

其中 $r^p \equiv 1 (\mod q), r \not\equiv 1 (\mod q), p$ 整除 $q-1$.

*5. 设 p 是奇素数. 试证 p^3 阶非阿贝尔群 G 可以由下述生成元和定义关系给出:

(1) $G = \langle a,b \rangle, a^{p^2} = b^p = 1, b^{-1}ab = a^{1+p}$;

(2) $G = \langle a,b,c \rangle, a^p = b^p = c^p = 1, ca = ac, cb = bc, ab = bac$.

附录 1.1　可　解　群

在这个附录中我们简单介绍一类重要的有限群:可解群. 这个名称来源于高于四次的一般代数方程根式不可解,详见第 3 章附录 3.3.

我们知道,多数的群都是非交换的. 判别一个群是否为交换群(阿贝尔群),或者与交换群相近的程度可以有许多种方法和标准. 比如说:群 G 是交换群当且仅当 $C(G)=G$. 所以群 G 的中心 $C(G)$ 愈大,即中心元素愈多,可以认为 G 愈接近于交换群. 又比如说:元素 $g \in G$ 是中心元素当且仅当 g 只与自身共轭. 所以有限群 G 为阿贝尔群,当且仅当 G 中每个元素均是一个共轭元素类,即共轭元类数达到最大值 $|G|$. 所以一个有限群 G 的共轭类数愈大,可认为愈接近于阿贝尔群. 现在我们再给出一个标准. 对 $a,b \in G$,定义 G 中元素 $[a,b]=aba^{-1}b^{-1}$,叫做 a 和 b 的**换位子**. 所有这样的换位子生成的群 G' 叫做 G 的**换位子群**,表示成 G'. 由于 $ab=ba \Leftrightarrow [a,b]=1$,因此 G 是阿贝尔群当且仅当 $G'=1$. 群 G' 愈大,则不为 1 的换位子愈多,表示 G 距阿贝尔群愈远.

定理 1　(1) $G' \lhd G$;

(2) 若 $N \lhd G$,则 G/N 是阿贝尔群 $\Leftrightarrow G' \leqslant N$.

证明　(1) 对于 $g,a,b\in G$，易知 $g[a,b]g^{-1}=[gag^{-1},gbg^{-1}]$。所以 $gG'g^{-1}\leqslant G'$。于是 $G'\leqslant g^{-1}G'g$。由于 g 可为 G 中任意元素，所以也有 $G'\leqslant gG'g^{-1}$。于是 $gG'g^{-1}=G'$（对每个 $g\in G$）。这就表明 $G'\lhd G$。

(2) 若 G/N 是阿贝尔群，则对每个 $a,b\in G$，$a^{-1}b^{-1}N=b^{-1}a^{-1}N$，于是 $[a,b]=aba^{-1}b^{-1}\in N$，即 $G'\leqslant N$。特别地，G/G' 是阿贝尔群。反之若 $G'\leqslant N$，则 $G/N\cong\dfrac{G/G'}{N/G'}$，即 G/N 同构于阿贝尔群 G/G' 的商群，从而必是阿贝尔群。证毕。

现在记 $G^{(1)}=G'$，$G^{(2)}=G^{(1)'}$，$\cdots$，$G^{(i)}=G^{(i-1)'}$（$i\geqslant 2$）。于是得到 G 的一个子群序列

$$G\rhd G^{(1)}\rhd G^{(2)}\rhd\cdots\rhd G^{(i-1)}\rhd G^{(i)}\rhd\cdots,$$

其中每个 $G^{(i)}$ 都是前一个 $G^{(i-1)}$ 的正规子群。

定义 1　群 G 叫做**可解群**，是指有 $n\geqslant 1$ 使得 $G^{(n)}=\{1\}$。

每个阿贝尔群都是可解群（因为 $G^{(1)}=\{1\}$）。更一般地我们有：

定理 2　(1) 可解群的子群和商群是可解群；

(2) 如果 $N\lhd G$，则 G 可解 $\Leftrightarrow N$ 和 G/N 均可解。

证明　(1) 设 $f:G\to H$ 为群的同态，易知对每个 $i\geqslant 1$，$f(G^{(i)})\leqslant H^{(i)}$。并且若 f 是满同态，则 $f(G^{(i)})=H^{(i)}$。由此即可证明(1)。

(2) 由(1)知 $\Rightarrow$ 成立。现设 G/N 和 N 均可解。考虑正则满同态 $f:G\to G/N$。由 G/N 的可解性可知有 n 使得 $f(G^{(n)})=(G/N)^{(n)}=\{1\}$，即 $G^{(n)}\leqslant N$。由 N 可解知 $G^{(n)}$ 也可解，从而有 m 使得 $(G^{(n)})^{(m)}=\{1\}$，即 $G^{(n+m)}=\{1\}$。于是 G 可解。证毕。

现在我们给出可解群的另一种判别方法。

定义 2　设群 G 的有限多个子群组成的子群列 $G=G_0\geqslant G_1\geqslant G_2\geqslant\cdots\geqslant G_n=\{1\}$。其中 $G_0=G$，$G_n=\{1\}$。如果每个 G_i 均是 G_{i-1} 的正规子群（$1\leqslant i\leqslant n$），称它为**正规列**。如果正规列中 G_{i-1}/G_i（$1\leqslant i\leqslant n$）均是单群，则称它为**合成列**。一个正规列叫做**可解列**，是指 G_{i-1}/G_i（$1\leqslant i\leqslant n$）均为阿贝尔群。

定理 3　(1) 有限群 G 必有合成列；

(2) 群 G 是可解群 $\Leftrightarrow G$ 有可解列。

证明　(1) 由群的同构定理我们知道，若 $N\lhd G$，则 G/N 的每个正规子群都有形式 H/N，其中 $N\lhd H\lhd G$。所以当 $G\neq N$ 时，G/N 为单群 $\Leftrightarrow N$ 是 G 的极大正规子群（即若 $N<M\lhd G$，则 $M=G$）。现设 G 是有限群。则 G 必有极大正规子群 G_1，于是 G/G_1 为单群。再令 G_2 为 G_1 的极大正规子群……由于 $|G|>|G_1|>|G_2|>\cdots$，而 G 是有限群，所以有 n 使得 $G_n=\{1\}$。于是 $G>G_1>\cdots>G_n$ 就是

G 的一个合成列.

(2) 若 G 可解,则有 n 使 $G^{(n)} = \{1\}$. 于是 $G \geqslant G^{(1)} \geqslant \cdots \geqslant G^{(n)} = \{1\}$ 是正规列. 由于 $G^{(i)}/G^{(i+1)}$ 均是阿贝尔群,所以这是可解列. 反之,若群 G 存在可解列 $G = G_0 \geqslant G_1 \geqslant \cdots \geqslant G_n = \{1\}$,则 G/G_1 是阿贝尔群,于是 $G^{(1)} \leqslant G_1$(定理 1). 同样由 G_1/G_2 为阿贝尔群可知 $G^{(2)} \leqslant G_1^{(1)} \leqslant G_2$. 由此归纳可得 $G^{(i)} \leqslant G_i$. 所以 $G^{(n)} \leqslant G_n = \{1\}$,即 G 是可解群. 证毕.

系 有限群 G 是可解群当且仅当 G 有正规列 $G = G_0 \rhd G_1 \rhd \cdots \rhd G_n = \{1\}$,使得 $G_i/G_{i+1}(0 \leqslant i \leqslant n-1)$ 均是素数阶循环群.

证明 设 G 是有限可解群,则定理 3 表明 G 有合成列 $G = G_0 \rhd G_1 \rhd \cdots \rhd G_n = \{1\}$,故 $G_i \neq G_{i+1}(0 \leqslant i \leqslant n-1)$. 特别地 $G_i \neq \{1\}(0 \leqslant i \leqslant n-1)$. 对于每个单群 M,换位子群 $M' \lhd M$,故必有 $M' = \{1\}$ 或 $M' = M$. 当 $M' = \{1\}$ 时 M 为阿贝尔群. 而当 $M' = M$ 时,对每个 $i \geqslant 1$ 均有 $M^{(i)} = M$,从而 M 不是可解群. 因此若 G_i/G_{i+1} 是非阿贝尔的单群,G_i/G_{i+1} 必然不可解,于是 G_i 也不可解,因此 G 也不可解(定理 2). 这与假设矛盾. 所以 G_i/G_{i+1} 是阿贝尔单群,即为素数阶循环群 $(0 \leqslant i \leqslant n-1)$. 反过来,若 $G = G_0 \rhd G_1 \rhd \cdots \rhd G_n = \{1\}$,并且 $G_i/G_{i+1}(0 \leqslant i \leqslant n-1)$ 均是素数阶循环群,由定义知 G 是可解群,证毕.

除了阿贝尔群之外,我们还可举出一些可解群的例子.

例 1 设 D_n 是正 n 边形的对称群. 令 g 为 D_n 中 n 阶元素(例如 g 是绕正 n 边形的中心旋转 $\dfrac{2\pi}{n}$ 角的运动),则 $H = \langle a \rangle$ 是 n 阶循环群,$[D_n : H] = 2$,因此 H 是 D_n 的正规子群,而 $D_n \rhd H \rhd \{1\}$ 为可解列,即 D_n 为可解群.

例 2 设 $|G| = pq$,其中 p 和 q 是素数,$p > q$. 这时 G 的西罗 p-子群 H 是 G 的正规子群(见 1.8 节定理 3 的证明),$|H| = p$,$G \rhd H \rhd \{1\}$ 是可解列,因为 G/H 和 $H/\{1\}$ 分别为 q 阶和 p 阶循环群. 于是 G 为可解群.

英国数学家 Burnside 猜想:每个奇数阶的有限群都是可解群. 这个猜想在 1963 年由 W. Feit 和 J. Thompson 所证明,文章长达 255 页.

尽管可解群是比阿贝尔群广的一类群,我们仍然有不可解群的例子. 比如说,每个非阿贝尔单群都是不可解的(见前面系的证明). 下面一类不可解群对于研究代数方程的根式可解性是重要的.

定理 4 当 $n \geqslant 5$ 时,n 元对称群 S_n 不可解.

证明 若 S_n 可解,则其子群 A_n 也可解. 但交错群 $A_n(n \geqslant 5)$ 是非阿贝尔的单群(1.6 节定理 4). 因此 A_n 不可解. 这一矛盾表明 $S_n(n \geqslant 5)$ 不可解. 证毕.

习　题

1. 证明 S_3 和 S_4 是可解群.

2. 设 p,q,r 均是素数(不必不同).试证 pqr 阶群都是可解群.

3. 设 $f:G \to A$ 是群的同态,其中 A 是阿贝尔群.证明 $G' \leqslant \operatorname{Ker} f$.

第2章 环 和 域

本章介绍近世代数中继群之后的另外两个基本代数结构:环和域.在本章中我们只讲述环和域的一些基本知识,进一步的学问则属于环论和域论等一些专门学科.

2.1 基 本 概 念

定义 1 **环**是一个集合 R 和 R 上两个二元运算(通常表示成加法+和乘法·)组成的代数结构$(R, +, ·)$,并且满足以下三个条件:

(1)$(R, +)$是阿贝尔群.这个加法群的幺元素表示成 0_R(或者简记为 0),叫做环 R 的**零元素**.

(2)$(R, ·)$是半群.这意味着 R 中乘法运算满足结合律.

(3) 加法和乘法满足分配律.即对任意的 $a, b, c \in R$,有
$$a(b + c) = ab + ac, \quad (b + c)a = ba + ca.$$

注记 如果只是前两个条件,那么 R 不过是具有阿贝尔群$(R, +)$和乘法半群$(R, ·)$两个彼此孤立的代数结构.正是条件(3)将两个运算用分配律联系在一起,从而形成新的代数结构——环.

如果环 R 还满足条件:

(4) 对所有 $a, b \in R$, $ab = ba$,

则称 R 为**交换环**.因此,这里"交换"二字是表明 R 中乘法满足交换律(因为环中加法永远规定有交换律).另一方面,如果半群$(R, ·)$具有幺元素,即如果

(5) 存在元素 $1_R \in R$,使得对每个元素 $a \in R$, $1_R a = a1_R = a$.则 R 叫**含幺环**.元素 1_R(或者简写为1)叫做环 R 的**幺元素**.

注记 环 R 中的零元素是唯一的,如果环 R 有幺元素,则它也是唯一的.

· 58 ·

像在群论中一样. 对于正整数 n, 记 n 个 a 相加为 na, 而 n 个 a 相乘为 a^n. 由环的定义我们首先可以得到环的如下最基本性质:

定理 1　设 R 为环. 则

(1) 对每个 $a \in R$, $0a = a0 = 0$;

(2) 对每个 $a, b \in R$,
$$(-a)b = a(-b) = -(ab), \qquad (-a)(-b) = ab;$$

(3) 对于 $a_i, b_j \in R$,
$$\left(\sum_{i=1}^{n} a_i\right)\left(\sum_{j=1}^{m} b_j\right) = \sum_{i=1}^{n}\sum_{j=1}^{m} a_i b_j;$$

(4) 对于 $n \in \mathbf{Z}$, $a, b \in R$, 有
$$(na)b = a(nb) = n(ab).$$

证明　(1) $0a = (0+0)a = 0a + 0a$, 从而 $0a = 0$. 同样可证 $a0 = 0$.

(2) $ab + (-a)b = [a + (-a)]b = 0 \cdot b = 0$, 从而 $(-a)b = -ab$. 同样可证 $a(-b) = -ab$. 最后 $(-a)(-b) = -a(-b) = -(-ab) = ab$.

(3) 利用数学归纳法可将分配律推广成
$$\left(\sum_{i=1}^{n} a_i\right)x = \sum_{i=1}^{n} a_i x, \qquad y\left(\sum_{j=1}^{m} b_j\right) = \sum_{j=1}^{m} y b_j,$$

于是
$$\left(\sum_{i=1}^{n} a_i\right)\left(\sum_{j=1}^{m} b_j\right) = \sum_{i=1}^{n}\left(a_i\left(\sum_{j=1}^{m} b_j\right)\right) = \sum_{i=1}^{n}\sum_{j=1}^{m} a_i b_j.$$

(4) 由(1), (2)和(3)推出. 证毕.

定义 2　环 R 中非零元素 a 叫做环 R 的**左零因子**, 是指存在非零元素 $b \in R$, 使得 $ab = 0$. 类似地若 $ba = 0$, 则 a 叫环 R 的**右零因子**. 如果 a 同时是左零因子和右零因子, 则 a 叫做环 R 的**零因子**.

若 R 为交换环, 易知 R 中每个左(或右)零因子均是零因子, 从而左零因子、右零因子和零因子这三者是一回事.

定义 3　设 R 是含幺环. R 中元素 a 叫做**左可逆**的, 是指存在 $c \in R$ 使得 $ca = 1$, 这时 c 叫做元素 a 的**左逆**. 类似地可以定义**右可逆**和**右逆**. 如果 a 同时左可逆和右可逆, 则 a 是乘法含幺半群 $(R, \cdot)$ 中的可逆元素, 从而 a 具有唯一的乘法逆元素 a^{-1}. 环 R 中的可逆元素 a 通常叫做环 R 中的**单位**(unit). 含幺环 R 中的全体单位形成乘法群(第 1 章 1.2 节定理), 叫做环 R 的**单位群**, 表示成 $\mathrm{U}(R)$.

若 R 是含幺交换环, 则左可逆、右可逆和可逆这三个概念是一致的.

定义4 设 R 为含幺交换环,并且 $0 \neq 1$. 如果环 R 没有零因子,则 R 叫做**整环**(Domain). 设 R 为含幺环并且 $0 \neq 1$. 如果 R 中非零元素都是单位,即 $U(R) = R - \{0\}$,则 R 叫做**体**(Skew-field). 如果体又是交换环,则叫做**域**(Field).

由上述定义可知:

(1) 整环、体和域中至少包含两个元素:0 和 1;

(2) 含幺环 R 为体的充要条件是 R 的非零元素全体形成(乘法)群;

(3) 每个域都是整环,因为可逆元素不能是零因子.

现在我们给出环的一些具体例子.

例1 $R = \{0\}$,即由一个零元素构成的环,叫做**零环**. 我们对这种环不感兴趣,即通常总假定 R 不是零环.

例2 n 阶实方阵全体对于通常的矩阵加法和乘法形成含幺环,叫做 n **阶实方阵环**,表示成 $M_n(\mathbf{R})$,零元素为 n 阶零方阵,幺元素为 n 阶单位方阵 I_n. 类似可定义有理矩阵环 $M_n(\mathbf{Q})$,复矩阵环 $M_n(\mathbf{C})$ 等. 当 $n \geqslant 2$ 时,易知它们均不是交换环.

更一般地,对于任意环 R,我们仍旧像通常那样定义元素属于 R 的两个 n 阶方阵的加法和乘法,可以直接验证全体这种 n 阶方阵形成环,叫做**环 R 上的 n 阶方阵环**,表示成 $M_n(R)$. 如果环 R 有幺元素 1_R,则环 $M_n(R)$ 也有幺元素 $I_n = \begin{bmatrix} 1_R & & \\ & \ddots & \\ & & 1_R \end{bmatrix}$. 进而,如果 R 是交换环,我们可以定义方阵 $A = (a_{ij}) \in M_n(R)$ 的行列式

$$\det A = \sum_{\sigma \in S_n} \text{sgn}(\sigma) a_{1\sigma(1)} \cdots a_{n\sigma(n)}.$$

基于环 R 的乘法交换性,我们可以看出 $\det A$ 仍具有行列式通常那些性质. 例如:

(1) $(\det A)(\det B) = \det(AB)$;

(2) $A(\text{adj} A) = (\text{adj} A)A = (\det A) \cdot I_n$.

其中 $\text{adj} A$ 表示 A 的伴随方阵,即 $\text{adj} A = (A_{ij})$,而 A_{ij} 是 A 中元素 a_{ji} 的代数余子式. 上面(1)式表明,当 R 为含幺交换环时,行列式映射

$$\det: M_n(R) \to R, \qquad A \mapsto \det A$$

是乘法半群的同态(并且易知这是满同态). 因此若 A 是环 $M_n(R)$ 中的单位,则 $\det A$ 也是环 R 中的单位(为什么?). 反之,如果 $\det A \in U(R)$,则由上面的(2)式可知 $(\det A)^{-1} \text{adj} A$ 是 A 的逆元素,即 $A \in U(M_n(R))$. 这就完全决定了矩阵环 $M_n(R)$ 的单位群(其中 R 为含幺交换环):

$$U(M_n(R)) = \{A \in M_n(R) \mid \det A \in U(R)\}.$$

乘法群 $U(M_n(R))$ 叫做含幺交换环 R 上的 n 次一般线性群,表示成 $GL(n, R)$. 例如 $GL(n, \mathbf{Z}) = \{A \in M_n(\mathbf{Z}) \mid \det A = \pm 1\}$,而对任意域 F, $GL(n, F) = \{A \in M_n(F) \mid \det A \neq 0\}$.

例 3 设 n 为正整数. $\mathbf{Z}_n = \mathbf{Z}/n\mathbf{Z}$ 对于在模 n 同余类上定义的加法和乘法形成含幺交换环,叫做**模 n 同余类环**. 当 $n \geqslant 2$ 时,它不是零环,如果以 $\bar{a}$ 表示同余类 $a + n\mathbf{Z}$,不难证明:

$$U(\mathbf{Z}_n) = \{\bar{a} \mid (a, n) = 1\}.$$

当 n 为素数时,$\mathbf{Z}_n$ 为域(习题). 而当 n 不为素数时,$\mathbf{Z}_n$ 甚至不是整环(即有零因子).

例 4 设 R 是任意环,以 $R[x]$ 表示系数属于 R 的多项式 $f(x) = a_0 + a_1 x + \cdots + a_n x^n$ 所构成的集合. 我们可以像通常那样定义多项式加法和乘法,即

$$\left(\sum_{i=0}^n a_i x^i\right) + \left(\sum_{i=0}^n b_i x^i\right) = \sum_{i=0}^n (a_i + b_i) x^i,$$

$$\left(\sum_{i=0}^n a_i x^i\right) \left(\sum_{j=0}^m b_j x^j\right) = \sum_{k=0}^{n+m} c_k x^k,$$

其中 $c_k = \sum_{i+j=k} a_i b_j$. 可以直接验证 $R[x]$ 由此形成环,叫做**环 R 上的多项式环**. 如果 R 为交换环,则 $R[x]$ 也是交换环. 如果环 R 有幺元素 1,则 1 也是环 $R[x]$ 的幺元素. 类似地还可定义多个未定元的多项式环 $R[x_1, x_2, \cdots, x_n]$. 我们在 2.5 节中还要对多项式环做专门研究.

例 5 有理数全体 $\mathbf{Q}$ 对通常运算形成域,叫有理数域. 类似有实数域 $\mathbf{R}$ 和复数域 $\mathbf{C}$. 现在我们给出体的例子. 设 i, j, k 是三个数学符号,$\mathbf{R}$ 为实数域. 以 $\mathbf{H}$ 表示集合

$$\{a_0 + a_1 i + a_2 j + a_3 k \mid a_i \in \mathbf{R}, 0 \leqslant i \leqslant 3\}.$$

$\mathbf{H}$ 中元素 $\alpha = a_0 + a_1 i + a_2 j + a_3 k$ 和 $\beta = b_0 + b_1 i + b_2 j + b_3 k$ 相等,当且仅当 $a_i = b_i (0 \leqslant i \leqslant 3)$. 在集合 $\mathbf{H}$ 上自然定义加法(按分量相加):

$$\alpha + \beta = (a_0 + b_0) + (a_1 + b_1) i + (a_2 + b_2) j + (a_3 + b_3) k,$$

而乘法则定义为

$$ri = ir, rj = jr, rk = kr \quad (对于 r \in \mathbf{R}),$$

$$i^2 = j^2 = k^2 = -1, ij = -ji = k, jk = -kj = i, ki = -ik = j.$$

然后用分配律和结合律将乘法扩大到整个 $\mathbf{H}$ 上,换句话说,

$$\alpha \cdot \beta = a_0 b_0 - a_1 b_1 - a_2 b_2 - a_3 b_3 + (a_0 b_1 + a_1 b_0 + a_2 b_3$$

$$-a_3 b_2)\mathrm{i} + (a_0 b_2 + a_2 b_0 + a_3 b_1 - a_1 b_3)\mathrm{j} + (a_0 b_3 + a_3 b_0$$
$$+ a_1 b_2 - a_2 b_1)\mathrm{k}.$$

请读者验证,集合 $\mathbf{H}$ 对于如此定义的加法和乘法形成含幺非交换环. 进而,对于元素 $\alpha = a_0 + a_1\mathrm{i} + a_2\mathrm{j} + a_3\mathrm{k}$,定义 $\bar{\alpha} = a_0 - a_1\mathrm{i} - a_2\mathrm{j} - a_3\mathrm{k} \in \mathbf{H}$. 并且令 $N(\alpha) = \alpha\bar{\alpha}$,则不难验证 $N(\alpha) = \alpha\bar{\alpha} = a_0^2 + a_1^2 + a_2^2 + a_3^2 \in \mathbf{R}$. 从而 $\alpha = 0 \Leftrightarrow N(\alpha) = 0$,而当 $\alpha \neq 0$ 时, $\bar{\alpha}/N(\alpha)$ 是 α 的逆元素. 这就表明 $\mathbf{H}$ 是体. 由于 $\mathbf{H}$ 不是交换环,从而 $\mathbf{H}$ 不是域. $\mathbf{H}$ 叫做**实四元数体**.

例 6 令 $\mathbf{Q}[\sqrt{-1}] = \{a + b\sqrt{-1} \mid a, b \in \mathbf{Q}\}$. 这是复数域的子集合. 对于复数通常的运算 $\mathbf{Q}[\sqrt{-1}]$ 是封闭的. 因为若 $\alpha = a + b\sqrt{-1}$, $\beta = c + d\sqrt{-1}$, a, b, $c, d \in \mathbf{Q}$,则 $\alpha + \beta = (a + c) + (b + d)\sqrt{-1}$ 和 $\alpha\beta = (ac - bd) + (ad + bc)\sqrt{-1}$ 也属于 $\mathbf{Q}[\sqrt{-1}]$. 于是 $\mathbf{Q}[\sqrt{-1}]$ 是含幺交换环. 进而,对于 $\alpha = a + b\sqrt{-1} \in \mathbf{Q}[\sqrt{-1}]$,令 $\alpha = a - b\sqrt{-1}$(复共轭),则 $N(\alpha) = \alpha\bar{\alpha} = \bar{\alpha}\alpha = a^2 + b^2 \in \mathbf{Q}$,于是 $\alpha \neq 0 \Leftrightarrow N(\alpha) \neq 0$,并且当 $\alpha \neq 0$ 时, α 为环 $\mathbf{Q}[\sqrt{-1}]$ 中可逆元素,其逆为 $\bar{\alpha}/N(\alpha) = \dfrac{a}{a^2 + b^2} - \dfrac{b}{a^2 + b^2}\sqrt{-1} \in \mathbf{Q}[\sqrt{-1}]$. 这就表明 $\mathbf{Q}[\sqrt{-1}]$ 对于通常复数加法和乘法运算形成域.

类似可证 $\mathbf{Z}[\sqrt{-1}] = \{a + b\sqrt{-1} \mid a, b \in \mathbf{Z}\}$ 是含幺交换环,它是整环但不是域(习题).

定义 5 设 S 是环 R 的子集合. 如果 S 本身对于环 R 中的运算也是环,则称 S 是 R 的**子环**. 如果 S 对于 R 中运算是体或域,则 S 叫做 R 的**子体或子域**.

和群论中子群的情形类似,为了证明 S 是 R 的子环,只需证明 S 对于 R 中的运算是封闭的,即若 $a, b \in S$,则 $a \pm b, ab \in S$.

例 7 偶整数环 $2\mathbf{Z}$ 是整数环 $\mathbf{Z}$ 的子环. 而 $\mathbf{Z}$ 又是有理整数域 $\mathbf{Q}$ 的子环. $M_n(\mathbf{Q})$ 是 $M_n(\mathbf{R})$ 的子环. $\mathbf{Q}$ 是环 $\mathbf{Q}[x]$ 的子域. $\mathbf{Z}[\sqrt{-1}]$ 是域 $\mathbf{Q}[\sqrt{-1}]$ 的子环. 每个环 R 均是多项式环 $R[x]$ 的子环.

例 8 设 $S_i (i \in I)$ 均是环 R 的子环,则它们的交 $\bigcap_{i \in I} S_i$ 也是 R 的子环.

例 9 设 S 是整数环 $\mathbf{Z}$ 的子环,则 S 必然是 $\mathbf{Z}$ 的加法子群. 由群论知 $S = n\mathbf{Z}(n \geqslant 0)$,而易知每个 $n\mathbf{Z}$ 均是子环,从而 $\mathbf{Z}$ 的全部子环为 $\{n\mathbf{Z} \mid n \geqslant 0\}$.

例 10 每个环均有两个平凡子环:零环 (0) 和环 R 自身.

和群论一样,为了将不同的环加以比较,我们常常需要从一个环到另一个环的映射并且保持环的运算,这就是环的**同态**.

定义 6 设 R 和 S 为环. 映射 $f: R \to S$ 为**环的同态**, 是指对每个 $a, b \in R$,

$$f(a + b) = f(a) + f(b), \qquad f(ab) = f(a)f(b).$$

注意由第一式表明环的同态必然是加法群的同态. 从而 $f(0_R) = 0_S$, $f(-a) = -f(a)$. 如果环同态 f 是单射(满射), 则 f 叫**单同态**(**满同态**), 如果 f 是一一对应, 则 f 叫环的**同构**. 这时表示成 $f: R \xrightarrow{\sim} S$, 而 R 和 S 叫做同构的环. 如果 $f^{-1}: S \to R$ 是 f 的逆映射, 不难证明 f^{-1} 也是环的同构. 又若 $f: R \to S$, $g: S \to T$ 均是环的同构, 则 $gf: R \to T$ 也是环的同构, 这表明环的同构是等价关系. 在环论中, 彼此同构的环看成是同一个环. 环论的最基本问题是(具有特定性质)环的**同构分类**. 它比群的分类往往还要复杂.

环 R 到自身的同态和同构叫做环 R 的**自同态**和**自同构**. 不难看出, 环 R 的全部自同构形成群, 叫环 R 的**自同构群**, 表示成 $\mathrm{Aut}(R)$. 决定环 R 的自同构群是环论又一个基本问题.

设 $f: R \to S$ 是环的单同态. 于是对于 R 中不同的元素 a, b, 像 $f(a)$ 和 $f(b)$ 是 S 中不同的元素. 因此 $f(R)$ 是 S 中的子环并且同构于 R. 通过单同态 f 我们可以把环 R 看成是 S 中的子环 $f(R)$, 即把 R 中元素等同于 S 中元素 $f(a)$. 因此, 环的单同态 f 也称作环 R 到环 S 中的**嵌入**.

如果 $f: R \to S$ 是环的满同态, 并且 R 和 S 均有幺元素, 则 (i) $f(1_R) = 1_S$; (ii) $a \in \mathrm{U}(R) \Rightarrow f(a) \in \mathrm{U}(S)$, 并且 $f(a^{-1}) = f(a)^{-1}$ (习题 5). 特别若 R 和 S 均是体或域. 而 $f: R \to S$ 为环同构时, (i) 和 (ii) 是成立的. 这时称 f 为**体同构**或**域同构**. 类似可定义体(域)的嵌入, 体(域)的自同构群等等.

例 11 $n \geqslant 0$, 正则映射 $\mathbf{Z} \to \mathbf{Z}/n\mathbf{Z}$, $k \mapsto \bar{k}$ 是环的满同态, 其中 $\bar{k}$ 表示 k 的模 n 同余类.

例 12 每个环 R 同构于 1 阶方阵环 $M_1(R)$. 而当 $1 \leqslant n \leqslant m$ 时, 可以有很多方式将环 $M_n(R)$ 嵌到环 $M_m(R)$ 之中. 最后, R 还可以用"对角"嵌入 $a \mapsto aI_n$ 而成为 $M_n(R)$ 的子环.

例 13 设 $\mathbf{C}$ 为复数域, $\mathbf{H}$ 为前面的实四元数体. 则映射 $f: \mathbf{C} \to \mathbf{H}$, $a + b\sqrt{-1} \mapsto a + bi + 0j + 0k$ 是环的嵌入. 从而 $\mathbf{C}$ 可看成是 $\mathbf{H}$ 的子域. 将 $\mathbf{C}$ 嵌成 $\mathbf{H}$ 的子域可以有无限多种方式(这是由于 $x^2 + 1 = 0$ 在 $\mathbf{H}$ 中有无穷多解!).

例 14 映射 $\varphi: \mathbf{Z}[x] \to \mathbf{Z}[\sqrt{-1}]$, $f(x) \mapsto f(\sqrt{-1})$ 是环的满同态, 但不是单同态, 因为在多项式环 $\mathbf{Z}[x]$ 中 $x^2 + 1 \neq 0$, 但是 $\varphi(x^2 + 1) = (\sqrt{-1})^2 + 1 = 0 = \varphi(0)$. 另一方面, 请大家证明 $\mathbf{Z}[\sqrt{-1}]$ 不能嵌成 $\mathbf{Z}[x]$ 的子环(因为 $x^2 = -1$ 在环 $\mathbf{Z}[x]$ 中无解!).

例 15 设环 R 没有幺元素.$\mathbf{Z}$ 为整数环.考虑集合 $S = R \times \mathbf{Z}$,并且如下定义:
$$(r_1, k_1) + (r_2, k_2) = (r_1 + r_2, k_1 + k_2),$$
$$(r_1, k_1)(r_2, k_2) = (r_1 r_2 + k_2 r_1 + k_1 r_2, k_1 k_2).$$
请读者直接验证:S 对于如此定义的加法和乘法是含幺环.幺元素为 $1_s = (0, 1)$.作映射
$$f: R \to S, \qquad r \mapsto (r, 0).$$
不难证明这是环的嵌入.这个例子表明:任何不含幺元素的环均可嵌到含幺环中.

例 16 现在确定一些环或域的自同构群.设 $f: \mathbf{Z} \to \mathbf{Z}$ 为环的自同构.则必然有 $f(0) = 0, f(1) = 1$,从而对每个正整数 n,
$$f(n) = f(1 + 1 + \cdots + 1) = f(1) + f(1) + \cdots + f(1)$$
$$= nf(1) = n \cdot 1 = n.$$
于是 $f(-n) = -f(n) = -n$.这就表明:环 $\mathbf{Z}$ 只有恒等自同构,即 $\mathrm{Aut}(\mathbf{Z}) = \{1\}$.

类似地,设 φ 是域 $\mathbf{Q}$ 的自同构,则上面的推理表明 $\varphi(n) = n$(对每个 $n \in \mathbf{Z}$).但是域同构有性质 $\varphi(m^{-1}) = \varphi(m)^{-1}$(对于 $0 \neq m \in \mathbf{Z}$).从而对于每个有理数 $n/m (m \neq 0, m, n \in \mathbf{Z})$,$\varphi(n/m) = \varphi(n)\varphi(m^{-1}) = \varphi(n)\varphi(m)^{-1} = n/m$.于是有理数域 $\mathbf{Q}$ 也只有恒等自同构.

实数域 $\mathbf{R}$ 的自同构也只有一个(习题),但是复数域的自同构有(不可数地)无穷多个.例如"复共轭"$a + b\sqrt{-1} \mapsto a - b\sqrt{-1}(a, b \in \mathbf{R})$便是 $\mathbf{C}$ 的一个非恒等自同构.

习　题

*1. (1) 给出例子表明含幺环中,一个左可逆元素可以具有多于一个左逆;

(2) 如果 a 是含幺环中左可逆元素,并且 a 不是右零因子,则 a 只有唯一的左逆.

2. 设 a 是环 R 中非零元素,求证:

(1) a 不是 R 中左零因子的充要条件是:$b, c \in R$, $ab = ac$,则 $b = c$;

(2) a 不是 R 中右零因子的充要条件是:$b, c \in R$, $ba = ca$,则 $b = c$.

3. 设 $n \geqslant 2$ 为正整数.求证:

(1) 环 $\mathbf{Z}_n$ 中元素 a 可逆的充要条件是 $(a, n) = 1$;

(2) 若 p 为素数,则 $\mathbf{Z}_p$ 为域.若 $n \geqslant 2$ 不为素数,则 $\mathbf{Z}_n$ 不是整环.

4. (1) 确定环 $\mathbf{Z}[\sqrt{-1}]$ 的单位群,并证明此环为整环但不是域.

(2) 对于环 $\mathbf{Z}[\sqrt{-3}] = \{a + b\sqrt{-3} \mid a, b \in \mathbf{Z}\}$ 作同样事情.

5. 设 R 和 S 均为含幺环. $0_S \neq 1_S$, $f: R \to S$ 为环的满同态. 则

(1) $f(1_R) = 1_S$;

(2) 如果 $a \in \mathrm{U}(R)$, 则 $f(a) \in \mathrm{U}(S)$, 并且 $f(a^{-1}) = f(a)^{-1}$.

6. 设 A 是阿贝尔群, $\mathrm{End}(A)$ 是群 A 的全部自同态构成的集合. 对于 $f, g \in \mathrm{End}(A)$, 定义

$$(f + g)(a) = f(a) + g(a), \quad (f \cdot g)(a) = f(g(a)) \quad (a \in A).$$

求证 $\mathrm{End}(A)$ 对于上述运算是含幺环.

7. 设 G 是乘法群, R 为环. 定义集合

$$R[G] = \Big\{ \sum_{g \in G} r_g g \mid r_g \in R, \text{并且只有有限多个 } r_g \neq 0 \Big\}.$$

在集合 $R[G]$ 上定义

$$\sum_{g \in G} r_g g + \sum_{g \in G} t_g g = \sum_{g \in G} (r_g + t_g) g, \quad \Big(\sum_{g \in G} r_g g\Big)\Big(\sum_{g \in G} t_g g\Big) = \sum_{g \in G} S_g g,$$

其中 $S_g = \sum_{g' g'' = g} r_{g'} t_{g''}$.

(1) 求证: 上面定义的加法和乘法是集合 $R[G]$ 中的二元运算, 并且 $R[G]$ 由此形成环(叫做群 G 在环 R 上的**群环**);

(2) $R[G]$ 是交换环 $\Leftrightarrow R$ 是交换环并且 G 是阿贝尔群;

(3) 如果环 R 有幺元素 1_R, 而群 G 的单位元素为 e, 则 $1_R e$ 是群环 $R[G]$ 的幺元素;

(4) 可以将 R 自然地看成是 $R[G]$ 的子环.

8. 求证 $\mathbf{Q}[\sqrt{2}] = \{a + b\sqrt{2} \mid a, b \in \mathbf{Q}\}$ 是实数域 $\mathbf{R}$ 的子域.

9. (1) 确定 $\mathbf{Z}_m$ 的全部子环(其中 m 为正整数);

(2) 确定 $\mathbf{Q}$ 和 $\mathbf{Q}[\sqrt{2}]$ 的全部子域;

(3) 确定 $\mathrm{Aut}(\mathbf{Q}[\sqrt{2}])$, $\mathrm{Aut}(\mathbf{Z}_m)$.

10. 设 $f \in \mathrm{Aut}(\mathbf{R})$, $\alpha, \beta \in \mathbf{R}$. 求证:

(1) $\alpha > 0 \Rightarrow f(\alpha) > 0$;

(2) $\alpha > \beta \Rightarrow f(\alpha) > f(\beta)$;

(3) $\mathrm{Aut}(\mathbf{R}) = \{1\}$.

11. 你能将复数域 $\mathbf{C}$ 嵌到环 $M_2(\mathbf{R})$ 中吗?

12. 设 R 为环, $a \in R$. 求证 $\{r \in R \mid ra = ar\}$ 为 R 的子环.

13. 若 $f: R \to S$ 是环的同态, 求证 $f(R) = \{f(r) \mid r \in R\}$ 是 S 的子环.

14. 设 U 是一个集合. S 是 U 的全部子集构成的集族, 即 $S = \{V \mid V \subseteq U\}$. 对于 A, $B \in S$, 定义

$$A - B = \{c \in U \mid c \in A, c \notin B\},$$
$$A + B = (A - B) \bigcup (B - A), \quad A \cdot B = A \bigcap B.$$

求证 $(S, +, \cdot)$ 是交换环; 环 S 是否有幺元素?

15. 设 R 为环. 如果每个元素 $a \in R$ 均满足 $a^2 = a$, 称 R 为**布尔(Boole)环**. 求证:

(1) 布尔环 R 必为交换环, 并且 $a + a = 0_R$ (对每个 $a \in R$);

(2) 习题 14 中的环 S 是布尔环.

16. 设 R 是有限整环, 并且 $|R| \geqslant 2$, 则 R 必为域.

17. 令 $L = \left\{ \begin{pmatrix} z & w \\ -\overline{w} & \overline{z} \end{pmatrix} \middle| z, w \in \mathbf{C} \right\}$, 其中 $\overline{w}$ 为 w 的共轭复数. 求证: L 是体, 并且同构于实四元数体 $\mathbf{H}$.

18. 整数环 $\mathbf{Z}$ 的加法群自同构是否一定为环的自同构?

19. 环 R 中元素 a 叫做**幂零的**, 是指存在正整数 m, 使得 $a^m = 0$.

(1) 求证: 当 R 为交换环时, 若 a 和 b 均为幂零元素, 则 $a + b$ 也是幂零元素.

(2) 如果 R 不为交换环, (1)中结论是否仍旧成立?

*20. 设 a, b 是含幺环 R 中的元素. 则 $1 - ab$ 可逆 $\Longleftrightarrow 1 - ba$ 可逆.

*21. 含幺环中某元素若有多于一个右逆, 则它必然有无限多个右逆.

22. 以 $C(\mathbf{R})$ 表示全部连续实函数 $f : \mathbf{R} \to \mathbf{R}$ 组成的集合. 定义 $(f + g)(a) = f(a) + g(a)$, $(f \cdot g)(a) = f(a) \cdot g(a)$. 对于 $f, g \in C(\mathbf{R})$, $a \in \mathbf{R}$. 求证 $C(\mathbf{R})$ 由此成为含幺交换环. 试问 $C(\mathbf{R})$ 是否为整环? 是否有幂零元素? 确定环 $C(\mathbf{R})$ 的单位群.

23. 设 D 为有限体. 求证 $a^{|D|} = a$ (对每个 $a \in D$).

24. 设 G 是二元群. 试确定群环 $\mathbf{Z}[G]$ 的单位群.

2.2　环的同构定理

环的同态映射是研究环的性质和联系的最基本工具. 为了发挥同态的威力, 需要引入两个新的概念: 理想和商环.

环论中理想的概念相当于群论中的正规子群,大家知道,正规子群的引入是为了构作商群,类似地,设 S 是环 R 的子环,则 S 是阿贝尔加法群 R 的子群,于是有加法商群 R/S. 我们希望在 R/S 上自然地定义乘法,使得 R/S 为环. 所谓"自然"定义乘法,即是希望 $\bar{a}\cdot\bar{b}=\overline{ab}$. 这里遇到两个问题:首先,这个乘法是否可以定义,即是否不依赖陪集代表元的选取? 其次,R/S 对于加法 $\bar{a}+\bar{b}=\overline{a+b}$ 和乘法 $\bar{a}\cdot\bar{b}=\overline{ab}$ 是否形成环? 下面引理表明,为了做到这些,需要对子环加上进一步的条件.

引理　设 S 是环 R 的子环. 为了使加法商群 R/S 对于乘法 $\bar{a}\cdot\bar{b}=\overline{ab}$ 是环,其充要条件是 S 满足以下要求:

对于每个 $r\in R$ 和 $a\in S$,$ra\in S$ 并且 $ar\in S$.　　　　（＊）

证明　如果 R/S 对于加法 $\bar{a}+\bar{b}=\overline{a+b}$ 和乘法 $\bar{a}\cdot\bar{b}=\overline{ab}$ 是环,则当 $r\in R$,$a\in S$ 时,$\bar{a}=\bar{0}$,从而 $\bar{0}=\bar{0}\cdot\bar{r}=\bar{a}\cdot\bar{r}=\overline{ar}$,于是 $ar\in S$. 同样可证 $ra\in S$.

反之,若引理中条件（＊）成立. 我们先证乘法的可定义性. 即要证:若 $\bar{a}=\bar{a'}$,$\bar{b}=\bar{b'}$,则 $\overline{ab}=\overline{a'b'}$. 这是因为:当 $\bar{a}=\bar{a'}$,$\bar{b}=\bar{b'}$ 时,$a-a'\in S$,$b-b'\in S$,由条件（＊）可知 $ab-a'b'=(a-a')b+a'(b-b')\in S$,因此 $\overline{ab}=\overline{a'b'}$. 进而再证 R/S 由此形成环,即要验证乘法结合律和加法与乘法的分配律,这些都是很容易的. 例如:$\overline{a(b+c)}=\bar{a}\overline{(b+c)}=\bar{a}\overline{(b+c)}=\bar{a}\,\bar{b}+\bar{a}\bar{c}=\overline{ab}+\overline{ac}=\overline{ab}+\overline{ac}=\bar{a}\overline{(b+c)}$ 等. 证毕.

定义 1　满足引理中条件（＊）的子环 S 叫做环 R 的**理想**. 换句话说,环 R 的子集 S 叫做 R 的理想,是指满足如下两个条件:

(1) 如果 a,$b\in S$,则 $a\pm b\in S$;

(2) 如果 $r\in R$,$a\in S$,则 ar,$ra\in S$.

设 A 是环 R 的理想,根据上述引理,集合 R/A 对于自然定义的加法和乘法形成环,叫做 R 对于理想 A 的**商环**.

例 1　每个非零环 R 均有两个平凡的理想,即零理想 (0) 和环 R 自身. 只有平凡理想的环叫做单环. 不难证明:含幺环 R 的理想 I 若含有 R 中单位,则 $I=R$. 由此可知体和域均是单环.

例 2　我们已经知道,整数环 $\mathbf{Z}$ 的子环均有形式 $m\mathbf{Z}$（$m\geqslant 0$）不难验证它们都是环 $\mathbf{Z}$ 的理想,从而这也是 $\mathbf{Z}$ 的全部理想.

例 3　设 $\{A_i\mid i\in I\}$ 为环 R 的一些理想,则它们的交 $\bigcap\limits_{i\in I}A_i$ 也是 R 的理想.

定义 2　设 X 是环 R 的一个子集合,环 R 中包含 X 的最小理想称作**由集合 X 生成的理想**,并且表示成 (X).

根据上面的例3,可知(X)即为包含X的所有理想之交.另一方面,由于(X)作为环R的理想显然包含下面的一些集合:

$$ZX = \left\{ \sum_{i=1}^{n} m_i x_i \,\middle|\, m_i \in Z,\ x_i \in X,\ n \geqslant 1 \right\};$$

$$RX = \left\{ \sum_{i=1}^{n} r_i x_i \,\middle|\, r_i \in R,\ x_i \in X,\ n \geqslant 1 \right\};$$

$$XR = \left\{ \sum_{i=1}^{n} x_i r_i \,\middle|\, r_i \in R,\ x_i \in X,\ n \geqslant 1 \right\};$$

$$RXR = \left\{ \sum_{i=1}^{n} r_i x_i r_i' \,\middle|\, r_i,\ r_i' \in R,\ x_i \in X,\ n \geqslant 1 \right\}.$$

如果我们定义$X_1 + X_2 + \cdots + X_n = \{x_1 + x_2 + \cdots + x_n \mid x_i \in X_i, 1 \leqslant i \leqslant n\}$,易验证$ZX + RX + XR + RXR$已形成环$R$的理想.所以,它也就是由$X$生成的理想$(X)$,即

$$(X) = ZX + RX + XR + RXR.$$

如果R是交换环,则$RX = XR \supseteq RXR$.从而$(X) = ZX + RX$.如果R是含幺交换环,则$ZX \subseteq RX$,从而$(X) = RX$.

定义3　由一个元素$x \in R$生成的理想(x)叫做环R的主理想.如果R是整环(即没有零因子的含幺交换环),并且R的每个理想都是主理想$(x) = xR$,则R叫做**主理想整环**,简记作 PID(Principal Ideal Domain).

上面例2表明整数环 Z 为 PID.

现在我们证明环论中的同构定理.它们和群论中的同构定理是很相似的.设R和S为环$f: R \to S$是环的同态.集合

$$\operatorname{Im} f = f(R) = \{f(r) \mid r \in R\}$$

叫做同态f的**像**,而集合

$$\operatorname{Ker} f = f^{-1}(0) = \{r \in R \mid f(r) = 0\}$$

叫做同态f的**核**.

定理1(第一同构定理)　如果$f: R \to S$是环的同态,则$\operatorname{Ker} f$为环R的理想,并且映射

$$\bar{f}: R/\operatorname{Ker} f \to S, \qquad \bar{r} = f(r) \quad (r \in R)$$

是环的单同态(嵌入),其中$\bar{r}$表示商环$R/\operatorname{Ker} f$中的元素$r + \operatorname{Ker} f$.特别地,我们有环的同构:

$$\bar{f}: R/\operatorname{Ker} f \overset{\sim}{\to} \operatorname{Im} f.$$

证明 首先,我们在群论中已知 $\mathrm{Ker}f$ 是 R 的加法子群.其次,若 $r \in R$,$a \in \mathrm{Ker}f$,则 $f(ra) = f(r) \cdot f(a) = f(r) \cdot 0 = 0$.同样地,$f(ar) = 0$.因此 ra,$ar \in \mathrm{Ker}f$.这就表明 $\mathrm{Ker}f$ 是环 R 的理想.

我们在群论中已经证明了映射 $\bar{f}$ 的可定义性,并且是加法群同态.再由于 $\bar{f}(\bar{r} \cdot \bar{r'}) = \bar{f}(\overline{rr'}) = f(rr') = f(r)f(r') = \bar{f}(\bar{r})\bar{f}(\bar{r'})$(对于 r,$r' \in R$),即知 $\bar{f}$ 是环的同态.最后,我们在群论中已经证明了 $\bar{f}$ 是单射.并且 $\bar{f}: R/\mathrm{Ker}f \overset{\sim}{\to} \mathrm{Im}f$ 是一一对应,从而是环的同构.证毕.

定理 2 设 I 和 J 是环 R 的理想,则

(1)(第二同构定理)
$$I/(I \bigcap J) \cong (I + J)/J \quad \text{(环的同构)}.$$

(2)(第三同构定理)如果 $I \subset J$,则
$$\frac{(R/I)}{(J/I)} \cong \frac{R}{J} \quad \text{(环的同构)}.$$

证明 (1) 首先,容易验证 $I + J$ 是 R 的子环,J 是 $I + J$ 的理想.作映射
$$f: I \to (I + J)/J, \qquad a \mapsto \bar{a} = a + J.$$
我们在群论中已证明这是加法群的满同态.事实上这是环的满同态,因为 $f(ab) = ab + J = (a + J)(b + J) = f(a)f(b)$(对于 $a, b \in I$),由于 $\mathrm{Ker}f = I \bigcap J$,从而 $I \bigcap J$ 是 R 的理想,并且由定理 1 即知环 $I/I \bigcap J$ 同构于 $(I + J)/J$.

(2) 的证明类似.

定理 3 设 I 是环 R 的理想,以 N 表示商环 R/I 的所有理想构成的集合,M 表示环 R 中包含 I 的所有理想构成的集合.则映射
$$f: M \to N, \qquad J \mapsto J/I$$
是从 M 到 N 之上的一一对应.

证明 我们仍旧利用群论中的结果.以 N' 表示 R/I 的所有加法子群构成的集合,以 M' 表示 R 中包含 I 的所有加法子群构成的集合,在群论中已经证明了
$$f: M' \to N', \qquad J \mapsto J/I$$
是一一对应,从而我们只需再证明:J 是 R 的理想 $\Leftrightarrow J/I$ 是 R/I 的理想.

若 J 是 R 的理想,并且 $J \supseteq I$,由定理 2 的(2)即知 J/I 是 R/I 的理想.反之,R/I 的每个理想都是 R/I 的加法子群,由群论知必然有形式 J/I,其中 J 是 R 的加法子群,并且 $J \supseteq I$,由于 J/I 是 R/I 的理想,从而有商环 $(R/I)/(J/I)$,作映射
$$f: R \to (R/I)/(J/I), \qquad r \mapsto f(r) = \bar{r} + (J/I),$$
其中 $\bar{r}$ 表示 r 在 R/I 中的自然同态像,易证 f 是环的同态,并且 $\mathrm{Ker}f = J$.从而 J 是 R 的理想.这就证明了定理 3.

例 4　设 $a \in \mathbf{R}$(实数域),作映射

$$\varphi: \mathbf{R}[x] \to \mathbf{R}, \qquad f(x) \mapsto f(a).$$

不难验证 φ 是环的满同态.另一方面,从中学代数就知道:实数 a 是多项式 $f(x) \in \mathbf{R}[x]$ 的根 $\Leftrightarrow f(x)$ 可被 $x-a$ 整除.因此

$$\begin{aligned}
\operatorname{Ker}\varphi &= \{f(x) \in \mathbf{R}[x] \mid f(a) = 0\} \\
&= \{f(x) \in \mathbf{R}[x] \mid (x-a) \mid f(x)\} \\
&= (x-a) \quad (\text{表示由 } x-a \text{ 生成的主理想}).
\end{aligned}$$

于是由定理 1 可知我们有环的同构 $\mathbf{R} \cong \mathbf{R}[x]/(x-a)$(对每个实数 a).

例 5　设 m 和 n 是两个正整数,则 $m\mathbf{Z}$, $n\mathbf{Z}$ 是整数环 $\mathbf{Z}$ 的两个理想.并且(习题)

$$m\mathbf{Z} \cap n\mathbf{Z} = [m,n]\mathbf{Z}, \qquad m\mathbf{Z} + n\mathbf{Z} = (m,n)\mathbf{Z}.$$

于是由定理 2 可知

$$m\mathbf{Z}/[m,n]\mathbf{Z} \cong (m,n)\mathbf{Z}/n\mathbf{Z} \quad (\text{环同构}).$$

注意两边均是有限环.由于当 $a \mid b$ 时,$a\mathbf{Z}/b\mathbf{Z}$ 的元素个数为 b/a,从而上面的环同构顺便给出熟知的等式 $[m,n](m,n) = mn$.

例 6　设 m 和 n 是两个正整数,$m \mid n$.则 $m\mathbf{Z} \supseteq n\mathbf{Z}$.并且由定理 2 可知有环同构

$$(\mathbf{Z}/n\mathbf{Z})/(m\mathbf{Z}/n\mathbf{Z}) \cong \mathbf{Z}/m\mathbf{Z}.$$

习　题

1. 证明:交换环 R 中全部幂零元素组成的集合 N 是环 R 的理想,并且商环 R/N 中只有零元素是幂零元素.

2. 设 I 是交换环 R 中的理想.求证:集合

$$\sqrt{I} = \{r \in R \mid \text{存在 } n \geqslant 1, \text{使得 } r^n \in I\}$$

也是环 R 的理想.

3. 设 R 为环.集合 $C(R) = \{c \in R \mid \text{对于每个 } r \in R, rc = cr\}$ 叫做环 R 的**中心**.

(1) 求证:$C(R)$ 是 R 的子环,但不一定是 R 的理想;

(2) 如果 F 为域,求证:全体矩阵环 $M_n(F)$ 的中心为 $\{aI_n \mid a \in F\}$,其中 I_n 表示 n 阶单位方阵.

4. (1)设 R 为含幺交换环.求证环 $M_n(R)$ 中每个理想均有形式 $M_n(I)$,其中 I 是 R 的某个理想;

(2) 若 F 为域,则 $M_n(F)$ 是单环;

（3）设 I 是含幺交换环 R 中的理想. 求证有环同构：
$$M_n(R)/M_n(I) \cong M_n(R/I).$$

5. 设 I_1 和 I_2 均是环 R 的理想. 求证：

（1）$I_1 I_2$ 也是环 R 的理想，并且 $I_1 I_2 \subseteq I_1 \cap I_2$. 问是否一定有 $I_1 I_2 = I_1 \cap I_2$？

（2）$I_1 + I_2$ 也是环 R 的理想，并且它恰好是包含 I_1 和 I_2 的最小理想；

（3）设 $I_1 = n\mathbf{Z}$，$I_2 = m\mathbf{Z}(n, m \geqslant 1)$ 是整数环 $\mathbf{Z}$ 的两个理想. 则 $I_1 I_2 = nm\mathbf{Z}$，$I_1 + I_2 = (n, m)\mathbf{Z}$，$I_1 \cap I_2 = [n, m]\mathbf{Z}$.

6. 设 $f: R \to S$ 是环的同态. I 和 J 是环 R 和 S 的理想，并且 $f(I) \subseteq J$，按以下方式作商环之间的映射：
$$\bar{f}: R/I \to S/J, \quad \bar{a} \mapsto [f(a)],$$
其中对于 $a \in R$，$\bar{a} = a + I$ 为 R/I 中元素，而 $[f(a)] = f(a) + J$ 为 S/J 中元素.

（1）求证：上述映射 $\bar{f}$ 是可定义的，并且是环同态；

（2）求证：$\bar{f}: R/I \to S/J$ 是环的同构 $\Leftrightarrow f(R) + J = S$ 并且 $I = f^{-1}(J)$.

7. 设 $f: R \to S$ 为环的同态. 如果 R 是体，求证：f 或者是零同态，或者是嵌入.

8. 设 $(R, +, \cdot)$ 是含幺环. 对于 $a, b \in R$，定义
$$a \oplus b = a + b + 1, \quad a \odot b = ab + a + b.$$
求证：$(R, \oplus, \odot)$ 也是含幺环，并且与环 $(R, +, \cdot)$ 同构.

9. （1）若 R 是主理想环，则 R 的每个同态像也是主理想环；

（2）求证 $\mathbf{Z}_m = \mathbf{Z}/m\mathbf{Z}$（$m \geqslant 1$）是主理想环.

10. 环 $\mathbf{Z}/3\mathbf{Z}$ 与环 $\mathbf{Z}/6\mathbf{Z}$ 的子环 $2\mathbf{Z}/6\mathbf{Z}$ 是否同构？

11. 设 $I_1, \cdots, I_n, \cdots$ 均是环 R 中的理想，并且 $I_1 \subseteq I_2 \subseteq \cdots \subseteq I_n \subseteq \cdots$. 求证集合 $\bigcup\limits_{n=1}^{\infty} I_n$ 也是环 R 的理想.

*12. 求证 $T = \left\{ \begin{pmatrix} a & 0 \\ b & c \end{pmatrix} \middle| a, b, c \in \mathbf{Z} \right\}$ 是环 $M_2(\mathbf{Z})$ 的子环. 试确定环 T 的所有理想.

2.3 同态的应用

本节利用环的同态研究环的进一步性质.

1. 环的特性

定义 1 设 R 为环. 如果存在正整数 m, 使得对每个 $r \in R$ 均有 $mr = 0$, 我们把满足此条件的最小正整数 m 叫做环 R 的**特征**. 如果不存在这样的正整数 m, 便称环 R 的**特征是零**. 环 R 的特征记为 $\operatorname{char} R$.

例 1 环 $\mathbf{Z}$ 的特征为零, 对于每个正整数 $m \geqslant 1$, 环 $\mathbf{Z}_m$ 的特征是 m. 不难看出: $\operatorname{char} R = 1$ 当且仅当 $R = (0)$ 时, 所以今后我们假定 $\operatorname{char} R \neq 1$.

当 R 为含幺环时. 作映射

$$f: \mathbf{Z} \to R, \qquad n \mapsto n \cdot 1_R.$$

不难看出, f 是环的同态, 并且 $\operatorname{Ker} f = m\mathbf{Z}$, 其中 $m = \operatorname{char} R$. 如果 $\operatorname{char} R = 0$, 则 f 是环的单同态. 于是环 R 中有同构于 $\mathbf{Z}$ 的子环 $P = \{n \cdot 1_R \mid n \in \mathbf{Z}\}$. 如果 $\operatorname{char} R = m \geqslant 2$, 则由同构定理 1 可知存在环的嵌入 $\mathbf{Z}_m = \mathbf{Z}/m\mathbf{Z} \to R$. 从而 R 中有同构于 $\mathbf{Z}_m$ 的子环 $P = \{n \cdot 1, \mid 0 \leqslant n \leqslant m - 1\}$. 上述子环 $P(=\mathbf{Z}$ 或者 $\mathbf{Z}_m)$ 叫做含幺环 R 的**素子环**.

如果 R 是整环, 则 R 的特征必为零或者素数. 因为若 $\operatorname{char} R = m \geqslant 2$ 并且有至少两个不同的素因子, 则 R 的素子环 $\mathbf{Z}/m\mathbf{Z}$ 中就已经有零因子, 从而 R 不为整环. 特别若 R 是域, 则 R 的特征或者为素数 p, 此时 R 有子域 $F = \mathbf{Z}_p$, 或者 $\operatorname{char} R = 0$, 此时 R 有子环(同构于)$\mathbf{Z}$, 从而有子域 $F = \{n \cdot 1_F / m \cdot 1_F \mid n, m \in \mathbf{Z}, m \neq 0\}$ 同构于有理数域 $\mathbf{Q}$, 上述 F 叫做域 R 的**素子域**. 简言之, 如果域 R 的特征为零, 则 R 必包含有理数域 $\mathbf{Q}$, 如果 $\operatorname{char} R = p$ 为素数, 则 R 必包含 p 元有限域 $\mathbf{Z}_p$.

特征为素数的环还有一个重要特性.

定理 1 设 R 为交换环, $\operatorname{char} R = p$ 为素数, 则对 $x, y \in R$, 有 $(x + y)^p = x^p + y^p$.

证明 本来按二项式定理应当展开成

$$(x + y)^p = \sum_{n=0}^{p} C_p^n x^n y^{p-n},$$

但是当 $1 \leqslant n \leqslant p - 1$ 时, 整数 $C_p^n = \dfrac{p(p-1)\cdots(p-n+1)}{n!}$ 均是 p 的倍数. 由于 $\operatorname{char} R = p$, 从而和式中只剩下 $n = 0$ 和 p 两项. 于是 $(x + y)^p = x^p + y^p$. 证毕.

系 1 设 R 是特征 p 的交换环, p 为素数, 则 $f: R \to R, r \mapsto r^p$ 是环 R 的自同态.

证明 $f(ab) = f(a)f(b)$ 是显然的, 而 $f(a + b) = f(a) + f(b)$ 是由于定理 1. 证毕.

2. 整环的商域

设 D 是整环(即是没有零因子的含幺交换环). 现在我们将 D 嵌到一个域中. 办法与将整数环 $\mathbf{Z}$ 嵌到有理数域 $\mathbf{Q}$ 中(通过令 n 等同于 $n/1$)的方式是一样的:令 $D^* = D - \{0\}$,考虑集合

$$D \times D^* = \{(r,s) \mid r \in D, s \in D^*\}$$

(请将 (r,s) 中的两个分量 r 和 s 分别看成是"分子"和"分母"). 在集合 $D \times D^*$ 上定义如下的关系:

$$(r,s) \sim (r',s') \Leftrightarrow sr' = s'r(\text{注意:这就是通常的 } r/s = r'/s'!).$$

引理 上述关系是集合 $D \times D^*$ 上的等价关系.

证明 自反性和对称性显然成立,只需再证传递性. 假设 $(r,s) \sim (r',s')$, $(r',s') \sim (r'',s'')$. 则 $sr' = s'r$, $s'r'' = s''r'$. 由于 D 是交换环,因此 $s'rs'' = sr's'' = ss''r' = ss'r'' = s'sr''$. 因为 $s' \neq 0$ 而 D 是整环,从而上式左右两边可消去 s',即 $sr'' = s''r$. 从而 $(r,s) = (r'',s'')$. 因此 $\sim$ 是等价关系. 证毕.

我们以 r/s 表示元素 (r,s) 所在的等价类. 以 K 表示全部等价类组成的集合. 并且按以下方式定义 K 中的加法和乘法运算:

$$r/s + r'/s' = (rs' + r's)/ss', \qquad (r/s) \cdot (r'/s') = rr'/ss'$$

(注意:由 $s, s' \in D^*$ 可知 $ss' \in D^*$). 我们首先需要说明这些运算的可定义性,即要证明这些运算与等价类中的代表元选取无关. 换句话说,就是要证明:如果 $(r,s) \sim (a,b)$, $(r',s') \sim (a',b')$,则 $r/s + r'/s' = a/b + a'/b'$,$\dfrac{r}{s} \cdot \dfrac{r'}{s'} = \dfrac{a}{b} \cdot \dfrac{a'}{b'}$,其证明留给读者. 其次我们请大家验证 K 对于上述加法和乘法运算形成含幺交换环. 其零元素为 $\dfrac{0}{1}$,幺元素为 $\dfrac{1}{1}$. 最后我们要证明:

定理 2 设 D 是整环,而 K 如上所述. 则

(1) K 是域;

(2) 映射 $f: D \to K$,$a \mapsto \dfrac{a}{1}$ 为环的嵌入,由此可将 D 看成是 K 的子环;

(3) K 是包含 D 的最小域. 确切地说:设 M 为任意域,$g: D \to M$ 是环的嵌入,则 g 必可扩充成域的嵌入 $g': K \to M$(注意:g' 叫 g 的**扩充**是指当 $a \in D$ 时,$g'(a) = g(a)$).

证明 (1) 设 $r/s \neq \dfrac{0}{1}$,$r \in D$,$s \in D^*$,则 $r \neq 0$. 于是 $r \in D^*$,而 $s/r \in K$,由于 $r/s \cdot s/r = sr/sr = 1/1$,从而 K 中每个非零元素 r/s 在 K 中均可逆. 于是 K 为域.

(2) 不难验证 f 是环的同态. 而 $\operatorname{Ker} f = \left\{ r \in D \left| \dfrac{r}{1} = \dfrac{0}{1} \right. \right\} = (0)$, 因此 f 是嵌入.

(3) 令 $g'(r/s) = g(r)g(s)^{-1} \in M$（注意：由于 g 是单射而 $s \neq 0$, 从而 $g(s) \neq 0$, 因此在域 M 中 $g(s)$ 可逆）. 我们还要说明这个定义与等价类 r/s 的代表元选取无关, 即若 $(r, s) \sim (a, b)$, 则 $g(r)g(s)^{-1} = g(a)g(b)^{-1}$. 这是因为若 $(r, s) \sim (a, b)$, 则 $rb = as$, 于是 $g(r)g(b) = g(a)g(s)$. 由于 s, b 均不为 0, 从而 $g(s)$ 和 $g(b)$ 可逆, 即知 $g(r)g(s)^{-1} = g(a)g(b)^{-1}$. 进而, 请读者直接验证 g' 是域的同态. 由于 $\operatorname{Ker} g' = \{r/s \in K \mid g(r)g(s)^{-1} = 0 \in M\} = \{r/s \in K \mid g(r) = 0\} = \{r/s \in K \mid r = 0\}$（因为 g 是嵌入）$= \{0\}$, 所以 g' 是域的嵌入. 最后, 因为 $g(1) = g(1 \cdot 1) = g(1) \cdot g(1)$ 而 $g(1) \neq 0$, 从而 $g(1) = 1$, 于是对每个 $r \in D$, $g'(r) = g'(r/1) = g(r)g(1)^{-1} = g(r)$, 从而 g' 是 g 的扩充. 证毕.

定义 2　域 K 叫做整环 R 的**商域**.

3. 环的直积

设 R_1 和 R_2 是两个环, 我们在群论中已经定义过加法群的直积 $R_1 \times R_2$, 其加法定义为 $(a, b) + (c, d) = (a + c, b + d)$. 如果我们再定义乘法：
$$(a, b)(c, d) = (ac, bd).$$
可直接验证 $R_1 \times R_2$ 对于上述加法和乘法形成环, 叫做环 R_1 和 R_2 的**直积**. 类似地可以定义任意多个环 $R_i (i \in I)$ 的直积：
$$\prod_{i \in I} R_i = \{(x_i)_{i \in I} \mid x_i \in R_i\},$$
$$(x_i) + (y_i) = (x_i + y_i), \qquad (x_i)(y_i) = (x_i y_i).$$
环的直积有许多与群直积类似的性质（见习题）.

对于每个 $k \in I$, 正则投射
$$\pi_k : \prod_{i \in I} R_i \to R_k, \qquad (a_i)_{i \in I} \mapsto a_k$$
是环的满同态. 另一方面, 映射
$$i_k : R_k \to \prod_{i \in I} R_i, \qquad a_k \mapsto (x_i)_{i \in I}$$
（其中 $x_k = a_k$, $x_i = 0$（对于 $i \neq k$））是环的嵌入, 称作 R_k 的**正则嵌入**. 通过正则嵌入可把每个 R_k 看成是 $\prod_{i \in I} R_i$ 的子环（事实上 R_i 是 $\prod_{i \in I} R_i$ 的理想）.

关于环的直积我们有一个特别值得介绍的定理——中国剩余定理. 设 I 是环 R 的理想, 如果 a 和 b 属于 R 对于 I 的同一个陪集, 即 $a - b \in I$, 我们也把这表示成 $a \equiv b \pmod{I}$. 从而陪集 $r + I$ 也表示成 $r \pmod{I}$.

定理 3（中国剩余定理）　设 R 是含幺环，$I_1,\cdots,I_n$ 为环 R 的理想.并且当 $i\neq j$ 时，$I_i+I_j=R$.则有环同构 $R/(I_1\bigcap\cdots\bigcap I_n)\cong\prod\limits_{i=1}^{n}(R/I_i)$.

证明　作映射

$$f:R\to\prod_{i=1}^{n}(R/I_i),\qquad r\mapsto(r(\bmod I_1),\cdots,r(\bmod I_n)).$$

直接验证 f 是环的同态.现在证明 f 是满同态:根据定理假设，$I_1+I_2=I_1+I_3=R$，$1\in R$，从而

$$R=RR=(I_1+I_2)(I_1+I_3)=I_1^2+I_2I_1+I_1I_3+I_2I_3$$
$$\subseteq I_1+I_2I_3\subseteq R,$$

因此 $R=I_1+I_2I_3$.归纳下去即得 $R=I_1+I_2I_3\cdots I_n$，于是有 $b\in I_2I_3\cdots I_n$，$a\in I_1$，使得 $1=a+b$.令 $r_1=1-a=b$，则

$$f(r_1)=(1(\bmod I_1),0(\bmod I_2),\cdots,0(\bmod I_n)).$$

完全同样地，对每个 $k(1\leqslant k\leqslant n)$，我们都可求出 $r_k\in R$ 使得

$$f(r_k)=(0(\bmod I_1),\cdots,0(\bmod I_{k-1}),1(\bmod I_k),0(\bmod I_{k+1}),\cdots,0(\bmod I_n)).$$

现在对于 $\prod\limits_{i\in I}R/I_i$ 中每个元素 $a=(a_1(\bmod I_1),\cdots,a_n(\bmod I_n))(a_i\in R)$.令 $r=a_1r_1+\cdots+a_nr_n\in R$，即知 $f(r)=a$.这就表明 f 是满同态.

最后我们求 $\operatorname{Ker}f$.

$$r\in\operatorname{Ker}f\Leftrightarrow r\equiv 0(\bmod I_i)(1\leqslant i\leqslant n)\Leftrightarrow r\in I_1\bigcap\cdots\bigcap I_n.$$

从而 $\operatorname{Ker}f=I_1\bigcap\cdots\bigcap I_n$.由此给出环同构 $R/I_1\bigcap\cdots\bigcap I_n\cong\prod\limits_{i=1}^{n}(R/I_i)$.

现在我们来解释一下，国际数学界为什么将定理 3 叫做**中国剩余定理**（CRT，Chinese Remainder Theorem）.取 $R=\mathbf{Z}$.我们已经知道，$\mathbf{Z}$ 是主理想整环，$\mathbf{Z}$ 的每个非平凡理想有形式 $n\mathbf{Z}(n\geqslant 2)$，并且 $n\mathbf{Z}+m\mathbf{Z}=(n,m)\mathbf{Z}$，$n\mathbf{Z}\bigcap m\mathbf{Z}=[n,m]\mathbf{Z}$.因此 $n\mathbf{Z}+m\mathbf{Z}=\mathbf{Z}$ 相当于 n 和 m 互素（所以，对于任意含幺环 R 和它的理想 I_1 和 I_2，如果 $I_1+I_2=R$，我们通常也称理想 I_1 和 I_2 **互素**）.如果 $m_1,\cdots,m_n$ 两两互素，则 $m_1\mathbf{Z}\bigcap\cdots\bigcap m_n\mathbf{Z}=[m_1,\cdots,m_n]\mathbf{Z}=m_1\cdots m_n\mathbf{Z}$，从而由定理 3 得到如下的:

系 2　设 $m_1,\cdots,m_n$ 是两两互素的正整数.则有环同构

$$f:\mathbf{Z}/m_1\cdots m_n\mathbf{Z}\xrightarrow{\sim}\mathbf{Z}/m_1\mathbf{Z}\times\cdots\times\mathbf{Z}/m_n\mathbf{Z}.$$

证明　显然有 $a(\bmod m_1\cdots m_n)\mapsto(a(\bmod m_1),\cdots,a(\bmod m_n))$.证毕.

如果用同余的语言，这个系还可叙述成:

系 3 设 $m_1, \cdots, m_n$ 是两两互素的正整数,则

(1) 对于任意 n 个整数 $a_1, \cdots, a_n \in \mathbf{Z}$,同余方程组

$$\begin{cases} x \equiv a_1 (\bmod\ m_1), \\ \cdots, \\ x \equiv a_n (\bmod\ m_n) \end{cases}$$

有整数解;

(2) 设 $x_0 \in \mathbf{Z}$ 是上述同余方程组的一个解.则它的全部整解恰好是一个陪集 $x_0 + m_1 \cdots m_n \mathbf{Z}$.

中国古代数学名著《孙子算经》中有"物不知数"一题曰:

"今有物不知其数,三三数之剩二,五五数之剩三,七七数之剩二,问物几何".

变成现在的语言这就是解同余方程组

$$\begin{cases} x \equiv 2 (\bmod 3), \\ x \equiv 3 (\bmod 5), \\ x \equiv 2 (\bmod 7). \end{cases}$$

程大位在《算法统宗》(1593 年)中将解此问题的方法编成如下的口诀:

"三人同行七十稀,

五树梅花廿一枝.

七子团圆正半月,

除百零五便得知."

从中国剩余定理的证明我们知道,口诀中的"七十稀""廿一枝"和"正半月"(即 70,21 和 15)就是证明中的 r_1, r_2 和 r_3.换句话说,70 是满足:

$$x \equiv 1 (\bmod 3), \quad x \equiv 0 (\bmod 5), \quad x \equiv 0 (\bmod 7)$$

的最小正整数,21 和 15 有类似的意义.于是"物不知数"问题的一个解是 $2 \cdot 70 + 3 \cdot 21 + 2 \cdot 15 = 233$.口诀最后一句的确切含义是:"此问题所有解就是与 233 相差 $105 = [3, 5, 7]$ 的整数倍的那些数."(最小正整数解为 23.)

4. 素理想和极大理想

定义 3 环 R 的理想 P 叫做**素理想**,是指

(1) $P \neq R$;

(2) 对于环 R 的任意两个理想 A 和 B.如果 $AB \subseteq P$,则 $A \subseteq P$ 或者 $B \subseteq P$.

定理 4 设 R 是含幺交换环,P 是 R 的真理想(即 $P \neq R$,或者等价地,$1 \notin P$),则以下三个条件彼此等价:

(1) P 是素理想;

(2) 对于 $a, b \in R$,如果 $ab \in P$,则 $a \in P$ 或者 $b \in P$;

（3）R/P 为整环.

证明　（1）$\Rightarrow$（2）如果 $ab\in P$,则$(ab)\subseteq P$.但是当 R 是交换环时,$(a)(b)\subseteq$ (ab),从而$(a)(b)\subseteq P$.于是由素理想定义可知$(a)\subseteq P$ 或者$(b)\subseteq P$.再由 R 有幺元素可知 $a\in(a)$,$b\in(b)$.所以 $a\in P$ 或者 $b\in P$.

（2）$\Rightarrow$（3）如果（2）成立,则

$$\overline{a}\,\overline{b}=\overline{0}(\text{在 } R/P \text{ 中})\Rightarrow \overline{ab}=\overline{0}\Rightarrow ab\in P\Rightarrow a\in P \text{ 或者 } b\in P$$
$$\Rightarrow \overline{a}=\overline{0} \text{ 或者 } \overline{b}=\overline{0}.$$

从而 R/P 中没有零因子.由于 R/P 显然也是含幺交换环,所以 R/P 是整环.

（3）$\Rightarrow$（1）用反证法.如果 $AB\subseteq P$,$A\not\subseteq P$,$B\not\subseteq P$,则存在 $a\in A$,$a\notin P$,$b\in$ B,$b\notin P$.从而$\overline{a}\neq\overline{0}$,$\overline{b}\neq\overline{0}$(在 R/P 中).但是 $ab\in AB\subseteq P$,即 $\overline{a}\,\overline{b}=\overline{ab}=\overline{0}$.这就与 R/P 为整环矛盾.所以 P 为 R 的素理想.证毕.

注记　特别若 R 是含幺交换环,则 R 为整环的充分必要条件是零理想为素理想.

例 2　整数环 $\mathbf{Z}$ 的理想均有形式 $n\mathbf{Z}(n\geqslant 0)$.由于 $\mathbf{Z}$ 是整环,从而零理想(0) 为素理想.而当 $n\geqslant 2$ 时,$n\mathbf{Z}$ 为素理想$\Leftrightarrow \mathbf{Z}/n\mathbf{Z}$ 为整环$\Leftrightarrow n$ 为素数,这就表明整数环 $\mathbf{Z}$ 的全部素理想是 $p\mathbf{Z}(p$ 为素数)以及零理想(0).即素理想和素数概念基本上是一致的.

定义 4　环 R 中理想 M 叫做 R 的**极大理想**,是指

（1）$M\neq R$;

（2）对于 R 的每个理想 N,如果 $M\subseteq N\subseteq R$,则必然 $N=M$ 或者 $N=R$.

定理 5　设 R 为含幺交换环,M 为 R 的理想.则 M 是 R 的极大理想$\Leftrightarrow R/M$ 为域.特别地,含幺交换环 R 为域的充要条件是零理想(0)为 R 的极大理想.

证明　我们先证最后一个论断.如果 R 为域,由于 R 的每个非零元素 a 都是单位,从而$(a)=aR=R$,可知域 R 只有两个平凡理想,即(0)是极大理想.反之,若(0)为极大理想,对 R 中每个元素 $a\neq 0$,$(a)=aR\neq(0)$,从而 $aR=R$.于是有 $b\in R$,使得 $ab=1$.即 R 中非零元均是单位,从而 R 是域.

对于任意含幺交换环 R,根据上节定理 3 可知:M 是 R 的极大理想$\Leftrightarrow$零理想是 R/M 的极大理想$\Leftrightarrow R/M$ 为域.证毕.

注记　若 R 是含幺交换环,由前面两个定理可知:M 为 R 的极大理想$\Rightarrow R/M$ 为域$\Rightarrow R/M$ 为整环$\Rightarrow M$ 为 R 的素理想.即极大理想都是素理想.利用集合论中的佐恩(Zorn)引理可以证明:每个含幺交换环 $R(\neq(0))$ 必有极大理想,因此也必然

有素理想.

例 3 仍以整数环 $\mathbf{Z}$ 为例. 我们已知道 $\mathbf{Z}$ 的全部素理想是 $p\mathbf{Z}$(p 为素数)和 (0). 由于 $\mathbf{Z}$ 不是域, 所以 (0) 不是极大理想. 由于 $\mathbf{Z}/p\mathbf{Z}$ 为域, 从而 $\mathbf{Z}$ 的全部极大理想为 $p\mathbf{Z}$(p 为素数).

例 4 设 $R = \mathbf{Z}[x]$. 作映射

$$\varphi : \mathbf{Z}[x] \to \mathbf{Z}, \qquad g(x) \mapsto g(0),$$

这是环的满同态, 并且 $\operatorname{Ker} \varphi = (x)$, 因此 $\mathbf{Z}[x]/(x) \cong \mathbf{Z}$. 从而 (x) 是 $\mathbf{Z}(x)$ 的素理想但不是极大理想, 因为 $\mathbf{Z}$ 是整环但不是域. 而 $(x,2)$ 是 $\mathbf{Z}[x]$ 的极大理想, 因为不难证明 $\mathbf{Z}[x]/(x,2) \cong \mathbf{Z}/2\mathbf{Z}$, 而 $\mathbf{Z}/2\mathbf{Z}$ 为域.

习　题

1. 设 R 为环, $\operatorname{char} R > 0$. 你能否将 R 嵌到一个含幺环 S 中, 并且 $\operatorname{char} S = \operatorname{char} R$?

2. 证明有限环的特征必然为正数.

3. 设 D 为整环, m 和 n 为互素的正整数. $a, b \in D$, 如果 $a^m = b^m$, $a^n = b^n$, 求证 $a = b$.

4. 设 $R_i (i \in I)$ 是一个非空的环族. $R = \prod_{i \in I} R_i$. 求证:

(1) R 为含幺环 $\Leftrightarrow$ 每个 R_i 均为含幺环;

(2) R 为交换环 $\Leftrightarrow$ 每个 R_i 均为交换环;

(3) $x = (x_i)$ 是 R 中单位 $\Leftrightarrow$ 每个 x_i 均为 R_i 中单位;

(4) 若 I 有限, 则 R 中理想 A 均有如下形式: $A = \prod_{i \in I}^{P} A_i$, 其中每个 A_i 是 R_i 中的理想.

5. 设 $S, R_i (i \in I)$ 均为环. $R = \prod_{i \in I} R_i$, $\pi_i : R \to R_i$ 为正则投射, $\varphi_i : S \to R_i$ ($i \in I$)均是环的同态. 求证存在唯一的环同态 $\varphi : S \to R$, 使得对于每个 $i \in I$, 均有 $\pi_i \circ \varphi = \varphi_i$.

6. 设 $R_i (i \in I)$ 均为环. 求证:

$\bigoplus_{i \in I} R_i = \{(x_i) \in \prod_{i \in I} R_i$ 只有有限多 $x_i \neq 0\}$ 是 $\prod_{i \in I} R_i$ 的子环, $\bigoplus_{i \in I} R_i$ 叫做环 R_i ($i \in I$)的直和.

7. 设 $I_1, \cdots, I_n$ 是环 R 的理想. 并且

(1) $I_1 + \cdots + I_n = R$;

(2) 对于每个 $i (1 \leqslant i \leqslant n), I_i \bigcap (I_1 + \cdots + I_{i-1} + I_{i+1} + \cdots + I_n) = (0)$.

求证 $R \cong \prod\limits_{i=1}^{n} I_i$.

8. 环 R 中元素 e 叫做**幂等元素**, 是指 $e^2 = e$. 如果 e 又属于环 R 的中心 (即 $ea = ae$ 对每个 $a \in R$), 则称 e 为**中心幂等元素**.

设 R 是含幺环, e 为 R 的中心幂等元素. 求证:

(1) $1 - e$ 也是中心幂等元素;

(2) eR 和 $(1-e)R$ 均是 R 的理想, 并且 $R \cong eR \times (1-e)R$ (直积).

9. 环 R 中幂等元集合 $\{e_1, \cdots, e_n\}$ 叫做正交的, 是指当 $i \neq j$ 时, $e_i e_j = 0$. 设 $R, R_1, \cdots, R_n$ 都是含幺环. 则下列两个条件等价:

(1) $R \cong R_1 \times \cdots \times R_n$;

(2) R 具有正交的中心幂等元集合 $\{e_1, \cdots, e_n\}$, 使得 $e_1 + \cdots + e_n = 1_R$, 并且 $e_i R \cong R_i (1 \leqslant i \leqslant n)$.

*10. 设 R 是含幺交换环, $P_1, \cdots, P_m$ 为 R 的素理想而 A 为 R 的理想. 如果 $A \subseteq P_1 \bigcup \cdots \bigcup P_m$, 则必存在某个 $i (1 \leqslant i \leqslant m)$, 使得 $A \subseteq P_i$.

11. 证明: 含幺交换有限环的素理想必是极大理想.

12. 设 P 是含幺交换环 R 的素理想, $A_1, \cdots, A_n$ 是 R 的理想. 如果 $P = \bigcap\limits_{i=1}^{n} A_i$, 则 P 必等于某个 A_i.

13. 设 $f: R \to S$ 是环的满同态, $K = \mathrm{Ker} f$. 求证:

(1) 若 P 是 R 的素理想并且 $P \supseteq K$, 则 $f(P)$ 也是 S 的素理想;

(2) 若 Q 是 S 的素理想, 则 $f^{-1}(Q) = \{a \in R \mid f(a) \in Q\}$ 也是 R 的素理想;

(3) S 中素理想和 R 中包含 K 的素理想是一一对应的. 将"素理想"改成"极大理想"则此论断也成立.

14. 设 I 是环 R 的理想, 求证 R/I 中素理想均可写成形式 P/I, 其中 P 是 R 中素理想并且包含 I.

15. $m \geqslant 2$. 试确定环 $Z_m = Z/mZ$ 的全部素理想和极大理想.

2.4 交换环中的因子分解

从代数观点看,初等数论是研究整数环 **Z** 的学科.首先是整除性,然后是由此派生出来的一系列概念:因子和倍数,公因子和公倍数,最大公因子和最小公倍数,以及欧氏除法算式等等.整数通常可分解成一些更小的整数之乘积,不能再分解的最小单位就是素数.而作为初等数论的基石——算术基本定理是说:每个 ≥2 的整数均可(不计次序)唯一地分解成一些素数的乘积.在本节中,我们试图将整数环 **Z** 的上述概念和性质推广到任意交换环上去.特别希望弄清哪些交换环中有类似于算术基本定理那样的性质,即环中元素在某种意义下唯一地分解成一些最基本元素的乘积.这种推广工作也是从整除性开始的.

定义 1 设 R 为交换环.$a,b\in R$,$a\neq 0$ 如果存在元素 $x\in R$ 使得 $ax=b$,则称 a **整除** b(或者称 b **被** a **整除**),并且表示成 $a\mid b$.这时,a 叫 b 的**因子**,而 b 叫 a 的**倍元**.如果不存在 $x\in R$ 使得 $ax=b$,称 a **不能整除** b(或者称 b 不能被 a 整除)表示成 $a\nmid b$.

如果 $a\mid b$ 和 $b\mid a$ 同时成立(其中 $a\neq 0,b\neq 0$),则称元素 a 和 b **相伴**,表示成 $a\sim b$.

若 R 是含幺交换环.如果 $a=bc$,并且 b 和 c 均不是 R 中单位,则称 b(和 c)为 a 的**真因子**.

下面定理将上述概念用主理想的语言表达出来.

定理 1 设 R 是含幺交换环,$a,b,u\in R-\{0\}$,$U(R)$ 为 R 的单位群.则

(1) $a\mid b\Leftrightarrow (b)\subseteq (a)$,$a\sim b\Leftrightarrow (a)=(b)$;

(2) $u\in U(R)\Leftrightarrow u\sim 1\Leftrightarrow (u)=R\Leftrightarrow u\mid r$(对每个 $r\in R$);

(3) $a=bu,u\in U(R)\Rightarrow a\sim b$,如果 R 为整环,则反过来也成立;

(4) 若 R 是整环,则 a 为 b 的真因子 $\Leftrightarrow (b)\subseteq (a)$ 但是 $(b)\neq (a)$.

证明 (1) 如果 $a\mid b$,则有 $x\in R$ 使得 $ax=b$.于是 $b\in (a)=aR$,从而 $(b)\subseteq (a)$.反之若 $(b)\subseteq (a)$,由于 R 有 1,从而 $b=b\cdot 1\in bR=(b)\subseteq a$,即 $b\in (a)=aR$,于是有 $x\in R$ 使得 $b=ax$,即 $a\mid b$,这就证明了第一个论断.由它立刻推出第二个论断.

(2) 请读者自证.

(3) 若 $a = bu, u \in U(R)$，则 $b \mid a$．由于 u 为单位，从而有 $v \in U(R)$ 使得 $uv = 1$，于是 $av = b$，从而 $a \mid b$，因此 $a \sim b$．反之，若 $a \sim b$，则有 $x, y \in R$，使得 $ax = b, by = a$．于是 $axy = by = a$．如果 R 是整环，则有消去律．由于已假定 $a \neq 0$，于是 $xy = 1$．即 x 和 y 均是单位．

(4) 由(1)和(3)推出．证毕．

注记 (1)若 R 是含幺交换环．根据上述定理即知相伴关系 $\sim$ 是集合 $R - \{0\}$ 上的等价关系，从而分拆成一些等价类，同一等价类中诸元素彼此相伴，而不同等价类中的元素彼此不相伴．如果 R 是整环，则两个相伴的元素彼此相差一个单位因子，从而每个等价类有形式 $aU(R) = \{au \mid u \in U(R)\}$．

(2)对于整数环 $\mathbf{Z}$，由于 $U(\mathbf{Z}) = \{\pm 1\}$，与每个非零整数 n 相伴的只有 $\pm n$．特别若限定 n 为正整数，则不同的正整数彼此不相伴，所以我们可以避而不谈"相伴"这一概念．但是对于一般的含幺交换环 $R, U(R)$ 可能很大，从而"相伴"这一概念是需要的．

在含幺交换环 R 中，每个元素 $a \neq 0$ 都有一些平凡因子 $au (u \in U(R))$，其他因子都是 a 的真因子．在整数环 $\mathbf{Z}$ 中，不具有真因子的正整数($\geqslant 2$)叫做**素数**．但是将素数概念推广到任意含幺交换环上去，则需要更仔细些．

定义 2 含幺交换环 R 中元素 $a \neq 0$ 叫做**不可约元**，是指：

(1) $a \notin U(R)$；

(2) a 没有真因子．

而 $p \neq 0$ 叫做**素元**，是指：

(1) $p \notin U(R)$；

(2) $a, b \in R$．若 $p \mid ab$，则 $p \mid a$ 或者 $p \mid b$．

对于整数环 $\mathbf{Z}$，从初等数论知道，上面关于不可约元和素元的两个概念是一致的．但是对于一般的含幺交换环，这是两个不同的概念．

例 1 $R = \mathbf{Z}_6$．则 $\bar{2}$ 是素元(读者自证)，但不是不可约元，因为 $\bar{2} = \bar{2} \cdot \bar{4}$，从而 $\bar{4}$ 是 $\bar{2}$ 的真因子．

例 2 $R = \mathbf{Z}[\sqrt{-5}] = \{a + b\sqrt{-5} \mid a, b \in \mathbf{Z}\}$．其中 3 是不可约元(详见后面例 4)．但是 3 不是素元，因为：

$$3 \mid 9 = (2 + \sqrt{-5})(2 - \sqrt{-5}), \quad \text{且在 } R \text{ 中 } 3 \nmid (2 \pm \sqrt{-5}).$$

然而，下面定理 2 表明：如果 R 是整环，则素元必是不可约元；而若 R 是主理想整环，则反过来也对．

定理 2 设 R 为整环，$p, c \in R - \{0\}$．以 S 表示 R 的全部非平凡主理想组成

的集合,即 $S = \{(a) \mid a \in R, a \neq 0, a \neq U(R)\}$. 则

(1) p 为素元 $\Leftrightarrow$ (p) 为非零素理想;

(2) c 为不可约元 $\Leftrightarrow$ 主理想 (c) 为集合 S 中的极大元;

(3) R 中素元必是不可约元;

(4) 若 R 为主理想整环,则不可约元必是素元.

证明 (1) 若 p 为素元,则 $p \notin U(R)$,从而 $(p) \neq R$. 又如果 $ab \in (p)$,则 $(ab) \subseteq (p)$,于是 $p \mid ab$(定理 1),因此 $p \mid a$ 或者 $p \mid b$,即 $a \in (p)$ 或者 $b \in (p)$. 由上节定理 4 可知 (p) 为素理想. 反之,若 (p) 为素理想,由 $(p) \neq R$ 可知 $p \notin U(R)$. 又若 $p \mid ab$,则 $(a)(b) = (ab) \subseteq (p)$. 于是 $(a) \subseteq (p)$ 或者 $(b) \subseteq (p)$,即 $p \mid a$ 或者 $p \mid b$,从而 p 为素元.

(2) 若 c 为不可约元,则 $c \notin U(R)$,于是 $(c) \in S$. 又若 $(c) \subseteq (d)$,$d \in R$,则 $c = dx$,$x \in R$. 由于 c 不可约,可知或者 $d \in U(R)$(此时 $(d) \notin S$),或者 $x \in U(R)$(此时 $(c) = (d)$). 这就表明 (c) 在集合 S 中是极大的. 反之若 (c) 在集合 S 中极大,则由 $(c) \in S$ 可知 $c \notin U(R)$. 如果 $c = ab$,$a, b \in R$,则 $(c) \subseteq (a)$. 由 (c) 的极大性即知或者 $(c) = (a)$(此时 $b \in U(R)$)或者 $(a) = R$(此时 $a \in U(R)$). 这就证明 c 是 R 中不可约元.

(3) 设 p 为素元. 如果 $p = ab$,$a, b \in R$,则 $p \mid ab$,于是 $p \mid a$ 或者 $p \mid b$. 如果 $p \mid a$,则 $px = a$,$x \in R$. 从而 $abx = px = a$. 由于 $a \neq 0$ 而 R 是整环,从而 $bx = 1$,因此 $b \in U(R)$. 类似可证若 $p \mid b$,则 $a \in U(R)$. 这就表明 p 是 R 中不可约元.

(4) 设 p 是 R 中不可约元. 设 $p \mid ab$ 且 $p \nmid a$. 考虑由 p 和 a 生成的理想. 则它是主理想 (d). 因为 $(p) \subseteq (d)$,故 $d \mid p$. 由 p 的不可约性知或者 d 与 p 相伴,或者 $d \in U(R)$. 但固 $(a) \subseteq (d)$,$p \nmid a$,故 d 与 p 不可能相伴. 因此 $d \in U(R)$. 从而 $(d) = R$. 故存在 $s, t \in R$ 使得 $1 = ps + at$. 于是 $b = psb + abt$,$p \mid b$,即 p 是素元.

现在我们可以着手进入本节开始所提出的论题,即试图刻画像整数环 **Z** 那样具有"唯一因子分解"性质的一类环. 根据上面的论述和注记,不难想象出需要把"唯一因子分解"性质修改成如下的形式.

定义 3 整环 R 叫做**唯一因子分解整环**(Uniquely Factorial Domain,今后简记作 UFD),是指:

(1)(分解的存在性) 每个非零非单位元素 $a \in R$ 均可写成 $a = c_1 c_2 \cdots c_n$,其中 c_i 均为不可约元;

(2)(分解的唯一性) 如果 $a = c_1 c_2 \cdots c_n = d_1 d_2 \cdots d_m$ 是 a 的任意两个上述分解式,其中 c_i, d_j 均为 R 中不可约元,则 $n = m$,并且存在集合 $\{1, 2, \cdots, n\}$ 的一

个置换 σ，使得 $c_i \sim d_{\sigma(i)}(1 \leqslant i \leqslant n)$.

注记　（1）关于 UFD 在历史上有一段有趣的故事.高斯最早发现环 $\mathbf{Z}[\sqrt{-1}] = \{a + b\sqrt{-1} \mid a, b \in \mathbf{Z}\}$ 是 UFD.1847 年，德国另一大数学家库默尔（Kummer）宣称他证明了费马（Fermat）猜想，即当 $n \geqslant 3$ 时，$x^n + y^n = z^n$ 没有整数解 (x, y, z) 使得 $xyz \neq 0$.他在证明中想当然地利用了这样一件事：对于每个奇素数 p，环 $\mathbf{Z}[\zeta_p]$（其中 $\zeta_p = \mathrm{e}^{\frac{2\pi i}{p}}$）是 UFD.但是不久他就发现当 $p \geqslant 23$ 时有许多 $\mathbf{Z}[\zeta_p]$ 不是 UFD.1971 年，美国人蒙哥马利（Montgomery）和日本人 Ushida 独立地证明了 $\mathbf{Z}[\zeta_p]$ 是 UFD 的充要条件是 $p \leqslant 19$，库默尔在修改他的证明过程中，引入了"理想数"的概念，这就是现在称之为环的"理想"这一概念的起源.虽然库默尔最终未能证明费马猜想，但是他所创造并为后人发展的理想概念，以及对于环 $\mathbf{Z}[\zeta_p]$ 所作的深刻的研究工作，极大地推动了代数数论的发展.

（2）下面两个例子表明，定义中关于分解的存在性和唯一性这两个条件都是不平凡的.

例 3　考虑 $\mathbf{Z}$ 上"分指数"多项式集合
$$R = \{a_1 x^{i_1} + \cdots + a_n x^{i_n} \mid i_1, \cdots, i_n \in \mathbf{Q}, i_1, \cdots, i_n \geqslant 0, a_i \in \mathbf{Z}, n \geqslant 1\}.$$
易知 R 对于自然定义的加法和乘法是整环，并且 $\mathrm{U}(R) = \mathrm{U}(\mathbf{Z}) = \{\pm 1\}$（可参见下节内容）.考查元素 $x \in R$，如果 x 写成 R 中有限个元素的乘积，不难证明每个真因子均是单项式 $\pm x^t (t \in \mathbf{Q}, t > 0)$.但是它们都不是 R 中不可约元（$x^t = x^{t/2} \cdot x^{t/2}$！）.从而 x 在 R 中不能表示成有限个不可约元的乘积.

例 4　考虑环 $R = \mathbf{Z}[\sqrt{-5}]$.这是含幺交换环，并且是复数域的子环，所以 R 是整环.我们先决定 $\mathrm{U}(R)$，为此作映射
$$N: R \to \{0, 1, 2, \cdots, n, \cdots\},$$
$$N(a + b\sqrt{-5}) = (a + b\sqrt{-5})(a - b\sqrt{-5})$$
$$= a^2 + 5b^2 \quad (a, b \in \mathbf{Z}).$$
对于 $\alpha \in R$，元素 $N(\alpha)$ 是非负整数，叫做 α 的**范数**.它是复数 α 通常绝对值的平方.由此容易验证：

（1）$N(\alpha) = 0 \Leftrightarrow \alpha = 0$；$N(\alpha) = 1 \Leftrightarrow \alpha = \pm 1$.

（2）$N(\alpha\beta) = N(\alpha)N(\beta)$.

现在设 $\alpha \in \mathrm{U}(R)$，则有 $\beta \in R$ 使得 $\alpha\beta = 1$，于是
$$N(\alpha)N(\beta) = N(\alpha\beta) = N(1) = 1.$$
由于 $N(\alpha), N(\beta)$ 均是整数，从而 $N(\alpha) = 1$，即 $\alpha = \pm 1$.这就表明 $\mathrm{U}(R) = \{\pm 1\}$.

现在可证 R 中每个非零非单位元素 a 均可分解成有限个不可约元的乘积.如

果 a 本身不可约则得证,否则 $a = bc$,其中 b 和 c 均不是单位,从而 $N(b)$ 和 $N(c)$ 均是大于 1 的整数,因此它们也都小于 $N(a)$. 如果 b 和 c 都不可约则证毕,否则又要写成范数更小的元素之积. 这种过程(每次范数都要变小,但又要大于 1)作有限步之后,a 必可分解成有限个不可约元的乘积.

现在我们说明分解的不唯一性. 为此我们先证 $2,3,1 \pm \sqrt{-5}$ 都是 R 中的不可约元. 以 2 为例:如果 2 可约成 $2 = ab$,$a, b \in R - U(R)$,则 $N(a), N(b) > 1$,但是 $N(a)N(b) = N(2) = 4$,从而必然 $N(a) = N(b) = 2$. 可是易知 $x^2 + 5y^2 = 2$ 没有整数解,即 R 中不存在范数是 2 的元素,这就表明 2 不可约. 类似地,再由 $x^2 + 5y^2 = 3$ 没有整数解可知 $3, 1 \pm \sqrt{-5}$ 都是不可约元. 现在 6 在 R 中就有两种分解方式:

$$6 = 2 \cdot 3 = (1 + \sqrt{-5})(1 - \sqrt{-5}).$$

而 2 和 $1 \pm \sqrt{-5}$ 均不相伴,从而破坏了分解的唯一性. 因而整环 $\mathbf{Z}[\sqrt{-5}]$ 不是 UFD.

以上是两个破坏性的例子. 如果从建设性的角度考虑问题,除了 $\mathbf{Z}$ 以外,目前我们还没有任何其他 UFD 的例子. 由定义本身来判断一个整环是否为 UFD 显然不方便,我们需要研究 UFD 本身的性质,并希望给出刻画 UFD 的其他方法.

定理 3 若 R 为 UFD,则 R 具有下面两个彼此等价的性质:

性质 1 R 中不存在无限的元素序列 $a_1, a_2, \cdots, a_n, \cdots$,使得每个 a_{i+1} 都是 a_i 的真因子.

性质 1′ 对于 R 中每个无限序列 $a_1, a_2, \cdots, a_n, \cdots$,如果 $a_{i+1} \mid a_i (i = 1, 2, \cdots)$ 均成立,则必有正整数 N,使得 $a_N \sim a_{N+1} \sim \cdots$.

证明 性质 1 和 1′ 的等价是显然的,我们只证性质 1.

设 a_1 为 r 个不可约元素之积:$a_1 = p_1 \cdots p_r$. 由于 a_2 是 a_1 的真因子,从而 $a_1 = a_2 x$,$x \neq 0$,$x \notin U(R)$. 令 a_2 和 x 分别是 t 和 λ 个不可约元之积,$a_2 = q_1 \cdots q_t$,$x = l_1 \cdots l_\lambda$,则 $\lambda \geq 1$,并且 $p_1 \cdots p_r = q_1 \cdots q_t l_1 \cdots l_\lambda$. 由分解唯一性可知 $r = t + \lambda > t$,即 a_2 分解中不可约因子个数 t 要小于 a_1 的不可约因子个数 r,这样过程显然不能无限下去,从而证明了性质 1. 证毕.

定理 4 若 R 为 UFD,则有:

性质 2 R 中不可约元必为素元.

证明 设 p 为 R 中不可约元. 如果 $p \mid ab$,则 $pc = ab$,$c \in R$. 将 a, b, c 写成不可约元之积:

$$a = p_1 \cdots p_s, \quad b = q_1 \cdots q_l, \quad c = r_1 \cdots r_t,$$

则
$$p_1 \cdots p_s q_1 \cdots q_l = p r_1 \cdots r_t.$$
由分解唯一性可知 p 与某个 p_i 和 q_j 相伴，即 $p\mid a$ 或者 $p\mid b$. 即 p 为素元. 证毕.

定义 4　设 R 是整环，$a,b\in R-\{0\}$. 元素 d 叫做是 a 和 b 的**最大公因子**，是指：

(1) d 是 a 和 b 的公因子，即 $d\mid a, d\mid b$；

(2) 若 d' 也是 a 和 b 的公因子，则 $d'\mid d$. 元素 a 和 b 的最大公因子记为 (a,b).

注记　(1) a 和 b 的最大公因子若存在则不是唯一的. 不难证明，如果 $d=(a,b)$ 则与 d 相伴的元素就是 a 和 b 全部最大公因子. 即 a 和 b 的最大公因子(如果存在的话)是一个相伴元等价类. 若 $(a,b)\sim1$，则称 a 和 b **互素**.

(2) 类似地可定义元素 a 和 b 的最小公倍元(请读者写出它的定义)，表示成 $[a,b]$. 还可对多个元素定义最大公因子和最小公倍元 $(a_1,\cdots,a_n)$，$[a_1,\cdots,a_n]$，并且 $((a_1,a_2),a_3)\sim(a_1,(a_2,a_3))$ 等.

引理　设 R 为整环，$a,b,c\in R-\{0\}$，则

(1) $c(a,b)\sim(ca,cb)$；

(2) $(a,b)\sim1,(a,c)\sim1$，则 $(a,bc)\sim1$.

证明　(1) 令 $d=(a,b)$，$e=(ca,cb)$，则 $cd\mid ca, cd\mid cb$. 从而 $cd\mid(ca,cb)=e$，于是 $e=cdu, u\in R$. 于是 $ca=ex=cdux, x\in R$. 从而 $a=dux$，即 $du\mid a$. 同样可证 $du\mid b$，因此 $du\mid(a,b)=d$，于是 $u\in U(R)$，所以 $e\sim cd$.

(2) 由 $(a,b)\sim1$ 和(1)可知 $(ac,bc)\sim c$. 又显然有 $(a,ac)\sim a$，于是 $(a,bc)\sim((a,ac),bc)\sim(a,(ac,bc))\sim(a,c)\sim1$，证毕.

整环中两个非零元素不一定有最大公因子(和最小公倍元)，例如 $R=\mathbf{Z}[\sqrt{-5}]$ 中元素 6 和 $2(1+\sqrt{-5})$ 就没有最大公因子(考虑它们的两个公因子 2 和 $1+\sqrt{-5}$). 但是对于 UFD 有

定理 5　设 R 为 UFD，则有：

性质 3　R 中任意两个非零元素 a 和 b 都有最大公因子.

证明　如果 a 和 b 有一个是单位，显然，$(a,b)\sim1$. 否则 a 和 b 便可作因子分解：
$$a=up_1^{e_1}\cdots p_r^{e_r}, b=vp_1^{f_1}\cdots p_r^{f_r}, \qquad e_i,f_i\geqslant0, u,v\in U(R).$$
其中 $p_1,\cdots,p_r (r\geqslant1)$ 是 R 中彼此不相伴的不可约元. 这里我们允许 p_i 的指数 e_i 和 f_i 可以为 0，并且允许有单位因子 u 和 v，是为了在形式上使 a 和 b 的分解式中出现

同样一些不可约元. 令 $g_i = \min\{e_i, f_i\}(1 \leqslant i \leqslant r)$ 我们现在证明 $d = p_1^{g_1} \cdots p_r^{g_r}$ 是 a 和 b 的一个最大公因子. 首先, 不难看出 d 是 a 和 b 的公因子, 其次, 若 d' 也是 a 和 b 的公因子, 对于 d' 的每个不可约因子 p, 则 $p | d', d' | a$, 于是 $p | a$, 于是 $pc = a = up_1^{e_1} \cdots p_r^{e_r}$, 所以 p 必和某个 p_i 相伴. 这样一来, d' 可分解成 $d' = wp_1^{t_1} \cdots p_r^{t_r}$, $t_i \geqslant 0, w \in U(R)$. 进而, 由 $d' | a$ 可知 $d'x = a, x \in R$, 于是 $wp_1^{t_1} \cdots p_r^{t_r} \cdot x = up_1^{e_1} \cdots p_r^{e_r}$. 由分解唯一性易知 $t_i \leqslant e_i (1 \leqslant i \leqslant r)$. 同样可证 $t_i \leqslant f_i (1 \leqslant i \leqslant r)$, 从而 $t_i \leqslant \min\{e_i, f_i\} = g_i (1 \leqslant i \leqslant r)$, 这就表明 $d' | d$, 从而 $d = (a, b)$. 证毕.

注记 类似可证: 对于 UFD 中非零元素 a 和 b, 必存在最小公倍元 $[a, b]$. 事实上, $[a, b] \sim p_1^{h_1} \cdots p_r^{h_r}, h_i = \max\{e_i, f_i\}(1 \leqslant i \leqslant r)$.

前面我们给出每个 UFD 所具有的三个性质. 下一个定理表明, 这些性质也可用来刻画 UFD.

定理 6 设 R 为整环. 则下列三个命题彼此等价:

(1) R 为 UFD;

(2) R 满足性质 1 和 3;

(3) R 满足性质 1 和 2.

证明 (1)⇒(2) 已证.

(2)⇒(3) 只需由性质 3 推出性质 2, 即要证: 若 R 中任意两个非零元素 a 和 b 均存在最大公因子 (a, b), 则每个不可约元都为素元. 设 p 为不可约元. 如果 $p \nmid a$, $p \nmid b, a, b \in R$, 易知 $(p, a) \sim 1, (p, b) \sim 1$. 由前面的引理得到 $(p, ab) \sim 1$. 于是 $p \nmid ab$, 即 p 为素元.

(3)⇒(1) 先由性质 1 证明 R 中每个非零元素 $a \notin U(R)$ 均可分解成有限个不可约元之积. 如果 a 不可约则完毕. 否则 $a = a_1 b_1$, a_1 和 b_1 均是 a 的真因子. 如果 a_1 和 b_1 均不可约则完毕, 否则 a_1 或者 b_1 又要有真因子. 根据性质 1 这样的过程不可能无休止地进行下去, 因此 a 必可分解成有限个不可约元之积.

再由性质 2 证明分解的唯一性: 设 $a = p_1 \cdots p_s = q_1 \cdots q_t$, 其中 p_i, q_j 均为 R 中不可约元. 根据性质 2, 它们也是素元. 由于 $p_1 | a = q_1 \cdots q_t$, 由素元定义可知 p_1 必然除尽某个 q_j. 不妨设 $p_1 | q_1$, 于是 $q_1 = p_1 u$. 由 q_1 不可约可知 $u \in U(R)$. 因此 $p_1 \sim q_1$. 从而 $p_2 \cdots p_s = uq_2 \cdots q_t \sim q_2 \cdots q_t$. 这样继续下去可知 $s = t$, 并且存在 $\{1, 2, \cdots, s\}$ 的一个置换 σ, 使得 $p_i \sim q_{\sigma(i)}(1 \leqslant i \leqslant s)$, 这就证明了分解的唯一性. 证毕.

现在我们可以给出更多 UFD 的例子.

定理 7 每个 PID (主理想整环) 都是 UFD.

证明　根据定理 6,我们只需证明每个主理想整环 R 都有性质 $1'$(它等价于性质 1)和性质 3.设 $a_1,a_2,\cdots,a_n,\cdots$ 是 R 中元素的无限序列,并且 $a_{i+1}\mid a_i(i=1,2,3,\cdots)$.化成主理想的语言,则为 $(a_1)\subseteq(a_2)\subseteq\cdots\subseteq(a_n)\subseteq\cdots$.令 $I=\bigcup\limits_{n=1}^{\infty}(a_n)$,这是 R 的理想(2.2 节习题 11).由于 R 为主理想整环,从而 $I=(a),a\in R$,由于 $a\in I$,从而 a 必然属于某个 (a_k).由此推出 $(a)\subseteq(a_k)\subseteq(a_{k+1})\subseteq\cdots\subseteq I=(a)$.于是 $(a_k)=(a_{k+1})=\cdots$,即 $a_k\sim a_{k+1}\sim\cdots$.这就证明了性质 $(1')$.

再证性质 3　设 $a,b\in R-\{0\}$.令 I 为理想 $(a)+(b)$.由于 R 是主理想整环,从而 $I=(d),d\in R$.现在证明 d 为 a 和 b 的一个最大公因子.由于 $a=a+0\in(a)+(b)=(d)$,从而 $d\mid a$.同样 $d\mid b$,即 d 是 a 和 b 的公因子.如果 d' 也是 a 和 b 的公因子,则 $d'\mid a,d'\mid b$,于是 $a\in(d'),b\in(d')$,从而 $(d)=(a)+(b)\subseteq(d')$,于是 $d'\mid d$,这就表明 d 是 a 和 b 的最大公因子.证毕.

注记　(1) 我们在下节要证明:若 F 为域,则多项式环 $F[x]$ 必为 PID,从而都是 UFD.

(2) 我们在下节还要证明:若 R 为 UFD,则多项式环 $R[x]$ 也为 UFD,特别地,$\mathbf{Z}[x]$ 为 UFD.但是 $\mathbf{Z}[x]$ 不为 PID(由 2 和 x 生成的理想不是主理想),这就给出了不是 PID 的 UFD 的例子.

读者是否还记得我们是怎样证明整数环 $\mathbf{Z}$ 为 PID 的? 它是基于欧氏除法算式:设 $n\geqslant1$,则每个整数 m 均可表示成 $m=qn+r$,其中 $q\in\mathbf{Z}$,而 $0\leqslant r<n$.这使我们想到:能不能找到一类环有类似欧氏除法算式那样的特性,从而使这种环均是 PID? 下面是这方面一个成功的尝试.

定义 5　设 $\mathbf{N}$ 是非负整数集合.整环 R 叫做**欧氏整环**(简写为 ED),是指我们能定义一个映射 $\varphi:R\rightarrow\mathbf{N}$ 具有以下性质(叫做欧氏性质):

(1) $\varphi(x)=0\Longleftrightarrow x=0$;

(2) 对于 $a,b\in R,b\neq0$,均有 $q,r\in R$,使得 $a=bq+r$,并且 $\varphi(r)<\varphi(b)$.

例 5　整数环 $\mathbf{Z}$ 取 $\varphi(n)=\mid n\mid$,则上述欧氏性质即为通常的欧氏除法算式.从而 $\mathbf{Z}$ 为 ED.

例 6　对于每个域 F,令 $\varphi(0)=0$,而当 $x\in F-\{0\}$ 时,$\varphi(x)=1$.易知 φ 满足欧氏性质,从而每个域都是 ED.

例 7　考查整环 $\mathbf{Z}[\sqrt{-1}]$.它的商域为 $\mathbf{Q}[\sqrt{-1}]$,在 $\mathbf{Q}[\sqrt{-1}]$ 中定义 $\varphi(a+b\sqrt{-1})=a^2+b^2,a,b\in\mathbf{Q}$.易知

$$\varphi(x)=0\Longleftrightarrow x=0;\qquad\varphi(\alpha\beta)=\varphi(\alpha)\varphi(\beta).$$

如果 $\alpha,\beta\in\mathbf{Z}[\sqrt{-1}],\beta\neq0$,则 $\beta^{-1}\in\mathbf{Q}[\sqrt{-1}]$,令

$$\alpha\beta^{-1}=\mu+\nu\sqrt{-1}, \qquad \mu,\nu\in\mathbf{Q}.$$

我们取 $u,v\in\mathbf{Z}$,使得 $\varepsilon=\mu-u$ 和 $\eta=\nu-v$ 满足 $|\varepsilon|\leqslant1/2,|\eta|\leqslant1/2$ 于是

$$\alpha=\beta(u+v\sqrt{-1})+\beta(\varepsilon+\eta\sqrt{-1}).$$

由于 α,β 和 $q=\beta(u+v\sqrt{-1})$ 均属于 $\mathbf{Z}[\sqrt{-1}]$,从而 $r=\beta(\varepsilon+\eta\sqrt{-1})$ 也属于 $\mathbf{Z}[\sqrt{-1}]$.于是 $\alpha=\beta q+r$,而

$$\varphi(r)=\varphi(\beta)\varphi(\varepsilon+\eta\sqrt{-1})=\varphi(\beta)(\varepsilon^2+\eta^2)$$

$$\leqslant\varphi(\beta)\left(\frac{1}{4}+\frac{1}{4}\right)<\varphi(\beta).$$

这就表明 φ 限制在 $\mathbf{Z}[\sqrt{-1}]$ 上有欧氏性质.于是 $\mathbf{Z}[\sqrt{-1}]$ 为 ED.

最后我们证明:

定理8 每个 ED 必为 PID(从而为 UFD).

证明 设 R 为 ED,$\varphi:R\to\mathbf{N}$ 是具有欧氏性质的映射.令 I 为 R 的理想.如果 $\varphi(I)=(0)$,由欧氏性质(1)可知 $I=(0)$,从而是主理想.如果 $\varphi(I)\neq(0)$,以 n 表示集合 $\varphi(I)$ 中最小正整数,并且取 $b\in I$ 使得 $\varphi(b)=n$,于是 $b\neq0$.对于每个 $a\in I$,由欧氏性质(2)可知有 $q,r\in R$,使得 $a=bq+r$ 并且 $\varphi(r)<\varphi(b)=n$.由于 a, $b\in I$,从而 $r=a-bq\in I$.但是 n 是 $\varphi(I)$ 中最小正整数,而 $\varphi(r)\in\varphi(I)$,$\varphi(r)<n$,从而必然 $\varphi(r)=0$,即 $r=0$,于是 $a=bq$.这就表明 I 是主理想 (b),因此 R 为 PID.证毕.

习 题

1. 设 R 为整环,$a,b\in R-\{0\}$,$a\sim b$.求证:

(1) 若 a 为不可约元,则 b 也为不可约元;

(2) 若 a 为素元,则 b 也为素元.

2. 设 R 为 UFD,a,b,c 为 R 中非零元素.求证:

(1) $ab\sim(a,b)[a,b]$;

(2) 若 $a\mid bc$,$(a,b)=1$,则 $a\mid c$.

3. 设 R 为 PID.求证:

(1) $(a)\bigcap(b)=([a,b])$(右边表示由 $[a,b]$ 生成的主理想),并且 $(a)\bigcap(b)=(a)(b)\Leftrightarrow(a,b)=1$;

(2) 方程 $ax+by=c$ 在 R 中有解 (x,y) 的充要条件是 $(a,b)\mid c$.

4. 证明 $\mathbf{Z}[x]$ 不是 PID.

5. 设 a 为主理想整环 D 中的非零元素. 求证: 若 a 为素元, 则 $D/(a)$ 为域; 若 a 不是素元, 则 $D/(a)$ 不是整环.

6. 证明 $\mathbf{Z}[\sqrt{-2}]$ 是欧氏整环.

7. 设 D 是 PID, E 为整环, 并且 D 是 E 的子环. $a, b \in D - \{0\}$. 如果 d 是 a 和 b 在 D 中的最大公因子, 证明 d 也是 a 和 b 在 E 中的最大公因子.

附录 2.1 高斯整数环与二平方和问题

我们刚刚证明了环 $\mathbf{Z}[\sqrt{-1}]$ 是欧氏整环, 从而也是主理想整环和唯一因子分解整环. 在本附录中我们要深入探讨一下: 环 $\mathbf{Z}[\sqrt{-1}]$ 中的每个元素 $a + b\sqrt{-1}$ $(a, b \in \mathbf{Z})$ 如何具体分解成不可约元之积? 作为应用, 我们还要用环 $\mathbf{Z}[\sqrt{-1}]$ 中元素分解特性解决初等数论中一个著名问题——二平方和问题. 环 $G = \mathbf{Z}[\sqrt{-1}]$ 是高斯最早进行深入研究的, 后人称它为**高斯整数环**, 而其中每个元素 $a + b\sqrt{-1}(a, b \in \mathbf{Z})$ 叫做**高斯整数**.

我们先来决定环 $G = \mathbf{Z}[\sqrt{-1}]$ 的单位群 $\mathrm{U}(G)$. 为此考查具有欧氏性质的范数映射

$$N: G \to \mathbf{N} = \{0, 1, 2, \cdots\},$$

$$N(a + b\sqrt{-1}) = (a + b\sqrt{-1})(a - b\sqrt{-1}) = a^2 + b^2.$$

与 2.4 节例 4 中考查环 $\mathbf{Z}[\sqrt{-5}]$ 的情形完全类似地可知

$$a + b\sqrt{-1} \in \mathrm{U}(G) \Leftrightarrow N(a + b\sqrt{-1}) = a^2 + b^2 = 1.$$

由此即知: $\mathrm{U}(G) = \{\pm 1, \pm \sqrt{-1}\}$.

下一个问题自然是想确定出环 G 的所有不可约元 (即素元), 设 $\alpha = a + b\sqrt{-1}$ 是环 G 中一个不可约元, 考虑集合 $S = \{$正整数 $n \mid$ 在环 G 中 $\alpha \mid n\}$. 由于 $\alpha \mid (a + b\sqrt{-1})(a - b\sqrt{-1}) = a^2 + b^2 \geqslant 1$, 从而 $a^2 + b^2 \in S$, 即 S 是非空集合. 我们以 n 表示 S 中最小的正整数. 如果 $n = n_1 n_2 (n_1, n_2 \in \mathbf{Z})$, 由于 α 是 G 中素元, 从而由 $\alpha \mid n = n_1 n_2$ 可知 $\alpha \mid n_1$ 或者 $\alpha \mid n_2$, 由此不难看出 n 必然是有理素数 (今

后为了与 G 中素元相区别,我们把 $\mathbf{Z}$ 中通常素数叫做**有理素数**).这就表明:环 G 中每个不可约元 $a + b\sqrt{-1}$ 都是某个有理素数 p 的不可约因子,所以,我们的问题归结为研究每个有理素数 p 在环 G 中如何分解成不可约元之积.

引理 1 每个有理素数 p 在环 G 中均是不超过两个不可约元之积.并且若 $p = \pi_1\pi_2(\pi_1, \pi_2$ 为 G 中不可约元),则

$$N(\pi_1) = N(\pi_2) = p.$$

证明 设 $p = \pi_1\pi_2\cdots\pi_n$,其中 π_i 均为 G 中不可约元.等式两边取范数即知 $p^2 = p \cdot p = N(p) = N(\pi_1)\cdots N(\pi_n)$.但是 $N(\pi_i)$ 均是大于 1 的有理整数.从而必然有 $n \leqslant 2$,并且当 $n = 2$ 时,$N(\pi_1) = N(\pi_2) = p$.证毕.

根据这个引理,每个有理素数 p 在环 G 中的分解只有两种情形:或者 p 在 G 中仍不可约,或者 $p = \pi\bar{\pi}$,其中 π 和 $\bar{\pi}$ 是 G 中两个不可约元,并且 $N(\pi) = N(\bar{\pi}) = p$,这里 $\bar{\pi}$ 事实上是与 π 共轭的复数.那么,对于每个有理素数 p,如何判别 p 属于上述情形的哪一种呢? 我们需要初等数论中关于二次剩余的勒让德(Legendre)符号 $\left(\dfrac{a}{p}\right)$.设 p 为有理素数,a 是有理整数,并且 $p \nmid a$.如果 a 是模 p 的二次剩余,即存在有理整数 x 使得 $x^2 \equiv a \pmod{p}$,则令 $\left(\dfrac{a}{p}\right) = 1$.否则便令 $\left(\dfrac{a}{p}\right) = -1$.我们在初等数论中已学过勒让德符号的以下性质:

(1) 若 $a, b \in \mathbf{Z}, p \nmid ab$,则 $\left(\dfrac{ab}{p}\right) = \left(\dfrac{a}{p}\right)\left(\dfrac{b}{p}\right)$.换句话说,映射

$$(\bar{p}): \mathrm{U}(\mathbf{Z}_p) = \mathbf{Z}_p - \{0\} \to \{\pm 1\}, \qquad a(\bmod p) \mapsto \left(\dfrac{a}{p}\right)$$

是从 $\mathbf{Z}_p$ 的单位群 $\mathrm{U}(\mathbf{Z}_p)$ 到二元乘法群 $\{\pm 1\}$ 的同态.

(2) 当 p 是奇素数时,

$$\left(\dfrac{-1}{p}\right) = (-1)^{\frac{p-1}{2}} = \begin{cases} 1, & \text{如果 } p \equiv 1 \pmod 4, \\ -1, & \text{如果 } p \equiv 3 \pmod 4. \end{cases}$$

现在我们来证明:

定理 1 设 p 是有理素数,$G = \mathbf{Z}[\sqrt{-1}]$.

(1) 当 $p = 2$ 时,$2 = (1 + i)(1 - i)$,而 $1 \pm i$ 为 G 中不可约元;

(2) 当 $p \equiv 3 \pmod 4$ 时,p 为 G 中不可约元;

(3) 当 $p \equiv 1 \pmod 4$ 时,$p = \pi\bar{\pi}$,其中 π 和 $\bar{\pi}$ 为 G 中不可约元.

证明 首先我们注意一个事实:设 $\alpha \in G$.$N(\alpha) = q$ 是有理素数,则像前面引理 1 的证明一样可知 α 必是 G 中不可约元.特别地,$N(1 \pm i) = 2$,从而 $1 \pm i$ 是 G

中不可约元. 这就证明了(1).

现在设 p 为奇素数, 如果 $p = \pi\bar{\pi}$, 则 $N(\pi) = N(\bar{\pi}) = p$, 令 $\pi = a + b\sqrt{-1}$, 则 $a^2 + b^2 = p(a, b \in \mathbf{Z})$ 易知 $p \nmid a, p \nmid b$, 而 $a^2 \equiv -b^2 \pmod{p}$. 于是 $1 = \left(\dfrac{a}{p}\right)^2 = \left(\dfrac{a^2}{p}\right) = \left(\dfrac{-b^2}{p}\right) = \left(\dfrac{-1}{p}\right)\left(\dfrac{b}{p}\right)^2 = \left(\dfrac{-1}{p}\right)$, 从而 $p \equiv 1 \pmod{4}$. 因此当 $p \equiv 3 \pmod{4}$ 时, p 在 G 中不能是两个不可约元之积, 从而 p 本身在 G 中仍不可约, 这就证明了(2). 最后若 $p \equiv 1 \pmod{4}$, 则 $\left(\dfrac{-1}{p}\right) = 1$, 即存在整数 a 使得 $a^2 \equiv -1 \pmod{p}$. 于是 $p \mid a^2 + 1 = (a + \sqrt{-1})(a - \sqrt{-1})$. 但是在 G 中 $p \nmid (a + \sqrt{-1})$, $p \nmid (a - \sqrt{-1})$. 因为 $\dfrac{a \pm \sqrt{-1}}{p} \notin G$. 这就表明 p 不是 G 中的素元, 即不是不可约元, 所以必然 $p = \pi\bar{\pi}$. 这就证明了(3). 证毕.

例 将 $29 - 2\sqrt{-1}$ 分解成 G 中不可约元之积.

解 $N(29 - 2\sqrt{-1}) = 29^2 + 2^2 = 845 = 5 \times 13^2$, 根据定理 1 知 $5 = (1 + 2\sqrt{-1})(1 - 2\sqrt{-1})$, $13 = (2 + 3\sqrt{-1})(2 - 3\sqrt{-1})$, 从而 $29 - 2\sqrt{-1}$ 的不可约因子只能是 $1 \pm 2\sqrt{-1}$ 和 $2 \pm 3\sqrt{-1}$. 通过试除即知 $29 - 2\sqrt{-1} = (2 + 3\sqrt{-1})^2(-1 - 2\sqrt{-1})$(注意 $-1 - 2\sqrt{-1}$ 和 $1 + 2\sqrt{-1}$ 相伴).

最后我们应用定理 1 解决一个初等数论问题:对于哪些正整数 n, 不定方程 $n = x^2 + y^2$ 有(有理)整数解 (x, y)? 即哪些正整数 n 可以表示成两个整数的平方和? 高斯把这个环 $\mathbf{Z}$ 上的问题放到更大的环 $G = \mathbf{Z}[\sqrt{-1}]$ 上来考虑: $n = x^2 + y^2 = N(x + y\sqrt{-1})$. 所以, n 能表示成二有理整数平方和的充要条件是 n 为某个高斯整数的范数. 由此得到:

引理 2 以 Σ 表示可以表示成二有理整数平方和的全体正整数组成的集合. 则

(1) 若 $n, m \in \Sigma$, 则 $nm \in \Sigma$;

(2) 设 p 为有理素数, 若 $p = 2$ 或者 $p \equiv 1 \pmod{4}$, 则 $p \in \Sigma$; 而当 $p \equiv 3 \pmod{4}$ 时, $p \notin \Sigma$.

证明 (1) 若 $n, m \in \Sigma$, 则 $n = N(\alpha)$, $m = N(\beta)$, $\alpha, \beta \in G$. 于是 $nm = N(\alpha\beta)$, $\alpha\beta \in \Sigma$, 从而 $nm \in \Sigma$.

(2) $2 = N(1 + \sqrt{-1}) = 1^2 + 1^2$, 若 $p \equiv 1 \pmod{4}$, 则 $p = \pi\bar{\pi}$, π 是 G 中不可约元, 从而 $N(\pi) = p$, 于是 $p \in \Sigma$. 最后, 若 $p \equiv 3 \pmod{4}$, 由于对每个整数 n, $n^2 \equiv 0$

或 $1(\bmod 4)$,因此 $x^2 + y^2 \equiv 3$ 或 $p(\bmod 4)$ 无解,于是 $x^2 + y^2 = p$ 也无整数解,即 $p \notin \Sigma$. 证毕.

上面引理已经决定出哪些有理素数 p 可以表示成两个有理整数的平方和. 现在我们对于任意正整数 $n \geqslant 2$ 完全解决这一问题. 下面定理中我们使用了符号 $\alpha^r \| \beta$,其含义是 $\alpha^r | \beta$,但 $\alpha^{r+1} \nmid \beta$.

定理 2 设 $n \geqslant 2$ 为有理整数. 则 $n \in \Sigma$ 的充分必要条件是:对于 n 的每个素因子 p,如果 $p \equiv 3(\bmod 4)$,$p^r \| n$,则 r 为偶数.

证明 先证条件是充分的. 设 $n = p_1^{r_1} \cdots p_t^{r_t}$ 是 n 在 $\mathbf{Z}$ 中的素因子分解式,其中 $p_1, \cdots, p_t$ 是彼此不同的有理素数,$r_i \geqslant 1 (1 \leqslant i \leqslant t)$. 如果 $p_i = 2$ 或 $p_i \equiv 1(\bmod 4)$,则由引理 2 的(2)可知 $p_r \in \Sigma$,从而再由引理 2 的(1)可知 $p_i^{r_i} \in \Sigma$. 如果 $p_i \equiv 3(\bmod 4)$,由定理假设条件知 r_i 为偶数,于是 $p_i^{r_i} = (p_i^{r_i/2})^2 + 0^2$,从而也有 $p_i^{r_i} \in \Sigma$. 于是每个 $p_i^{r_i} (1 \leqslant i \leqslant t)$ 均属于 Σ,再由引理 2 的(1)便知 $n = p_1^{r_1} \cdots p_t^{r_t} \in \Sigma$.

再证条件的必要性. 设 $n \in \Sigma$,于是 $n = N(a + b\sqrt{-1}) = (a + b\sqrt{-1})(a - b\sqrt{-1})$,$a, b \in \mathbf{Z}$,设 p 是 n 的素因子并且 $p \equiv 3(\bmod 4)$. 则 p 是环 G 中的不可约元. 令 $p^r \| b$,$p^t \| a$,$p^\lambda \| (a + b\sqrt{-1})$,$p^s \| (a - b\sqrt{-1})$,易知 $\lambda = \min\{r, t\} = s$,于是 $p^{\lambda+s} \| (a + b\sqrt{-1})(a - b\sqrt{-1}) = n$,而 $\lambda + s = 2\lambda$ 是偶数. 这就证明了条件的必要性. 证毕.

习　题

1. 设 p 为奇素数,$p \equiv 1(\bmod 4)$,如果 (a, b) 是不定方程 $x^2 + y^2 = p$ 的一组整数解,则它的全部整数解为 $(x, y) = (\pm a, \pm b), (\pm b, \pm a)$.

2. 分别将 60 和 $81 + 8\sqrt{-1}$ 在环 $\mathbf{Z}[\sqrt{-1}]$ 中分解成不可约元之积.

3. 采用本附录所述方法研究下面初等数论问题:哪些正整数 n 可以表示成 $n = x^2 + 2y^2$(其中 $x, y \in \mathbf{Z}$)?

2.5　多项式环

我们在本节要集中介绍多项式环的各种性质. 设 R 是任意环,x 是一个文字

$(x \notin R)$. 我们以 $R[x]$ 表示集合

$$R[x] = \{f(x) = a_0 + a_1 x + \cdots + a_n x^n \mid a_i \in R \ (0 \leqslant i \leqslant n), n \geqslant 0\},$$

$R[x]$ 中每个元素 $f(x) = a_0 + a_1 x + \cdots + a_n x^n$ 叫做 R 上(即系数属于 R 的)关于 x 的**多项式**. a_0 叫做 $f(x)$ 的**常数项**. 如果 $a_n \neq 0$, 称 a_n 为 $f(x)$ 的**首项系数**, 并且定义 $f(x)$ 的**次数**是 n, 表示成 $\deg f = n$. 如果 $a_n = 1$, $f(x)$ 叫做**首 1 多项式**. $R[x]$ 中上述多项式 $f(x)$ 和多项式 $g(x) = b_0 + b_1 x + \cdots + b_n x^n$ 相等, 指的是对应系数均相等, 即 $a_i = b_i (0 \leqslant i \leqslant n)$.

在集合 $R[x]$ 上自然地定义加法和乘法: 对于 $R[x]$ 中的多项式

$$f(x) = \sum_{i=0}^{m} a_i x^i, \qquad g(x) = \sum_{j=0}^{n} b_j x^j,$$

令

$$f(x) + g(x) = \sum_{k=0}^{\max\{m,n\}} (a_k + b_k) x^k \quad (\text{当 } k > m \text{ 时}, \text{令 } a_m = 0),$$

$$f(x) g(x) = \sum_{k=0}^{m+n} c_k x^k, \qquad c_k = \sum_{i+j=k} a_i b_j.$$

可直接验证 $R[x]$ 对于上述二运算形成环, 叫做多项式环, 易知: $R[x]$ 为交换环 $\Leftrightarrow$ R 为交换环; $R[x]$ 有幺元素 $\Leftrightarrow$ R 有幺元素. 类似地可定义多个文字的多项式环 $R[x_1, x_2, \cdots, x_n]$, 并且 $R[x]$ 可自然地看成是 $R[x, y]$ 的子环, 等等.

定义 1　设 E 是环, R 是 E 是子环. $f(x) = a_0 + a_1 x + \cdots + a_n x^n \in R[x]$. 对于每个 $a \in E$, 定义

$$f(a) = a_0 + a_1 a + \cdots + a_n a^n \in E \quad (\text{这是 } E \text{ 中的运算}).$$

称 $f(a)$ 是 $f(x)$ 在 a **处的取值**, 或叫将 $x = a$ 代入 $f(x)$ 而得到的值. 如果 $f(a) = 0$, 则称 a 是多项式 $f(x)$ 在环 E 中的一个**根**(或**零点**).

注记　一个容易犯错误的地方是: 如果 E 不是交换环, 则对于 $a \in E, f(x)$, $g(x) \in E[x]$, 当 $h(x) = f(x) g(x)$ 时, $h(a) = f(a) g(a)$ 往往是不对的! 这是因为: 仔细考查多项式乘法的定义可知, 在 $R[x]$ 中文字 x 与 R 中元素是乘法可交换的, (按定义, 对于 $c \in R$, 多项式 x 和多项式 c 相乘为 $x \cdot c = cx$)而当代入 $x = a$ 之后, a 与 $f(x)$ 和 $g(x)$ 的诸系数不一定可交换. 从而 $f(a) g(a)$ 可能不等于 $h(a)$, 例如取 $R = M_2(\mathbf{Z}), \boldsymbol{A} = \begin{pmatrix} 0 & 0 \\ 1 & 0 \end{pmatrix}, \boldsymbol{B} = \begin{pmatrix} 0 & 1 \\ 0 & 0 \end{pmatrix}, f(x) = x + \boldsymbol{A}, g(x) = x - \boldsymbol{A}$ 为 $R[x]$ 中多项式. 则

$$h(x) = f(x) g(x) = x^2 - \boldsymbol{A}^2.$$

但是 $\begin{pmatrix} 0 & 0 \\ 0 & 0 \end{pmatrix} = h(\boldsymbol{B}) \neq f(\boldsymbol{B})g(\boldsymbol{B}) = \begin{pmatrix} -1 & 0 \\ 0 & 1 \end{pmatrix}$. 当然,若 E 是交换环,则不存在这样的问题.

现在进一步谈多项式环的各种性质.

定理1 若 R 为整环,则多项式环 $R[x]$(从而 $R[x_1, \cdots, x_n]$)也是整环.

证明 设 $f(x), g(x)$ 都是 $R[x]$ 中非零多项式.则 $f(x) = a_0 + a_1x + \cdots + a_mx^m$,$g(x) = b_0 + b_1x + \cdots + b_nx^n$,其中 $a_i, b_j \in R$,$a_m \neq 0$,$b_n \neq 0$,$m, n \geqslant 0$.于是 $f(x)g(x) = a_0b_0 + (a_1b_0 + a_0b_1)x + \cdots + a_mb_nx^{m+n}$,由于 R 是整环,从而 $a_mb_n \neq 0$,即 $f(x)g(x) \neq 0$,因此 $R[x]$ 为整环.证毕.

我们已经定义了非零多项式 f 的次数 $\deg f$.由于技术上的原因,我们规定 $\deg 0 = -\infty$,并且 $(-\infty) + (-\infty) = -\infty$,$(-\infty) + n = (-\infty)$,$(-\infty) < n$(对每个 $n \in \mathbf{Z}$).

定理2 设 R 为环,$f(x), g(x) \in R[x]$.则

(1) $\deg(f + g) \leqslant \max\{\deg f, \deg g\}$;

(2) $\deg fg \leqslant \deg f + \deg g$;

(3) 如果 f 或者 g 的首项系数不是 R 中零因子,则

$$\deg fg = \deg f + \deg g.$$

证明 留给读者自行验证.这里只想指出,在本定理前面的规定之下,此定理对于 f 或 g 为零的情形也是对的.

定理3 若 R 为整环,则 $\mathrm{U}(R[x]) = \mathrm{U}(R)$.

证明 设 $f(x) \in \mathrm{U}(R[x])$,则有 $g(x) \in R[x]$,使得 $f(x)g(x) = 1$.由定理2的(3)可知 $\deg f + \deg g = 0$,从而必然 $\deg f = \deg g = 0$,即 $f = a$,$g = b$,$a, b \in R - \{0\}$,于是 $ab = 1$,即 $f(x) = a \in \mathrm{U}(R)$.反过来,$R$ 中的单位当然是 $R[x]$ 中单位.证毕.

定理4(欧氏除法算式) 设 R 为含幺环,$f(x), g(x) \in R[x]$,并且 $g(x)$ 的首项系数是 R 中单位.则存在唯一的 $q(x), r(x) \in R[x]$.使得 $f(x) = q(x)g(x) + r(x)$,并且 $\deg r < \deg g$.

证明 先证存在性.如果 $\deg g > \deg f$,则取 $q = 0$,$r = f$ 即可.以下设 $\deg g \leqslant \deg f$,这时有

$$f(x) = \sum_{i=0}^{n} a_ix^i, \quad g(x) = \sum_{j=0}^{m} b_jx^j, \quad a_n \neq 0, b_m \neq 0, m \leqslant n.$$

并且由定理假设 $b_m \in \mathrm{U}(R)$.我们对 $n = \deg f$ 进行归纳.如果 $n = 0$,则 $m = 0$,于是 $f = a_0 \in R$,$g = b_0 \in \mathrm{U}(R)$,这时取 $q = a_0b_0^{-1}$,$r = 0$ 即可(注意 $\deg r =$

$\deg 0 = -\infty < 0 = \deg g$）.现假设对于次数 $\leqslant n-1$ 的 f 均存在欧氏除法算式,而 $\deg f = n$.由于 $(a_n b_m^{-1} x^{n-m}) g(x)$ 为 n 次多项式,首项系数为 a_n,因此 $f - (a_n b_m^{-1} x^{n-m}) g(x)$ 的次数小于 n.由归纳假设可知存在 $q'(x), r(x) \in R[x]$ 使得

$$f - (a_n b_m^{-1} x^{n-m}) g(x) = q'(x) g(x) + r(x), \qquad \deg r < \deg g,$$

令 $q(x) = a_n b_m^{-1} x^{n-m} + q'(x)$ 即可.

再证唯一性.设 $f = q_1 g + r_1 = q_2 g + r_2, \deg r_1 < \deg g, \deg r_2 < \deg g$.则 $(q_1 - q_2) g = r_2 - r_1$.由于 $g(x)$ 的首项系数是 R 中单位,根据定理 2 的(3)可知

$$\deg(q_1 - q_2) + \deg g = \deg(r_2 - r_1) \leqslant \max\{\deg r_1, \deg r_2\} < \deg g.$$

这只有在 $\deg(q_1 - q_2) = \deg(r_2 - r_1) = -\infty$ 时才能成立,于是 $q_1 - q_2 = 0 = r_1 - r_2$,即 $q_1 = q_2, r_1 = r_2$.证毕.

定理 4 有许多重要的推论.首先,如果 F 为域,由定理 1 知 $F[x]$ 是整环.由于 $F[x]$ 中每个非零多项式的首项系数均是 F 中单位,从而定理 4 中的算式对于 $F[x]$ 中任意多项式 f 和非零多项式 g 均是存在的.如果我们令

$$\varphi: F[x] \to \mathbf{N}, \qquad f \mapsto 2^{\deg f},$$

则易验证 φ 满足上节中所述的两条欧氏性质.这就证明了:

系 1 若 F 为域,则 $F[x]$ 为欧氏整环,从而也为 PID 和 UFD.

系 2(余数定理) 设 R 为含幺环,$f(x) \in R[x]$.则对于每个元素 $c \in R$,均有唯一的多项式 $q(x) \in R[x]$,使得 $f(x) = q(x)(x-c) + f(c)$.

证明 在定理 4 中取 $g(x) = x - c$,则存在唯一的 $r(x) \in R[x]$ 和 $q(x) = \sum_{k=0}^{n-1} b_k x^k \in R[x]$,使得

$$f(x) = q(x)(x-c) + r(x), \qquad \deg r(x) < \deg(x-c) = 1.$$

于是 $r(x) = r \in R$.我们只需再证 $r = f(c)$.由于没有假定 R 是交换环,我们不能将 $x = c$ 直接代入上式,而要用定义计算 $f(c)$.由于

$$f(x) = q(x)(x-c) + r = -b_0 c + \sum_{k=0}^{n-1}(-b_k c + b_{k-1}) x^k + b_{n-1} x^n + r,$$

从而

$$f(c) = -b_0 c + \sum_{k=0}^{n-1}(-b_k c + b_{k-1}) c^k + b_{n-1} c^n + r$$

$$= -\sum_{k=0}^{n-1} b_k c^{k+1} + \sum_{k=1}^{n} b_{k-1} c^k + r = 0 + r = r.$$

证毕.

定理 5 设 R 是含幺交换环. $f(x) \in R[x]$, $c \in R$. 则 c 为 $f(x)$ 的根 $\Leftrightarrow (x-c) | f(x)$.

证明 $\Rightarrow$ 由定理 4 的系 2 即知.

$\Leftarrow$ 由系 2 知 $f(x) = q(x)(x-c) + f(c)$. 若 $(x-c) | f(x)$, 则有 $h(x) \in R[x]$ 使得

$$h(x)(x-c) = f(x) = q(x)(x-c) + f(c).$$

由于假设 R 为交换环, 可将 $x = c$ 代入上式即知 $f(c) = 0$, 即 c 为 $f(x)$ 的根. 证毕.

定理 6 设 D 和 E 均为整环, $D \subseteq E$ 则对于每个多项式 $f(x) \in D[x]$, 它在 E 中至多有 n 个不同的根.

证明 设 $c_1, c_2, \cdots, c_m, \cdots$ 是 $f(x)$ 在 E 中两两相异的根, 由定理 5 可知 $f(x) = q_1(x)(x-c_1)$, $q_1(x) \in E[x]$, 由于 E 是交换环, 从而 $0 = f(c_2) = q_1(c_2)(c_2-c_1)$. 但是 $c_2 \neq c_1$ 而 E 为整环, 从而 $q_1(c_2) = 0$, 即 $q_1(x) = q_2(x)(x-c_2)$, 从而 $f(x) = q_2(x)(x-c_2)(x-c_1)$. 如此继续下去便知 $g(x) = (x-c_1)(x-c_2) \cdots (x-c_m)$ 可整除多项式 $f(x)$, 从而 $m = \deg g \leq \deg f = n$. 即 $f(x)$ 在 E 中的相异根数不超过 n 个. 证毕.

注记 定理 6 中环 E 的交换性是不可缺少的. 例如在实四元数体 $\mathbf{H}$ 中, 多项式 $x^2 + 1$ 有多于 2 个根, 因为 $\pm i, \pm j, \pm k$ 均是它的根. 事实上, 易知 $x^2 + 1$ 在 $\mathbf{H}$ 中有无穷多个根.

定理 7 设 D 为 UFD, F 为 D 的商域, $f(x) = \sum_{i=0}^{n} a_i x^i \in D[x]$. 设 $u = c/d \in F$ 是 $f(x)$ 在 F 中的一个根, 其中 $c, d \in D, c \neq 0, d \neq 0, (c, d) = 1$, 则在 D 中 $c | a_0, d | a_n$.

证明 由 $f(u) = 0$ 可知

$$a_0 d^n = -c \sum_{i=1}^{n} a_i c^{i-1} d^{n-i}, \qquad -a_n c^n = d \sum_{i=0}^{n-1} c^i d^{n-i-1}.$$

由 $(c, d) = 1$, 即知 $c | a_0$ 和 $d | a_n$. 证毕.

例 1 多项式 $f(x) = 3x^4 + 6x^3 - 21x^2 - 203x - 4 \in \mathbf{Z}[x]$ 的有理根只能是 ± 1, $\pm 2, \pm 4, \pm \dfrac{1}{3}, \pm \dfrac{2}{3}$ 和 $\pm \dfrac{4}{3}$. 直接验证可知只有 4 是 $f(x)$ 的有理根.

重根问题

定义 2 设 D 为整环, $c \in D, f(x) \in D[x]$, 如果 $(x-c)^m \parallel f(x)$ (即 $(x-c)^m | f(x)$ 但是 $(x-c)^{m+1} \nmid f(x)$), $m \geq 2$, 则称 c 是 $f(x)$ 的**重根**并且**重数**为 m. 若 $m = 1$, 则称 c 为 $f(x)$ 的**单根**.

我们在微积分中学习过复系数多项式 $f(x) = \sum_{i=0}^{n} a_i x^i \in \mathbf{C}[x]$ 的重根判别法:复数 c 是 $f(x)$ 的重根 $\Leftrightarrow f(c) = f'(c) = 0$,其中 $f'(x) = \sum_{i=1}^{n} i a_i x^{i-1} \in \mathbf{C}[x]$ 是 $f(x)$ 的微商. 这个结果可以推广到任意整环 D 上. 对于每个多项式 $f(x) = \sum_{i=0}^{n} a_i x^i \in D[x]$,则多项式 $\sum_{i=1}^{n} i a_i x^{i-1}$ 仍属于 $D[x]$,叫做 $f(x)$ 的**形式微商**. 不难验证,通常的微商法则在这里仍旧适用,即若 $f(x), g(x) \in D[x], c \in D$,则

$$(cf)' = cf', \qquad\qquad (f \pm g)' = f' \pm g',$$
$$(fg)' = f'g + fg', \qquad (g^n)' = ng^{n-1}g' \text{(对于 } n \geqslant 1).$$

定理 8 设 D 和 E 为整环,$D \subseteq E, f(x) \in D[x], c \in E$,则

(1) c 为 $f(x)$ 的重根 $\Leftrightarrow f(c) = f'(c) = 0$;

(2) 如果 D 为域,并且在 $D[x]$ 中 $(f, f') = 1$,则 $f(x)$ 在 E 中没有重根.

证明 (1) 设 $(x-c)^m \parallel f(x)$,则 $f(x) = (x-c)^m g(x), g(x) \in E[x]$,$g(c) \neq 0$,于是

$$f'(x) = m(x-c)^{m-1} g(x) + (x-c)^m g'(x).$$

如果 c 为 $f(x)$ 的重根,则 $m \geqslant 2$,从而 $f(c) = f'(c) = 0$. 反之,若 $f(c) = 0$,则 $m \geqslant 1$. 如果 $m = 1$,则 $f'(x) = g(x) + (x-c)g'(x)$,于是 $f'(c) = g(c) \neq 0$. 因此若又有 $f'(c) = 0$,则必然 $m \geqslant 2$,即 c 为 $f(x)$ 的重根.

(2) 如果 D 为域,则 $D[x]$ 为 PID,所以当 $(f, f') = 1$ 时,有 $h(x)$,$k(x) \in D[x]$,使得

$$f(x)h(x) + f'(x)k(x) = 1.$$

如果 c 是 $f(x)$ 在 E 中的重根,则由 (1) 知 $f(c) = f'(c) = 0$,代入上式 $x = c$ 得到矛盾:$0 = 1$,所以 $f(x)$ 在 E 中没有重根. 证毕.

高斯定理

现在我们着手证明高斯关于多项式环的一个著名结果:如果 D 是 UFD,则 $D[x]$(从而 $D[x_1, \cdots, x_n]$)也是 UFD. 我们首先引入一个概念:

定义 3 设 D 是 UFD. $0 \neq f(x) = \sum_{i=0}^{n} a_i x^i \in D[x]$,我们把 $f(x)$ 诸系数(在 D 中)的最大公因子 $(a_0, a_1, \cdots, a_n)$ 叫做 $f(x)$ 的**容量**(Content,这是高斯本人起的名称),并且表示成 $c(f)$. 作为 D 中一些元素的最大公因子,可知 $c(f)$ 是一个相伴元素的等价类. 如果 $c(f) \sim 1$,则称 $f(x)$ 是 $D[x]$ 中**本原多项式**.

对每个非零元素 $d \in D$,则 $(da_0, \cdots, da_n) \sim d(a_0, \cdots, a_n)$,所以 $c(df) \sim$

$d \cdot c(f)$. 特别地, $f(x) = c(f) \cdot g(x)$, 其中 $g(x)$ 是 $D[x]$ 中本原多项式.

高斯引理 设 D 为 UFD, $f(x), g(x) \in D[x]$, 则 $c(fg) = c(f) \cdot c(g)$, 特别地, $D[x]$ 中两个本原多项式的乘积仍是本原多项式.

证明 令 $f = c(f)f_1, g = c(g)g_1$, 其中 f_1 和 g_1 是本原多项式, 则
$$c(fg) = c(c(f)c(g)f_1g_1) = c(f)c(g)c(f_1g_1).$$
因此只需证明 f_1g_1 是本原多项式. 令
$$f_1 = \sum_{i=0}^{n} a_i x^i, \qquad g_1 = \sum_{j=0}^{m} b_j x^j,$$
则
$$f_1 g_1 = \sum_{k=0}^{m+n} c_k x^k, \qquad c_k = \sum_{i+j=k} a_i b_j.$$
如果 f_1g_1 不本原, 则存在 D 中素元 p, 使得 $p \mid c_k (0 \leqslant k \leqslant m+n)$. 另一方面, 由于 f_1 本原, $c(f_1) \in U(D)$, 因此 $p \nmid c(f_1)$. 于是有 $s(0 \leqslant s \leqslant n)$, 使得 $p \mid a_i (0 \leqslant i \leqslant s-1)$, 而 $p \nmid a_s$. 同样地有整数 $t(0 \leqslant t \leqslant m)$ 使得 $p \mid b_j (0 \leqslant j \leqslant t-1)$, 而 $p \nmid b_t$. 但是
$$p \mid c_{s+t} = a_0 b_{s+t} + \cdots + a_{s-1} b_{t+1} + a_s b_t + a_{s+1} b_{t-1} + \cdots + a_{s+t} b_0.$$
右边除了 $a_s b_t$ 之外其余各项均可被 p 整除, 因此 $p \mid a_s b_t$. 但是 p 为素元而 $p \nmid a_s, p \nmid b_t$, 这就导致矛盾. 所以 $f_1 g_1$ 为本原多项式. 证毕.

引理 1 设 D 为 UFD, F 为 D 的商域, $f(x)$ 和 $g(x)$ 是 $D[x]$ 中的本原多项式, 则 $f \sim g$(在 $D[x]$ 中) $\Leftrightarrow f \sim g$(在 $F[x]$ 中).

证明 $\Rightarrow$ 是显然的, 因为 $D[x]$ 中单位也是 $F[x]$ 中单位.

$\Leftarrow$ 设在 $F[x]$ 中 $f \sim g$, 则 $f = gu$, u 为 $F[x]$ 中单位. 但是 $U(F[x]) = U(F) = F - \{0\}$, 从而 $u = b/c, b, c \in D, c \neq 0$. 于是 $cf = bg$. 由于 f 和 g 在 $D[x]$ 中本原, 从而 $c(f)$ 和 $c(g)$ 均是 D 中单位. 因此
$$c \sim c \cdot c(f) \sim c(cf) \sim c(bg) \sim b \cdot c(g) \sim b,$$
即 $b = cv, v \in U(D)$. 但是 $cf = bg = cvg$ 而 $c \neq 0$, 于是 $f = vg$, 这就表明在 $D[x]$ 中 $f \sim g$. 证毕.

引理 2 设 D 为 UFD, F 是 D 的商域, $f(x)$ 为 $D[x]$ 中本原多项式并且 $\deg f \geqslant 1$. 则 $f(x)$ 是 $D[x]$ 中不可约元 $\Leftrightarrow f(x)$ 是 $F[x]$ 中不可约元.

证明 $\Leftarrow$ 若 $f(x)$ 在 $F[x]$ 中不可约, 而在 $D[x]$ 中 $f[x] = g(x)h(x)$, 其中 $g(x), h(x) \in D[x]$. 由于 f 在 $F[x]$ 中不可约, 从而 $g(x)$ 和 $h(x)$ 必有一个属 $U(F[x]) = F - \{0\}$. 不妨设 $g(x) = g \in F - \{0\}$, 于是 $g \in D[x] \bigcap (F - \{0\}) = D - \{0\}$. 从而在 $D[x]$ 中 $c(f) = g \cdot c(h(x))$. 由于 $f(x)$ 在 $D[x]$ 中本原, 从而

$1 \sim c(f) = g \cdot c(h(x))$. 于是 $g(x) = g \in U(D)$. 即 $f(x)$ 为 $D[x]$ 中不可约元.

$\Rightarrow$ 设 $f(x)$ 是 $D[x]$ 中不可约元, 而在 $F[x]$ 中 $f(x) = g(x)h(x)$, 其中 $g(x)$, $h(x) \in F[x]$. 如果 $g(x)$ 和 $h(x)$ 均不是 $F[x]$ 中单位, 则 $\deg g, \deg h \geqslant 1$. 于是通过将系数"通分", 从而写成

$$g = \frac{a}{b}g'(x), \qquad h = \frac{c}{d}h'(x),$$

其中 $a, b, c, d \in D - \{0\}$, 而 $g'(x)$ 和 $h'(x)$ 均为 $D[x]$ 中本原多项式. 于是 $f(x) = \frac{ac}{bd}g'h'$. 由于 f 在 $D[x]$ 中本原, 因此在 D 中,

$$bd \sim bd \cdot c(f) \sim c(bdf) \sim c(acg'h') \sim ac.$$

从而在 $D[x]$ 中 $f \sim g'h'$. 但是 $\deg g' = \deg g \geqslant 1$, $\deg h' = \deg h \geqslant 1$, 这就与 f 在 $D[x]$ 中不可约矛盾. 证毕.

现在我们可以证明:

高斯定理 如果 D 为 UFD, 则 $D[x]$(从而 $D[x_1, \cdots, x_n]$)也是 UFD.

证明 先证 $D[x]$ 中素因子分解式的存在性. 设 $0 \neq f(x) \in D[x]$ 如果 $\deg f = 0$, 即 $f(x) = f \in D - \{0\}$. 由于 D 是 UFD, 从而 f 在 D 中为有限个不可约元的乘积, 而 D 中不可约元也是 $D[x]$ 中不可约元(为什么?), 从而 f 表示成 $D[x]$ 中有限个不可约元的乘积. 以下设 $\deg f \geqslant 1$. 于是 $f(x) = c(f)f_1$, 其中 $c(f) \in D$, f_1 为 $D[x]$ 中本原多项式, 并且 $\deg f_1 = \deg f \geqslant 1$. 由于 D 为 UFD, 从而 $c(f)$ 或为 D 中单位, 或者 $c(f) = c_1 c_2 \cdots c_m, m \geqslant 1, c_i$ 为 D 中不可约元. 于是 c_i 也是 $D[x]$ 中不可约元. 为了分解 $f_1(x)$, 要利用 D 的商域 F. 由于已知 $F[x]$ 是 UFD(定理 4 的系 1), 从而 $f_2(x)$ 在 $F[x]$ 中有分解式

$$f_1(x) = p_1^* \cdots p_n^*, \qquad n \geqslant 1, \ p_i^* \text{ 在 } F[x] \text{ 中不可约.}$$

每个 $p_i^* \in F[x]$ 均可写成

$$p_i^* = \frac{a_i}{b_i}p_i(x), \qquad a_i, b_i \in D - \{0\}, \ p_i(x) \text{ 为 } D[x] \text{ 中本原多项式.}$$

由于在 $F[x]$ 中 $p_i \sim p_i^*$, 从而 p_i 为 $F[x]$ 中不可约元, 根据引理 2, p_i 也是 $D[x]$ 中不可约元($1 \leqslant i \leqslant n$). 令 $a = a_1 \cdots a_n \neq 0$, $b = b_1 \cdots b_n \neq 0$, 则 $f_1 = \frac{a}{b}p_1 \cdots p_n$, 从而 $bf = ap_1 \cdots p_n$(这又回到 $D[x]$ 中). 由于 $f, p_1, \cdots, p_n$ 均为 $D[x]$ 中本原多项式, 可知 $b \sim c(bf) \sim c(ap_1 \cdots p_n) \sim a$, 于是 $a/b = u \in U(D)$. 这就得到

$$f(x) = c(f)f_1 = c_1 \cdots c_m(up_1)p_2 \cdots p_n, \text{ 若 } c(f) \notin U(D);$$

$$f(x) = (c(f)up_1)p_2 \cdots p_n, \text{ 若 } c(f) \in U(D).$$

从而 $f(x)$ 表示成有限个 $D[x]$ 中不可约元之乘积.

现证分解的唯一性,设 $f(x)$ 是 $D[x]$ 中正次数非本原多项式,则 $f(x)$ 在 $D[x]$ 中素因子分解有如下形式:

$$f = c_1 \cdots c_m p_1 \cdots p_n, \qquad m \geqslant 1, n \geqslant 1,$$

其中 c_i, p_j 均是 $D[x]$ 中不可约元,而 $c_i \in D - \{0\}$,从而 c_i 为 D 中不可约元,$\deg p_j \geqslant 1$(如果 $\deg f = 0$,或者 f 本原,则在下面证明中分别取 $n = 0$ 或 $m = 0$ 并将证明作微小修改即可).由于 p_j 是 $D[x]$ 中不可约元,从而必然为 $D[x]$ 中本原多项式,于是 $c(f) = c_1 c_2 \cdots c_m$.如果 $f(x)$ 在 $D[x]$ 中又有分解式

$$f = d_1 \cdots d_r q_1 \cdots q_s,$$

其中 d_i 为 D 中不可约元,q_j 为 $D[x]$ 中正次数的不可约元,从而为 $D[x]$ 中本原多项式.则又有 $c(f) = d_1 \cdots d_r$.因此 $c_1 \cdots c_m \sim d_1 \cdots d_r$(在 D 中).由于 D 为 UFD,于是 $m = r$,并且必要时改变一下诸 d_i 的下标之后,在 D 中可得 $c_i \sim d_i (1 \leqslant i \leqslant m)$,因此在 $D[x]$ 中也有 $c_i \sim d_i (1 \leqslant i \leqslant m)$.于是在 $D[x]$ 中,

$$p_1 \cdots p_n \sim q_1 \cdots q_s.$$

由于两边均是 $D[x]$ 中本原多项式(高斯引理),由引理 1 知在 $F[x]$ 中(又用到商域 F!)也有 $p_1 \cdots p_n \sim q_1 \cdots q_s$.但是 $F[x]$ 为 UFD,而由引理 2 知 p_i, q_j 均是 $F[x]$ 中不可约元,从而 $n = s$ 并且必要时改变一下 q_j 的下标,我们在 $F[x]$ 中有 $p_i \sim q_i$($1 \leqslant i \leqslant n$),从而又由引理 1 知在 $D[x]$ 中也有 $p_i \sim q_i (1 \leqslant i \leqslant n)$.这就证明了 $D[x]$ 中素因子分解式的唯一性.证毕.

高斯定理的证明给出了 $D[x]$(D 为 UFD)中求元素 $f(x)$ 素因子分解式的一般原则:先作分解 $f(x) = c(f) \cdot f_1(x)$,其中 $c(f)$ 是 $f(x)$ 诸系数在 D 中的最大公因子,而 $f_1(x)$ 为 $D[x]$ 中本原多项式.如果 $c(f) \notin U(D)$,则求出 $c(f)$ 在 D 中的素因子分解式 $c(f) = c_1 \cdots c_m$,如果 $\deg f_1 = \deg f \geqslant 1$,则将 f_1 分解成一些不可约多项式之乘积 $f_1 = p_1 \cdots p_n$,则 $f = c_1 \cdots c_m p_1 \cdots p_n$ 就是 f 在 $D[x]$ 中的素因子分解式.

于是我们又面临一个问题:如何将 $D[x]$ 中一个本原多项式分解成一些不可约多项式之积?作为第一步,我们首先应当解决:如何判别 $D[x]$ 中的一个多项式是不可约的?对于一般的唯一因子分解整环 D,这个问题是很困难的.作为本节的结束,我们向大家介绍关于多项式不可约性的**爱森斯坦(Eisenstein)判别法**.

定理 9 设 D 为 UFD,$F(x) = \sum\limits_{i=0}^{n} a_i x^i$ 为 $D[x]$ 中本原多项式,$\deg f \geqslant 1$.如果 p 是 D 中不可约元,使得

$$p \nmid a_n, \quad p \mid a_i (0 \leqslant i \leqslant n-1), \quad p^2 \nmid a_0,$$

则 $f(x)$ 为 $D[x]$ 中不可约多项式.

证明 如果 $f(x)$ 在 $D[x]$ 中可约,则 $f = gh, g(x) = b_r x^r + \cdots + b_0 \in D[x]$,

$\deg g = r \geqslant 1, h(x) = c_s x^s + \cdots + c_0 \in D[x], \deg h = s \geqslant 1.$ 由于 $p \nmid a_n$, 从而 $p \nmid c(f)$. 但是 $p \mid a_0 = b_0 c_0$, 从而 $p \mid b_0$ 或者 $p \mid c_0$, 不妨设 $p \mid b_0$, 于是 $p \nmid c_0$（否则便与 $p^2 \nmid a_0 = b_0 c_0$ 矛盾）. 由于 $f(x)$ 在 $D[x]$ 中本原, 由高斯引理知 $g(x)$ 也在 $D[x]$ 中本原. 因此存在 k, $1 \leqslant k \leqslant r (<n)$, 使得 $p \mid b_i (0 \leqslant i \leqslant k-1)$ 但是 $p \nmid b_k$. 考查 $f(x)$ 的系数

$$a_k = b_0 c_k + b_1 c_{k-1} + \cdots + b_{k-1} c_1 + b_k c_0.$$

由于 $1 \leqslant k < n$, 从而 $p \mid a_k$. 另一方面, 上式右边除了 $b_k c_0$ 之外其余诸项均可被 p 除尽, 于是 $p \mid b_k c_0$. 而这就与 $p \nmid c_0, p \nmid b_k$ 矛盾. 所以 $f(x)$ 在 $D[x]$ 中不可约. 证毕.

例 2　$f(x) = 2x^5 - 6x^3 + 9x^2 - 15 \in \mathbf{Z}[x]$, 取 $p = 3$, 由爱森斯坦判别法即知 $f(x)$ 在 $\mathbf{Z}[x]$ 中不可约.

例 3　$f(x, y) = y^3 + x^2 y^2 + x^3 y + x \in R[x, y]$, 其中 R 为任意 UFD. 由高斯定理知 $R[x, y]$ 也是 UFD, 而 x 是 $D[x]$ 中不可约元. 将 $f(x, y)$ 看成 $(R[x])[y]$ 中元素, 则 f 是本原的. 取 $D = R[x]$, $p = x$, 由爱森斯坦判别法即知 $f(x, y)$ 为 $R[x, y]$ 中不可约元.

例 4　$f(x) = x^{p-1} + x^{p-2} + \cdots + x + 1 \in \mathbf{Z}[x]$, 其中 p 为任意素数. 则 $f(x)$ 为 $\mathbf{Z}[x]$ 中不可约多项式.

解　令 $g(x) = f(x+1)$, 则 $g(x) \in \mathbf{Z}[x]$, 由于 $f(x)$ 在 $\mathbf{Z}[x]$ 中本原易知 $g(x)$ 也本原. 为了证明 $f(x)$ 不可约性, 我们只需证明 $g(x)$ 在 $\mathbf{Z}[x]$ 中不可约即可（为什么?）. 由于

$$g(x) = f(x+1) = \frac{(x+1)^p - 1}{(x+1) - 1} \equiv \frac{x^p + 1 - 1}{x} \equiv x^{p-1} \pmod{p},$$

可知 $g(x)$ 的诸系数中除了最高项系数为 1 之外, 其余系数均为 p 的倍数. 又由于 $g(x)$ 的常数项为 $g(0) = f(1) = p$, 它不被 p^2 除尽. 利用爱森斯坦判别法即知 $g(x)$（从而 $f(x)$）为 $\mathbf{Z}[x]$ 中不可约多项式.

习　题

1. 如果 D 为整环但不是域, 求证 $D[x]$ 不是主理想整环.

2. 试确定环 $\mathbf{Z}[x]$ 和 $\mathbf{Q}[x]$ 的自同构群.

3. 如果 $c_0, \cdots, c_n$ 是整环 D 中两两相异的 $n+1$ 个元素, $d_0, \cdots, d_n$ 是 D 中任意 $n+1$ 个元素, 求证:

(1) 在 $D[x]$ 中至多存在一个次数 $\leqslant n$ 的多项式 $f(x)$, 使得 $f(c_i) = d_i$

$(0 \leqslant i \leqslant n)$；

(2) 如果 D 为域，则(1)中所述的多项式是存在的.

4. $2x+2$ 在 $\mathbf{Z}[x]$ 和 $\mathbf{Q}[x]$ 中是否为不可约元?

x^2+1 在 $\mathbf{R}[x]$ 和 $\mathbf{C}[x]$ 中是否为不可约元?

5. 设 D 和 E 为整环，$D \subseteq E$. $f(x) \in D[x]$，c 是 $f(x)$ 在 E 中的一个根. 利用形式微商你能给出一个办法来确定根 c 的重数吗?

6. 设 F 为域，$f(x) \in F[x]$，$c_1, \cdots, c_m$ 是 $f(x)$ 在 F 中两两相异的根，并且根 c_i 的重数为 λ_i. 求证 $\lambda_1 + \cdots + \lambda_m \leqslant \deg f$.

7. 设 $f = \sum a_i x^i \in \mathbf{Z}[x]$ 为首 1 多项式，p 为素数，以 $\bar{a}$ 表示 $a \in \mathbf{Z}$ 在环的自然同态 $\mathbf{Z} \to \mathbf{Z}_p = \mathbf{Z}/p\mathbf{Z}$ 之下的像，而令 $\bar{f}(x) = \sum \bar{a}_i x^i \in \mathbf{Z}_p[x]$. 求证：

(1) 如果对某个素数 p，$\bar{f}(x)$ 在 $\mathbf{Z}_p[x]$ 中不可约，则 $f(x)$ 在 $\mathbf{Z}[x]$ 中不可约;

(2) 如果 $f(x)$ 不是 $\mathbf{Z}[x]$ 中首 1 多项式，试问(1)中结论是否成立?

8. 设 D 为 UFD，F 为 D 的商域. $f(x)$ 为 $D[x]$ 中首 1 多项式. 求证：$f(x)$ 在 $F[x]$ 中的每个首 1 多项式因子必然属于 $D[x]$.

9. 设 R 是含幺交换环. $f(x) = \sum_{i=0}^{n} a_i x^i \in R[x]$. 则

$$f \in U(R[x]) \Leftrightarrow a_0 \in U(R)，并且 a_1, \cdots, a_n 均是幂零元素.$$

*10. 设 $f(x) = \sum_{i=0}^{n} a_i x^i \in \mathbf{Z}[x]$，$\deg f = n$. 如果存在素数 p 和整数 $k(0<k<n)$，使得

$$p \nmid a_n, \quad p \nmid a_k, \quad p \mid a_i (0 \leqslant i \leqslant k-1), \quad p^2 \nmid a_0.$$

求证 $f(x)$ 在 $\mathbf{Z}[x]$ 中必存在次数 $\geqslant k$ 的不可约因子.

11. 将 $x^n - 1 (3 \leqslant n \leqslant 10)$ 在 $\mathbf{Z}[x]$ 中作素因子分解.

12. 设 D 为整环，$f(x) \in D[x]$，$c \in D$，$g(x) = f(x+c) \in D[x]$. 求证：

(1) $f(x)$ 在 $D[x]$ 中本原 $\Leftrightarrow g(x)$ 在 $D[x]$ 中本原;

(2) $f(x)$ 在 $D[x]$ 中不可约 $\Leftrightarrow g(x)$ 在 $D[x]$ 中不可约.

13. 设 F 为域，试问 $F[x]$ 中哪些理想是素理想和极大理想?

*14. 设 $f(x)$ 是 $\mathbf{Q}[x]$ 中奇次不可约多项式，α 和 β 是 $f(x)$ 在 $\mathbf{Q}$ 的某个扩域中两个不同的根，求证 $\alpha + \beta \notin \mathbf{Q}$.

*15. 设 K 为域，$f(x_1, x_2)$ 和 $g(x_1, x_2)$ 是 $K[x_1, x_2]$ 中两个互素的多项式，求证在 K 的任意扩域中 $f(x_1, x_2) = 0$ 和 $g(x_1, x_2) = 0$ 均只有有限多公共解 (x_1, x_2).

16. 设 R 为任意环.定义集合

$$R[[x]] = \left\{ \sum_{n=0}^{+\infty} a_n x^n \mid a_n \in R (n = 0,1,2,\cdots) \right\},$$

每个元素 $\sum_{n=0}^{\infty} a_n x^n$ 叫做 R 上关于 x 的**形式幂级数**.定义

$$\sum a_n x^n + \sum b_n x^n = \sum (a_n + b_n) x^n,$$

$$\left(\sum a_n x^n\right)\left(\sum b_n x^n\right) = \sum c_n x^n,$$

其中 $c_n = \sum_{i+j=n} a_i b_j (n = 0,1,2,\cdots)$.求证：

(1) $R[[x]]$ 对于上述加法和乘法形成环,叫做环 R 上关于 x 的**形式幂级数环**；

(2) 若 R 有幺元素 1,则 1 也是 $R[[x]]$ 的幺元素.若 R 为交换环,则 $R[[x]]$ 也是交换环；

(3) 多项式环 $R[x]$ 可自然看成是 $R[[x]]$ 的子环；

(4) 设 R 是含幺交换环,$f(x) = \sum_{n=0}^{\infty} a_n x^n \in R[[x]]$,则

$$f(x) \in U(R[[x]]) \Leftrightarrow a_0 \in U(R);$$

(5) 若 a_0 在 R 中不可约,则 $f(x)$ 在 $R[[x]]$ 中不可约.

*17. 设 F 为域,求证：

(1) 环 $F[[x]]$ 只有一个极大理想 M,并且 $F[[x]]$ 中每个理想均有形式 $M^n (n = 0,1,2,\cdots)$,其中规定 $M^0 = F[[x]]$.并且当 $n \neq m$ 时,$M^n \neq M^m$；

(2) $F[[x]]$ 为主理想整环(从而为 UFD).

18. $x+1$ 是否为环 $\mathbf{Z}[x]$ 和 $\mathbf{Z}[[x]]$ 中的单位? $x^2 + 3x + 2$ 是否为 $\mathbf{Z}[x]$ 和 $\mathbf{Z}[[x]]$ 中的不可约元?

2.6 域 的 扩 张

本节开始介绍域的基本知识.主要讲域和它的扩域之间的基本联系.它们之间的更进一步的性质,则属于域的伽罗瓦扩张理论.

定义1 设 K 和 F 均为域,如果 K 是 F 的子域,则 F 叫做 K 的**扩域**或 K 的**扩张**,

并且常把这样一对域记成 F/K.

设 F/K 是域的扩张, S 是 F 的一个子集. 则 F 中包含 $K \cup S$ 的最小子域叫做S **在 K 上生成的域**, 表示成 $K(S)$, 而 F 中包含 $K \cup S$ 的最小子环则表示成$K[S]$. 如果 $S = \{u_1, \cdots, u_n\}$ 是有限集合, 则 $K(S)$ 和 $K[S]$ 也分别表示成 $K(u_1, \cdots, u_n)$ 和 $K[u_1, \cdots, u_n]$, 并且称域 $K(u_1, \cdots, u_n)$ 是 K 的**有限生成扩张**. 特别当 $S = \{u\}$ 时, 域 $K(u)$ 叫做 K 的**单扩张**. 也说成: $K(u)$ 是在 K 上添加 K 的某扩域 F 中的元素 u 而得到的扩域. 显然 $K(u) = K \Leftrightarrow u \in K$. 关于域的扩张我们有诸如

$$K(u_1, u_2) = K(u_1)(u_2) = K(u_2)(u_1),$$

这样一些容易理解的事实(虽然严格证明还是颇费文字的).

如果 L 和 M 都是域 F 的子域, 则 $L(M) = M(L)$. 我们将它叫做域 L 和 M 的**合成域**, 表示成 $LM(= ML)$, 它是 F 中包含 $L \cup M$ 的最小子域.

我们可以将上述扩域和扩环写成明显形式.

定理 1 设 F/K 为域的扩张, $u, u_i \in F$, $S \subseteq F$, x, x_i 为彼此不同的文字, $K[x], K[x_1, \cdots, x_n]$ 为多项式环. 则

(1) $K[u] = \{f(u) | f(x) \in K[x]\}$,

    $K[u_1, \cdots, u_n] = \{f(u_1, \cdots, u_n) \mid f(x_1, \cdots, x_n) \in K[x_1, \cdots, x_n]\}$,

    $K[S] = \{f(u_1, \cdots, u_n) \mid f(x_1, \cdots, x_n) \in K[x_1, \cdots, x_n]$,

        $u_1, \cdots, u_n \in S, n \geqslant 1\}$.

(2) $K(u) = \{f(u)/g(u) | f(x), g(x) \in K[x], g(u) \neq 0\}$,

    $K(u_1, \cdots, u_n) = \{f(u_1, \cdots, u_n)/g(u_1, \cdots, u_n) \mid$

        $f, g \in K[x_1, \cdots, x_n], g(u_1, \cdots, u_n) \neq 0\}$,

    $K(S) = \{f(u_1, \cdots, u_n)/g(u_1, \cdots, u_n) \mid f, g \in K[x_1, \cdots, x_n]$,

        $u_1, \cdots, u_n \in S; \ g(u_1, \cdots, u_n) \neq 0, n \geqslant 1\}$.

(3) 对每个 $v \in K[S]$(域 $K(S)$), 均存在 S 的有限子集 S', 使得 $v \in K[S']$ (或 $K(S')$).

证明 (1) 以 $K[u]$ 为例. 证明等式右边为环, 并且是包含 K 和 u 的最小环. 其余证明相仿.

(2) 以 $K(u)$ 为例. 证明等式右边为域, 并且是包含 K 和 u 的最小域. 其余证明相仿.

(3) 若 $v \in K[S]$, 由(1)可知, 存在 $n \geqslant 1, u_1, \cdots, u_n \in S, f(x_1, \cdots, x_n) \in K[x_1, \cdots, x_n]$, 使得 $v = f(u_1, \cdots, u_n)$. 取 $S' = \{u_1, \cdots, u_n\}$ 即可. 对于 $v \in K(S)$ 的情形可类似证明. 证毕.

定义 2 设 F/K 是域的扩张. 元素 $u \in F$ 叫做 K **上的代数元素**(或叫**在 K 上**

代数),如果 u 是 $K[x]$ 中某个非零多项式的根;反之,如果 u 不是 $K[x]$ 中任何非零多项式的根,则称 u 是 **K 上超越元素**(或称 u **在 K 上超越**).如果 F 中每个元素在 K 上均代数,则称 F 是 K 的**代数扩张**;反之,如果 F 中至少有一个元素在 K 上超越,则称 F 是 K 的**超越扩张**.

例 1 K 中每个元素 u 均在 K 上代数,因为它是多项式 $x-u \in K[x]$ 的根.

例 2 设 $u \in F$ 在 K 的某个子域 K' 上代数,则由定义易知 u 在 K 上代数.

例 3 $\sqrt{-1}, \sqrt[3]{2}, \mathrm{e}^{\frac{2\pi i}{n}}$($n$ 为正整数)均是 $\mathbf{Q}$ 上代数元素,它们分别是 $\mathbf{Q}[x]$ 中多项式 x^2+1, x^3-2 和 x^n-1 的根.另一方面,可以证明 π 和 $\mathrm{e}\left(=\sum_{n=0}^{\infty} \dfrac{1}{n!}\right)$ 均是 $\mathbf{Q}$ 上超越元素.研究哪些实数或复数是有理数域上的超越元素,是数论的一个分支——超越数论的主要研究课题.

例 4 设 K 为域,则 $K[x_1, \cdots, x_n]$ 是整环.它的商域表示成 $K(x_1, \cdots, x_n)$,则
$$K(x_1, \cdots, x_n) = \{f(x_1, \cdots, x_n)/g(x_1, \cdots, x_n) \mid$$
$$f, g \in K[x_1, \cdots, x_n], g \neq 0\}.$$
称 $K(x_1, \cdots, x_n)$ 为域 K 上关于文字 $x_1, \cdots, x_n$ 的**有理函数域**,其中每个元素 f/g 叫做**有理函数**.不难看出,$K(x_1, \cdots, x_n)$ 中每个文字 x_i 都是 K 上的超越元素.事实上,$K[x_1, \cdots, x_n] - K$ 中每个元素都是 K 上的超越元素(习题).因此 $K(x_1, \cdots, x_n)/K$ 是超越扩张.

定义 3 设 F/K 为域的扩张,则 F 是域 K 上的**向量空间**.我们以 $[F:K]$ 表示向量空间 F 在 K 上的维数,并且今后将它叫做是扩张 F/K 的**次数**.当 $[F:K]$ 有限时,称 F/K 为**有限(次)扩张**.而当 $[F:K]$ 无限时,称 F/K 为**无限(次)扩张**.

定理 2 设 $F/E, E/K$ 为域的扩张,则

(1) $[F:K] = [F:E][E:K]$;

(2) F/K 为有限扩张 $\Leftrightarrow F/E$ 和 E/K 均是有限扩张.

证明 先设 F/E 和 E/K 均是有限扩张.令 $m=[F:E], n=[E:K]$,则向量空间 F 有一组 E-基 $u_1, \cdots, u_m$;向量空间 E 有一组 K-基 $v_1, \cdots, v_n$.像通常线性代数中所作的那样,易知 $\{u_i v_j \mid 1 \leqslant i \leqslant m, 1 \leqslant j \leqslant n\}$ 是向量空间 F 的一组 K-基.于是 $[F:K] = mn = [F:E][E:K]$.如果 F/E 和 E/K 均为有限扩张,则由上述等式即知 F/K 为有限扩张.反之,若 F/E 和 E/K 至少有一个是无限扩张,则类似可证 F/K 为无限扩张,并且定理中等式两边均为 $+\infty$.证毕.

下面两个定理刻画单扩张.可以看出单超越扩张和单代数扩张的明显区别.

定理 3 设 F/K 为域的扩张,$u \in F$,并且 u 为 K 上超越元素,则

(1) 存在着域同构 $\sigma:K(x) \stackrel{\sim}{\rightarrow} K(u)$,并且 σ 在 K 上是恒等自同构;

(2) $K(u)/K$ 是无限(超越)扩张.

证明 (1) 作映射 $\sigma:K[x] \rightarrow K(u), f(x) \mapsto f(u)$.易知这是环的同态,由 u 在 K 上超越可知 σ 是单射.从而 σ 是环的嵌入.根据 2.3 节便知 σ 可扩充到 $K[x]$ 的商域 $K(x)$ 上,即存在域的嵌入

$$\sigma:K(x) \rightarrow K(u), \qquad \frac{f(x)}{g(x)} \mapsto \frac{f(u)}{g(u)}.$$

其中 $f(x),g(x) \in K[x],g(x) \neq 0$(从而 $g(u) \neq 0$).由定理 1 中对于 $K(u)$ 的刻画可知 σ 是满射,于是,σ 事实上是域 $K(x)$ 和 $K(u)$ 的同构,并且对于 $a \in K$,显然 $\sigma(a) = a$.

(2) 只需证明 $\{1,u,u^2,\cdots u^n,\cdots\}$ 是 K-线性无关的.用反证法:如果它们在 K 上线性相关,则存在 $n \geq 0$ 和不全为零的元素 $c_0,c_1,\cdots,c_n \in K$,使得 $c_0 + c_1 u + \cdots + c_n u^n = 0$.这相当于说 u 是 $K[x]$ 中非零多项式 $c_0 + c_1 x + \cdots + c_n x^n$ 的根,与 u 在 K 上超越矛盾.因此 $K(u)/K$ 为无限扩张.由于 u 在 K 上超越元素,所以 $K(u)/K$ 是超越扩张.证毕.

定理 4 设 F 是 K 的扩域,$u \in F$,并且 u 在 K 上代数.则

(1) $K(u) = K[u]$;

(2) 存在唯一的不可约首 1 多项式 $f(x) \in K[x],\deg f \geq 1$,使得 $f(u) = 0$,并且 $K(u) \cong K[x]/(f(x))$;

(3) $[K(u):K] = n$,其中 $n = \deg f$,从而 $K(u)/K$ 为有限扩张,并且 $\{1,u, u^2,\cdots,u^{n-1}\}$ 是向量空间 $K(u)$ 的一组 K-基;

(4) $K(u)/K$ 为(有限)代数扩张.

证明 (1)和(2)考虑环的同态

$$\sigma:K[x] \rightarrow K[u], \qquad g(x) \mapsto g(u),$$

这是环的满同态.由于 u 在 K 上代数,从而存在 $0 \neq g(x) \in K[x]$,使得 $g(u) = 0$.因此 $g(x) \in \operatorname{Ker}\sigma$.从而 $\operatorname{Ker}\sigma \neq (0)$.但是 $\operatorname{Ker}\sigma$ 是 $K[x]$ 的非零理想,而 $K[x]$ 是主理想整环.因此存在 $0 \neq f(x) \in K[x]$,使得 $\operatorname{Ker}\sigma = (f(x))$,并且如果假定 $f(x)$ 为首 1 多项式,那么多项式 $f(x)$ 就是唯一决定的.由于 $\sigma(1) = 1 \neq 0$,即 $1 \notin \operatorname{Ker}\sigma$,从而 $(f(x))$ 是 $K[x]$ 的真理想,即 $\deg f \geq 1$.由同构定理可知 $K[x]/(f(x)) \cong K[u]$.由于 $K[u]$ 为整环(它是域 F 的子环),从而 $K[x]/(f(x))$ 为整环,于是 $(f(x))$ 为 $K[x]$ 的素理想,从而 $f(x)$ 为 $K[x]$ 中不可约元.这又推出 $(f(x))$ 是 $K[x]$ 的极大理想,因此 $K[x]/(f(x))$ 是域.从而 $K[u]$ 是域.由于 $K[u]$ 是整环

$K[u]$ 的商域, 从而 $K[u] = K(u)$.

(3) $K(u) = K[u]$ 中每个元素均有形式 $g(u)$, $g(x) \in K[x]$ 利用 $K[x]$ 中除法算式:

$$g(x) = q(x)f(x) + r(x), \quad q(x), r(x) \in K[x], \deg r < \deg f.$$

则

$$r(x) = b_0 + b_1 x + \cdots + b_{n-1} x^{n-1}, \qquad n = \deg f, b_i \in K.$$

将 $x = u$ 代入上式并由于 $f(u) = 0$, 可知 $g(u) = b_0 + b_1 u + \cdots + b_{n-1} u^{n-1}$, 这就表明 $K(u)$ 中每个元素均可表示成 $1, u, u^2, \cdots, u^{n-1}$ 的 K-线性组合. 我们再证 1, $u, \cdots, u^{n-1}$ 是 K-线性无关的. 如果存在 $a_0, \cdots, a_{n-1} \in K$ 使得 $a_0 + a_1 u + \cdots + a_{n-1} u^{n-1} = 0$, 令 $h(x) = a_0 + a_1 x + \cdots + a_{n-1} x^{n-1}$, 则 $h(x) \in K[x]$. 并且 $h(u) = 0$, 即 $h(x) \in \operatorname{Ker} \sigma = (f(x))$, 从而 $f(x) | h(x)$. 但是 $\deg f = n > \deg h$, 于是 $h(x) = 0$, 即 $a_0 = a_1 = \cdots = a_{n-1} = 0$, 从而 $1, u, \cdots, u^{n-1}$ 为 K-线性无关的. 于是它们为 $K(u)$ 的一组 K-基, 并且 $[K(u) : K] = n$.

(4) 如果 $v \in K(u)$ 是 K 上超越元素, 由定理 3 知 $K(v)/K$ 是无限扩张. 由于 $K(u) \supseteq K(v) \supseteq K$, 所以 $K(u)/K$ 也是无限扩张, 这与 (3) 中结论矛盾. 从而 $K(u)$ 中每个元素都是 K 上代数的, 即 $K(u)/K$ 为代数扩张. 证毕.

定义 4　定理 4 中不可约首 1 多项式 $f(x)$ 是由 K 上代数的元素 u 所唯一确定的. 将 $f(x)$ 叫做是 u 在 K 上的**极小多项式**. 它可以刻画为

(1) $f(x)$ 为 $K[x]$ 中首 1 多项式, 并且 $f(u) = 0$;

(2) 如果 $g(x) \in K[x]$ 并且 $g(u) = 0$, 则 $f(x) | g(x)$.

定义 5　设 u 为 K 上代数元素, $f(x)$ 是 u 在 K 上的极小多项式, $\deg f = n (\geqslant 1)$. 则 u 也叫做 K 上的 n **次代数元素**.

例 5　$f(x) = x^3 - 3x - 1$ 是 $\mathbf{Q}[x]$ 中不可约多项式. 设 u 是 $f(x)$ 的一个实根 (实系数奇次多项式必有实根). 由于 $f(x)$ 为 $\mathbf{Q}[x]$ 上不可约的首 1 多项式, 并且 $f(u) = 0$, 从而 $f(x)$ 也就是 u 在 $\mathbf{Q}$ 上的极小多项式 (为什么?). 于是 u 为 $\mathbf{Q}$ 上 3 次数代数. 而 $\{1, u, u^2\}$ 是 $\mathbf{Q}(u)$ 在 $\mathbf{Q}$ 上的一组基. 比如说, 为了将 $u^4 + 2u^3 + 3 \in \mathbf{Q}(u)$ 表示成 $1, u, u^2$ 的 $\mathbf{Q}$-线性组合, 我们用除法算式:

$$x^4 + 2x^3 + 3 = (x + 2)(x^3 - 3x - 1) + (3x^2 + 7x + 5),$$

从而 $u^4 + 2u^3 + 3 = 3u^2 + 7u + 5$. 又如, $(3u^2 + 7u + 5)^{-1}$ 也是域 $\mathbf{Q}(u)$ 中元素, 从而也应当有

$$(3u^2 + 7u + 5)^{-1} = a_0 + a_1 u + a_2 u^2 \quad (a_i \in \mathbf{Q}).$$

于是

$$1 = (a_2 u^2 + a_1 u + a_0)(3u^2 + 7u + 5)$$

$$= 3a_2 u^4 + (3a_1 + 7a_2)u^3 + (3a_0 + 7a_1 + 5a_2)u^2$$
$$+ (7a_0 + 5a_1)u + 5a_0$$
$$= (3a_0 + 7a_1 + 14a_2)u^2 + (7a_0 + 14a_1 + 24a_2)u$$
$$+ (5a_0 + 3a_1 + 7a_2),$$

从而

$$\begin{cases} 5a_0 + 3a_1 + 7a_2 = 1, \\ 7a_0 + 14a_1 + 24a_2 = 0, \\ 3a_0 + 7a_1 + 14a_2 = 0. \end{cases}$$

由此解出 $(a_0, a_1, a_2) = (28/111, -26/111, 7/111)$. 从而

$$(3u^2 + 7u + 5)^{-1} = \frac{28}{111} - \frac{26}{111}u + \frac{7}{111}u^2.$$

定理 5 (1) 域的有限扩域必是有限生成代数扩张;

(2) 设 $K(u_1, \cdots, u_n)/K$ 是有限生成扩张,其中 $u_i (1 \leqslant i \leqslant n)$ 在 K 的某个扩域中,并且均是 K 上代数元素,则 $K(u_1, \cdots, u_n)/K$ 是有限扩张(从而是代数扩张);

(3) 若 u 是域 F 上的代数元素,F/K 为代数扩张,则 u 在 K 上也是代数元素;

(4) 设 F/E 和 E/K 为域的扩张. 则 F/K 为代数扩张 $\Leftrightarrow F/E$ 和 E/K 均是代数扩张.

证明 (1) 设 F/K 为有限扩张,令 $[F:K] = n$. 对于 F 中每个元素 a,则 1,$a, a^2, \cdots, a^n$ 在 K 上必然线性相关,即存在不全为零的 $c_0, c_1, \cdots, c_n \in K$,使得 $c_0 + c_1 a + \cdots + c_n a^n = 0$. 于是 $f(x) = c_0 + c_1 x + \cdots + c_n x^n$ 为 $K[x]$ 中非零多项式,并且 $f(a) = 0$. 这表明 F 中每个元素 a 均在 K 上代数,从而 F/K 为代数扩张.

另一方面,如果 $F \neq K$,则有元素 $u_1 \in F - K$. 于是 $[K(u_1):K] \geqslant 2$. 如果 $K(u_1) \neq F$,则又有 $u_2 \in F - K(u_1)$,于是 $[K(u_1, u_2):K] = [K(u_1, u_2):K(u_1)][K(u_1):K] \geqslant 2 \cdot 2 = 2^2$. 一般地,如果 $u_i \in F - K(u_1, \cdots, u_{i-1}) (1 \leqslant i \leqslant m)$,则 $[K(u_1, \cdots, u_m):K] \geqslant 2^m$,但是 $[K(u_1, \cdots, u_n):K] \leqslant [F:K] = n$,从而必然存在某个 m,使得 $K(u_1, \cdots, u_m) = F$,即 F/K 是有限生成扩张.

(2) 考虑域的扩张塔

$$K \subseteq K(u_1) \subseteq K(u_1, u_2) \subseteq \cdots \subseteq K(u_1, \cdots, u_m).$$

由于 u_1 在 K 上代数,根据定理 4 可知 $K(u_1)/K$ 是有限扩张. 由于 u_2 在 K 上代数,从而也在 $K(u_1)$ 上代数,于是 $K(u_1, u_2)/K(u_1)$ 也是有限扩张. 继续下去,一

直到 $K(u_1,\cdots,u_n)/K(u_1,\cdots,u_{n-1})$ 也是有限扩张.再由定理 2 即知 $K(u_1,\cdots,u_n)/K$ 为有限扩张.

(3) 令 $f(x)=x^n+c_1x^{n-1}+\cdots+c_{n-1}x+c_n$ 是 u 在 F 上的极小多项式,$c_i\in F$ $(1\leqslant i\leqslant n)$.则 u 在域 $K(c_1,\cdots,c_n)$ 上代数,从而 $K(c_1,\cdots,c_n,u)/K(c_1,\cdots,c_n)$ 是有限扩张.另一方面,由于 F/K 为代数扩张,从而 F 中元素 $c_1,\cdots,c_n$ 均在 K 上代数,由(2)即知 $K(c_1,\cdots,c_n)/K$ 为有限扩张.于是 $K(c_1,\cdots,c_n,u)/K$ 为有限扩张,由(1)即知这是代数扩张.于是 u 在 K 上代数.

(4) 若 F/E 和 E/K 均是代数扩张,则 F 中每个元素 u 均在 E 上代数.根据(3)可知 u 在 K 中也是代数的,这就表明 F/K 是代数扩张.反之,若 F/K 是代数扩张,则易知 E/K 和 F/E 均是代数扩张.证毕.

我们在群和环的研究过程中曾经充分使用了群同态和环同态.现在设 $f:K\to F$ 是域的同态,则 $\mathrm{Ker}\,f$ 为 K 的理想.但是 K 只有平凡理想(0)和 K.从而 $\mathrm{Ker}\,f=K$ 或者 $\mathrm{Ker}\,f=(0)$,即 f 为零同态($f(K)=(0)$),或者 f 为域的嵌入,从而 $f:K\to f(K)$ 为域的同构.

设 E/K 和 F/L 为域的扩张,$\sigma:K\overset{\sim}{\to}L$ 是域的同构,试问何时 σ 可以扩充成 E 到 F 的同构? 换句话说,是否存在域同构 $\sigma':E\overset{\sim}{\to}F$,使得 $\sigma'|_K=\sigma$?现在我们对于单扩张的情形回答这个问题.

定理 6　设 $\sigma:K\overset{\sim}{\to}L$ 是域的同构,u 和 v 分别属于 K 和 L 的某个扩域.如果

(1) u 和 v 分别是 K 和 L 上的超越元素;或者

(2) u 在 K 上代数,并且 u 在 K 上的极小多项式为 $f(x)=\sum r_nx^n\in K[x]$,而 v 是多项式 $\sum\sigma(r_n)x^n\in L[x]$ 的根.则 σ 可扩充成域的同构 $K(u)\cong L(v)$,并且它将 u 映成 v.

证明　对于情形(1),先将 σ 扩充成环的同构 $\sigma:K[x]\overset{\sim}{\to}L[x]$,$\sum r_nx^n\mapsto\sum\sigma(r_n)x^n$,再扩充成它们商域的同构 $\sigma:K(x)\overset{\sim}{\to}L(x)$,$h/g\mapsto\sigma(h)/\sigma(g)$,其中 $h,g\in K[x]$,$g\neq 0$.另一方面,定理 3 给出了域同构 $\varphi:K(x)\overset{\sim}{\to}K(u)$,$\psi:L(x)\overset{\sim}{\to}L(v)$,$\varphi(x)=u$,$\psi(x)=v$.于是 $\psi\sigma\varphi^{-1}:K(u)\to L(v)$ 是域的同构,$\psi\sigma\varphi^{-1}(u)=v$,并且对于每个 $a\in K$,$\psi\sigma\varphi^{-1}(a)=\psi\sigma(a)=\sigma(a)$,即 $\psi\sigma\varphi^{-1}$ 是 $\sigma:K\overset{\sim}{\to}L$ 的扩充.

对于情形(2),易知 $\sigma f=\sum\sigma(r_n)x^n$ 是 v 在 L 上的极小多项式.于是定理 4

给出了同构：

$$\varphi:K[x]/(f) \xrightarrow{\sim} K[u] = K(u), \qquad g \mapsto g(u),$$

$$\psi:L[x]/(\sigma f) \xrightarrow{\sim} L[v] = L(v), \qquad \bar{h} \mapsto h(v).$$

另一方面,易知 $\theta:K[x]/(f) \to L[x]/(\sigma f)$, $\bar{g} \mapsto \overline{\sigma g}$ 为域的同构.于是我们有域的同构 $\psi\theta\varphi^{-1}:K(u) \xrightarrow{\sim} L(v)$, $\psi\theta\varphi^{-1}(u) = \psi\theta(\bar{x}) = \psi(\bar{x}) = v$,并且 $\psi\theta\varphi^{-1}$ 是 $\sigma:K \xrightarrow{\sim} L$ 的扩充.证毕.

系 设 E 和 F 均是 K 的扩域,$u \in E$, $v \in F$,并且 u 和 v 均是 K 上代数元素,则下列两个条件等价：

(1) u 和 v 在 K 上有相同的极小多项式；

(2) 存在域的同构 $\varphi:K(u) \xrightarrow{\sim} K(v)$,使得 $\varphi(u) = v$,并且 φ 在 K 上的限制是 K 的恒等自同构.

证明 (1)⇒(2) 在定理 5 中取 $K = L$, σ 为 K 的恒等自同构即可.

(2)⇒(1) 设 u 在 K 上的极小多项式为 $f(x) = \sum h_i x^i \in K[x]$,则 $f(x)$ 为 $K[x]$ 中不可约首 1 多项式.并且 $0 = f(u) = \sum k_i u^i$ 作用 φ 之后,得到 $0 = \sigma f(u) = \sum \sigma(k_i)\sigma(u)^i = \sum k_i v^i = f(v)$,从而 v 为 $f(x)$ 的根.由于 $f(x)$ 为 $K[x]$ 中不可约首 1 多项式,从而它也是 v 在 K 上的极小多项式.证毕.

我们在前面已多次谈到"K 的某扩域 F 中元素 u 为 $f(x) \in K[x]$ 的根",自然要问：对于域 K 和 $K[x]$ 中次数 ≥ 1 的多项式 $f(x)$,是否存在 K 的扩域 F,使得 $f(x)$ 在 F 中有根？答案是肯定的.

定理 7 设 K 为域,$f(x) \in K[x]$, $\deg f = n \geq 1$,则存在 K 的单扩张 $F = K(u)$,使得

(1) $u \in F$ 是 $f(x)$ 的根；

(2) $[K(u):K] \leq n$,并且 $[K(u):K] = n \Leftrightarrow f(x)$ 在 $K[x]$ 中不可约；

(3) 如果 $f(x)$ 在 $K[x]$ 中不可约,则域 $F = K(u)$ 不计同构是唯一确定的.

证明 (1) 设 $f_1(x)$ 为 $f(x)$ 的一个不可约因子,则 $(f_1(x))$ 为 $K[x]$ 的极大理想.从而 $F = K[x]/(f_1(x))$ 为域.另一方面,考虑域嵌入 $\sigma:K \to K[x]$ 与正则同态 $\pi:K[x] \to K[x]/(f_1)$ 的合成 $\pi\sigma:K \to K[x]/(f_1) = F$.由于 $\pi\sigma(1) = 1 \neq 0$,从而 $\pi\sigma$ 不是零同态,于是 $\pi\sigma$ 为域的嵌入.通过 $\pi\sigma$ 可把 K 看成是 F 的子域,令 $\pi(x) = u \in F$,则 $F = K[u]$,并且 $0 = \pi(f_1(x)) = f_1(u)$,从而 $f(u) = 0$,即 $u \in F$ 为 $f(x)$ 的根.于是 u 是 K 上代数元素,因此 $K(u) = K[u] = F$.

（2）由定理 4 知 $[K(u)\colon K]=\deg f_1\leqslant\deg f=n$. 并且 $[K(u)\colon K]=n\Leftrightarrow f_1=f\Leftrightarrow f(x)$ 在 $K[x]$ 中不可约.

（3）如果 $K(v)$ 是 K 的另一个单扩张, 并且 v 是不可约（首 1）多项式 $f(x)$ 的根, 则 $f(x)$ 是 u 和 v 在 K 上的极小多项式. 由定理 6 的系可知存在同构 $\sigma\colon K(u)\xrightarrow{\sim}K(v),\sigma(u)=v$, 并且 σ 在 K 上为恒等自同构. 证毕.

我们把域 $K(u)$ 叫做是将多项式 $f(x)\in K[x]$ 的一个根 u 添加到域 K 中而得到的扩域. 可以想象, 如果不断地作这样的添加, 即将在 K 上代数的所有元素均添加到 K 中而得到扩域 $\overline{K}$, 那么由定理 5 可知域 $\overline{K}$ 具有如下的性质:（1）$\overline{K}/K$ 为代数扩张.（2）设 u 在 $\overline{K}$ 的某个扩域内, 并且 u 在 $\overline{K}$ 上代数, 则 $u\in\overline{K}$.

定义 6　设 K 为域. 如果 u 是 K 的某扩域中元素, 并且 u 在 K 上代数, 则必然 $u\in K$, 就称 K 是**代数封闭域**.

设 F/K 为域的扩张. 如果 F 是代数封闭域, 并且 F/K 为代数扩张, 则称 F 是 K 的**代数闭包**.

例如:我们在第 3 章中要证明复数域 $\mathbf{C}$ 是代数封闭域. 由于 $\mathbf{C}$ 中有在 $\mathbf{Q}$ 上超越的元素, 即 $\mathbf{C}/\mathbf{Q}$ 不是代数扩张, 从而 $\mathbf{C}$ 不是 $\mathbf{Q}$ 的代数闭包. 事实上, $\mathbf{C}$ 中在 $\mathbf{Q}$ 上代数的全体复数形成 $\mathbf{C}$ 的子域, 它是 $\mathbf{Q}$ 的代数闭包.

习　题

1. 设 F/K 为域的扩张, $u\in F$ 是 K 上奇次代数元素. 求证 $K(u)=K(u^2)$.

2. 给出域扩张 F/K 的例子, 使得 $F=K(u,v)$, u 和 v 均是 K 上超越元素, 但是 $F\not\cong K(x_1,x_2)$（$K(x_1,x_2)$ 表示 K 上关于两个文字 x_1,x_2 的有理函数域）.

3. 设 p 为素数, 分别求扩张 $\mathbf{Q}(e^{\frac{2\pi i}{p}})/\mathbf{Q}$ 和 $\mathbf{Q}(e^{2\pi i/8})/\mathbf{Q}$ 的次数.

4. 求元素 a 在域 K 上的极小多项式, 其中

（1）$a=\sqrt{2}+\sqrt{3}, K=\mathbf{Q}$;

（2）$a=\sqrt{2}+\sqrt{3}, K=\mathbf{Q}(\sqrt{2})$;

（3）$a=\sqrt{2}+\sqrt{3}, K=\mathbf{Q}(\sqrt{6})$.

5. 设 u 属于 K 的某个扩域, 并且 u 在 K 上代数. 如果 $f(x)$ 为 u 在 K 上的极小多项式, 则 $f(x)$ 必为 $K[x]$ 中不可约多项式. 反之, 若 $f(x)$ 是 $K[x]$ 中首 1 不可约多项式, 并且 $f(u)=0$, 则 $f(x)$ 为 u 在 K 上的极小多项式.

6. 设 u 是域 K 的某扩域中的元素, 并且 x^n-a 是 u 在 K 上的极小多项式. 对于 $m\mid n$, 求 u^m 在域 K 上的极小多项式.

7. 设 F/K 为域的代数扩张,D 为整环并且 $K\subseteq D\subseteq F$,求证 D 为域.

8. 如果 u 是 K 上关于文字 $x_1,\cdots,x_n$ 的有理函数(即 $u\in K(x_1,\cdots,x_n)$),但是 $u\notin K$,求证 u 在 K 上超越.

9. 设 K 为域,$u\in K(x)$,$u\notin K$,求证 x 在域 $K(u)$ 上代数.

10. 设 u 是多项式 x^3-6x^2+9x+3 的一个实根.

(1) 求证 $[\mathbf{Q}(u):\mathbf{Q}]=3$;

(2) 试将 $u^4,(u+1)^{-1},(u^2-6u+8)^{-1}$ 表示成 $1,u,u^2$ 的 $\mathbf{Q}$-线性组合.

11. 设 $u=x^3/(x+1)$,试问 $[\mathbf{Q}(x):\mathbf{Q}(u)]=?$

12. (1) 设 F/K 是域的扩张,求证 $M=\{a\in F\,|\,a$ 在 K 上代数$\}$ 为 F 的一个包含 K 的子域(称作 **K 在 F 中的代数闭包**);

(2) 设 F/K 为域的扩张,F 是代数封闭域.则(1)中的域 M 是 K 的一个代数闭包.

13. 试写出二元域 $\mathbf{Z}_2=\mathbf{Z}/2\mathbf{Z}$ 上一个 2 次不可约多项式 $f(x)$,并将 $f(x)$ 的一个根添加到 $\mathbf{Z}_2$ 中,写出域 $\mathbf{Z}_2(u)$ 的全部元素以及它们的加法表和乘法表.

14. 设 M/K 为域的扩张,M 中元素 u,v 分别是 K 上的 m 次和 n 次代数元素.$F=K(u)$,$E=K(v)$.

(1) 求证 $[FE:K]\leqslant mn$;

(2) 如果 $(m,n)=1$,则 $[FE:K]=mn$.

15. 关于域 K 的以下四个命题是等价的:

(1) K 为代数封闭域;

(2) $K[x]$ 中每个次数 $\geqslant 1$ 的多项式在 $K[x]$ 中均可表示成一些一次多项式之乘积;

(3) $K[x]$ 中每个次数 $\geqslant 1$ 的多项式在 K 中均有根;

(4) $f(x)$ 为 $K[x]$ 中不可约元 $\Leftrightarrow \deg f=1$.

16. 设 $f(x)$ 是 $K[x]$ 中多项式,$\deg f=n\geqslant 1$.求证:存在 K 的某个扩域 E,使得 $[E:K]\leqslant n!$,并且 $f(x)$ 在 $E(x)$ 中分解成 n 个一次多项式之积.

17. 设 F 为域,$c\in F$,p 为素数.求证:x^p-c 在 $F[x]$ 中不可约 $\Leftrightarrow x^p-c$ 在 F 中无根.

*18. 设 F 是特征 p 域,p 为素数.$c\in F$.

(1) 求证:x^p-x-c 在 $F[x]$ 中不可约 $\Leftrightarrow x^p-x-c$ 在 F 中无根.

(2) 如果 $\operatorname{char} F=0$,试问(1)中结论是否仍旧成立?

19. 设 F 是特征不为 2 的域,求证 F 的每个二次扩张均有形式 $F(\sqrt{a})$,$a\in F$.

如果 char $F = 2$,则结论是否成立?

20. 设 $K = \mathbf{Q}(\alpha)$ 为 $\mathbf{Q}$ 的单扩张,其中 α 在 $\mathbf{Q}$ 上代数. 求证 $|\mathrm{Aut}(K)| \leqslant [K : \mathbf{Q}]$.

附录 2.2　对称多项式

设 R 为环,$G = \mathrm{Aut}(R[x_1, \cdots, x_n])$ 表示多项式环 $R[x_1, \cdots, x_n]$ 的自同构群. 对于任意环 R,决定群 G 是件不容易的事情. 但是 G 中有些元素是不难发现的. 以 S_n 表示 n 次对称群,即 $\{1, 2, \cdots, n\}$ 的全部置换形成的群. 对于每个 $\sigma \in S_n$,定义

$$\varphi_\sigma : R[x_1, \cdots, x_n] \longrightarrow R[x_1, \cdots, x_n],$$
$$f(x_1, \cdots, x_n) \longmapsto f(x_{\sigma(1)}, \cdots, x_{\sigma(n)}).$$

易知 φ_σ 是环 $R[x_1, \cdots, x_n]$ 的自同构. 令

$$\Sigma = \{\varphi_\sigma \mid \sigma \in S_n\},$$

则 Σ 是 G 的 $n!$ 阶子群($\varphi_\sigma \varphi_\tau = \varphi_{\sigma\tau}, \varphi_\sigma^{-1} = \varphi_{\sigma^{-1}}$).

一般地,对于 G 的任意子群 H,令

$$R[x_1, \cdots, x_n]_H = \{f(x_1, \cdots, x_n) \in R[x_1, \cdots, x_n] \mid \sigma f = f, \text{对每个 } \sigma \in H\},$$

则这是 $R[x_1, \cdots, x_n]$ 的子环,叫做 $R[x_1, \cdots, x_n]$ 的 **H- 固定子环**. 古典不变量理论的最基本课题是:给了 G 的子群 H,如何决定环 $R[x_1, \cdots, x_n]_H$ 的结构? 现在我们对于 $H = \Sigma$ 来解决这个问题,即我们来确定环 $R[x_1, \cdots, x_n]_\Sigma$.

定义　$R[x_1, \cdots, x_n]_\Sigma$ 中元素 $f(x_1, \cdots, x_n)$ 叫做环 R 上关于 $x_1, \cdots, x_n$ 的**对称多项式**. 换句话说:多项式 $f(x_1, \cdots, x_n) \in R[x_1, \cdots, x_n]$ 叫做对称多项式,是指对每个 $\sigma \in S_n, f(x_1, \cdots, x_n) = f(x_{\sigma(1)}, \cdots, x_{\sigma(n)})$.

环 R 中每个元素显然属于 $R[x_1, \cdots, x_n]_\Sigma$. 除此之外,若 R 是含幺环,则还有以下一些对称多项式:

$$\sigma_1 = x_1 + \cdots + x_n, \quad \sigma_2 = \sum_{1 \leqslant i < j \leqslant n} x_i x_j, \quad \sigma_3 = \sum_{1 \leqslant i < j < k \leqslant n} x_i x_j x_k, \cdots, \sigma_n = x_1 x_2 \cdots x_n.$$

我们把 $\sigma_1, \cdots, \sigma_n$ 叫做**基本对称多项式**. 说它是基本的,是因为有下述结论:

定理　设 R 为整环. $R[x_1, \cdots, x_n]_\Sigma = R[\sigma_1, \cdots, \sigma_n]$. 换句话说,整环 R 上关于 $x_1, \cdots, x_n$ 的每个对称多项式均是基本对称多项式的多项式.

证明 显然 $R[x_1,\cdots,x_n]_s \supseteq R[\sigma_1,\cdots,\sigma_n]$. 反之,若 $f(x_1,\cdots,x_n)$ 是对称多项式,即属于 $R[x_1,\cdots,x_n]_s$. 令 $\deg f = m$,将 f 展开成 $f = f_0 + f_1 + \cdots + f_m$,其中 f_k 为 f 的 k 次齐次部分,即 f_k 是 f 中全部 k 次单项式之和. 对于 f_k 中每个单项式 $ax_1^{i_1}\cdots x_n^{i_n}$ $(a \in R - \{0\}, i_1,\cdots,i_n \geq 0, i_1 + \cdots + i_n = k)$ 和每个 $\sigma \in S_n$,$\sigma(ax_1^{i_1}\cdots x_n^{i_n}) = ax_{\sigma(1)}^{i_1}\cdots x_{\sigma(n)}^{i_n}$ 应当是 f 中的一项,从而必然是 f_k 的一项. 由此可知 σ 必将 f_k 的诸项作了一个置换,这就表明 $\sigma(f_k) = f_k$,即 f_k 也是对称多项式 $(0 \leq k \leq m)$. 从而我们只要证明每个 f_k 均属于 $R[\sigma_1,\cdots,\sigma_n]$ 即可. 为此,我们在所有 k 次单项式之间引进"字典序",即对两个不同的单项式 $\alpha = ax_1^{i_1}\cdots x_n^{i_n}$ 和 $\beta = bx_1^{j_1}\cdots x_n^{j_n}$(其中 a,$b \in R - \{0\}, i_1,\cdots,i_n, j_1,\cdots,j_n \geq 0, i_1 + \cdots + i_n = j_1 + \cdots + j_n = k$),定义

$$\alpha > \beta \Leftrightarrow 存在\ s, 0 \leq s \leq n - 1, 使得\ i_1 = j_1,\cdots,i_s = j_s, 但\ i_{s+1} > j_{s+1}.$$

例如:$x_1^2 x_2 x_3 > x_1 x_2^3 > x_1 x_2^2 x_3$. 不难看出这种序具有以下性质:设 M_1 和 M_2 均是 s 次单项式,N, N_1, N_2 均是 r 次单项式,则

(1) $M_1 > M_2 \Rightarrow M_1 N > M_2 N$;

(2) $M_1 > M_2, N_1 > N_2 \Rightarrow M_1 N_1 > M_2 N_2$.

考虑齐次对称多项式 $\sigma_1^{d_1} \sigma_2^{d_2} \cdots \sigma_n^{d_n}, d_i \geq 0$. 由于 σ_i 的最大单项式显然为 $x_1 x_2 \cdots x_i$,从而由(1)和(2)即知 $\sigma_1^{d_1}\cdots\sigma_n^{d_n}$ 中的最大单项式为

$$x_1^{d_1+d_2+\cdots+d_n} x_2^{d_2+\cdots+d_n}\cdots x_n^{d_n}.$$

现在设 $ax_1^{\lambda_1}\cdots x_n^{\lambda_n}$ 是 f_k 中最大单项式,$a \in R - \{0\}$,由于 f_k 为对称多项式,可知 $\lambda_1 \geq \lambda_2 \geq \cdots \geq \lambda_n$. 由上述可知 f_k 与 $a\sigma_1^{\lambda_1 - \lambda_2} \sigma_2^{\lambda_2 - \lambda_3}\cdots\sigma_{n-1}^{\lambda_{n-1} - \lambda_n} \sigma_n^{\lambda_n} \in R[\sigma_1,\cdots,\sigma_n]$ 有相同的最大单项式. 从而新的多项式 $f_k - a\sigma_1^{\lambda_1 - \lambda_2}\cdots\sigma_{n-1}^{\lambda_{n-1} - \lambda_n} \sigma_n^{\lambda_n}$ 中的最大单项式就要小一些. 重复这个过程,可知经有限步之后,f_k 就可表示成 $\sigma_1,\cdots,\sigma_n$ 的多项式,并且系数属于 R,即 $f_k \in R[\sigma_1,\cdots,\sigma_n]$. 证毕.

注记 (1) 这个证明事实上对于含幺环 R 均有效. 换句话说,对于含幺环 R,定理结论仍然正确. 不过当 R 为整环时,每个对称多项式 $f(x_1,\cdots,x_n) \in R[x_1,\cdots,x_n]$ 表示成 $\sigma_1,\cdots,\sigma_n$ 的多项式时,其表达方式是唯一的(习题3).

(2) 由定理证明还知道,将 k 次齐次式 f_k 表示成 $\sigma_1,\cdots,\sigma_n$ 的多项式时,此多项式中每一项 $a\sigma_1^{t_1}\cdots\sigma_n^{t_n}$ 均可取成 $x_1,\cdots,x_n$ 的 k 次齐次多项式,即 $t_1 + 2t_2 + \cdots + n t_n = k$.

(3) 定理的证明是构造性的,即定理本身给出了将对称多项式 $f(x_1,\cdots,x_n)$ 表达成 $\sigma_1,\cdots,\sigma_n$ 的多项式的一种具体方法. 但是当 $\deg f$ 很大时,一般说来,在定理指导下采用待定系数法更方便些.

例 考虑(齐次)对称多项式 $x_1^4 + x_2^4 + x_3^4 + x_4^4$. 根据定理它为 $\sigma_1,\sigma_2,\sigma_3,\sigma_4$ 的

多项式(系数属于 **Z**). 由上面注记(2)即知
$$x_1^4 + x_2^4 + x_3^4 + x_4^4 = a\sigma_1^4 + b\sigma_1^2\sigma_2 + c\sigma_1\sigma_3 + d\sigma_2^2 + e\sigma_4, \qquad (*)$$
其中 $a,b,c,d,e \in \mathbf{Z}$. 取 $(x_1,\cdots,x_4) = (1,0,0,0)$(从而 $\sigma_1 = 1, \sigma_2 = \sigma_3 = \sigma_4 = 0$)代入式 $(*)$ 即知 $a = 1$. 再取 $(x_1,x_2,x_3,x_4) = (1,-1,0,0),(1,1,0,0),(1,1,-1,-1),(1,-1,-1,0)$,可依次算出 $d = 2, b = -4, e = -4, c = 4$. 于是
$$x_1^4 + x_2^4 + x_3^4 + x_4^4 = \sigma_1^4 - 4\sigma_1^2\sigma_2 + 4\sigma_1\sigma_3 + 2\sigma_2^2 - 4\sigma_4.$$

习　题

1. $n \geqslant 5$ 时,将 $\displaystyle\sum_{1 \leqslant i < j < k \leqslant n} x_i^2 x_j^2 x_k$ 表示成基本对称多项式的多项式.

2. 令 $\Delta = \displaystyle\prod_{1 \leqslant i < j \leqslant n} (x_i - x_j)$.

(1) 求证 Δ^2 为 $x_1,\cdots,x_n$ 的对称多项式;

(2) 对于 $n = 3$,将 Δ^2 表示成 $\sigma_1, \sigma_2, \sigma_3$ 的多项式.

3. 设 $a_1,\cdots,a_n$ 属于域 K 的某个扩域 F,称 $a_1,\cdots,a_n$ 在 K 上是**代数无关**的,是指不存在 $0 \neq f(x_1,\cdots,x_n) \in K[x_1,\cdots,x_n]$,使得 $f(a_1,\cdots,a_n) = 0$.

(1) 求证 $x_1,\cdots,x_n$ 的基本对称多项式 $\sigma_1,\cdots,\sigma_n$ 在 K 上是代数无关的;

(2) 如果 R 是整环,$f(x_1,\cdots,x_n)$ 是 $R[x_1,\cdots,x_n]$ 中的对称多项式,求证 f 表示成 $\sigma_1,\cdots,\sigma_n$ 的多项式的方法是唯一的.

(3) 求证:$K(x_1,\cdots,x_n)/K(\sigma_1,\cdots,\sigma_n)$ 为代数扩张,并且
$$[K(x_1,\cdots,x_n) : K(\sigma_1,\cdots,\sigma_n)] = n!.$$

4. (牛顿恒等式)设 $S_k = \displaystyle\sum_{i=1}^{n} x_i^k$,求证:对每个 $k = 1,2,\cdots$,有
$$S_k - \sigma_1 S_{k-1} + \sigma_2 S_{k-2} \cdots + (-1)^{k-1}\sigma_{k-1} S_1 + (-1)^k k\sigma_k = 0.$$

附录 2.3　代数基本定理的一个证明

代数基本定理是说:每个次数 $\geqslant 1$ 的复系数多项式必有复根. 从而 n 次复系数多项式恰有 n 个复数根(重数计算在内),或者说成:**C** 是代数封闭域.

代数基本定理有许多个证明,并且所有的证明都要用到数学分析中的某些事

实,我们这里介绍的一个证明也不例外,要利用以下几个引理.

引理 1 每个奇次实系数多项式必有实根,大家知道,这一事实由连续函数的中值定理推出.

引理 2 复系数 2 次多项式的根均是复根.

证明 设 $f(x)$ 为 $\mathbf{C}[x]$ 中 2 次多项式,不妨设 $f(x)$ 是首 1 的,即 $f(x) = x^2 + \alpha x + \beta, \alpha, \beta \in \mathbf{C}$. 由于 $f(x) = \left(x + \dfrac{\alpha}{2}\right)^2 + \beta - \dfrac{\alpha^2}{4}$,我们不妨设 $f(z) = z^2 - r, r \in \mathbf{C}$. 令 $r = a + b\mathrm{i}(a, b \in \mathbf{R}, \mathrm{i} = \sqrt{-1})$,取

$$
z_0, z_1 = \begin{cases} \pm\left(\sqrt{\dfrac{\sqrt{a^2 + b^2} + a}{2}} + \mathrm{i}\sqrt{\dfrac{\sqrt{a^2 + b^2} - a}{2}}\right), & \text{若 } b \geqslant 0; \\[4mm] \pm\left(\sqrt{\dfrac{\sqrt{a^2 + b^2} + a}{2}} - \mathrm{i}\sqrt{\dfrac{\sqrt{a^2 + b^2} - a}{2}}\right), & \text{若 } b < 0. \end{cases}
$$

直接验证 z_0 和 z_1 为 $z^2 - r$ 的两个复根.证毕.

引理 3 每个次数 $\geqslant 1$ 的实系数多项式 $g(x)$ 必有复根.

证明 设 $g(x) \in \mathbf{R}[x], \deg g = d \geqslant 1$,令 $d = 2^n q, 2 \nmid q, n \geqslant 0$,我们对 n 用数学归纳法.当 $n = 0$ 时,$g(x)$ 为奇次实系数多项式,由引理 1 即知 $g(x)$ 有复根.以下设 $n \geqslant 1$.令 $x_1, \cdots, x_d$ 为 $g(x)$ 在 $\mathbf{R}$ 的某个适当扩域中的全部根.我们的目的是证明必有某个 $x_i \in \mathbf{C}$.为此取任意一个实数 c,令

$$y_{ij} = x_i + x_j + c x_i x_j \quad (1 \leqslant i \leqslant j \leqslant d).$$

一共有 $\dfrac{1}{2} d(d+1) = 2^{n-1} q(d+1)$ 个 y_{ij},令

$$G(x) = \prod_{1 \leqslant i \leqslant j \leqslant d}(x - y_{ij}) = x^m + g_1(x_1, \cdots, x_d) x^{m-1} + \cdots + g_m(x_1, \cdots, x_d),$$

其中 $m = 2^{n-1} q(d+1)$.不难看出,$g_i(x_1, \cdots, x_d)$ 是 $x_1, \cdots, x_d$ 的实系数对称多项式,从而 $g_i(x_1, \cdots, x_d) \in \mathbf{R}[\sigma_1, \cdots, \sigma_d]$,其中 $\sigma_1, \cdots, \sigma_d$ 为 $x_1, \cdots, x_d$ 的基本对称多项式(附录 2.2).但是

$$g(x) = x^d - \sigma_1 x^{d-1} + \sigma_2 x^{d-2} - \cdots + (-1)^d \sigma_d \in \mathbf{R}[x],$$

因而 $\sigma_1, \cdots, \sigma_d \in \mathbf{R}$. 于是 $g_i(x_1, \cdots, x_d) \in \mathbf{R}(1 \leqslant i \leqslant m)$. 从而 $G(x) \in \mathbf{R}[x]$. 由于 $n \geqslant 1$,从而 $2 \mid d = 2^n q$,于是 $2 \nmid (d+1)q$,而 $\deg G = 2^{n-1} q(d+1)$. 由归纳假设便知 $G(x)$ 有复根 z_c,换句话说,我们有 $i(c)$ 和 $j(c)$(均与 c 有关),使得

$$y_{i(c)j(c)} = x_{i(c)} + x_{j(c)} + c x_{i(c)} x_{j(c)} = z_c \in \mathbf{C}.$$

由于指标集合 $\{(i, j)\}$ 是有限的,而实数 c 可任意取,从而必然有 $c \neq c'$, $c, c' \in$

R,使得
$$i(c) = i(c') = r, \qquad j(c) = j(c') = s.$$
于是便得到
$$x_r + x_s + cx_rx_s = z_c \in \mathbf{C}, \qquad x_r + x_s + c'x_rx_s = z_{c'} \in \mathbf{C}.$$
由此及 $c, c' \in \mathbf{R}, c \neq c'$ 可知 $x_r + x_s, x_rx_s \in \mathbf{C}$,于是
$$h(x) = x^2 - (x_r + x_s)x + x_rx_s \in \mathbf{C}[x].$$
根据引理 2,$h(x)$ 的两个根均是复根,这就证明 $x_r, x_s \in \mathbf{C}$. 证毕.

最后我们证明代数基本定理:设 $f(x) = \sum_{i=0}^{n} c_ix^i \in \mathbf{C}[x], \deg f \geqslant 1$. 令 $\bar{f}(x)$ $= \sum_{i=0}^{n} \bar{c_i}x^i$,其中 $\bar{c_i}$ 表示 c_i 的共轭复数. 令 $g(x) = f(x)\bar{f}(x)$. 易知 $\overline{g(x)} = g(x)$,从而 $g(x) \in \mathbf{R}[x]$. 根据引理 3,存在 $a \in \mathbf{C}$,使得 $g(a) = 0$,于是 a 是 $f(x)$ 或者 $\bar{f}(x)$ 的复根,从而复数 a 或者 $\bar{a}$ 是 $f(x)$ 的根. 证毕.

附录 2.4 可以三等分角吗
——圆规直尺作图的代数背景

自从欧几里得的《几何原本》(公元前一世纪)奠定平面几何公理基础以来,关于尺规作图问题就流传着以下的"古代三大难题":

1.(**三等分角问题**) 能否用圆规直尺三等分任意角?

2.(**倍方问题**) 给了任意一个正立方体,能否用圆规直尺作出一条线段,使以此线段为一边的正立方体的体积是给定正立方体体积的二倍?

3.(**正多边形问题**) 对于任意正整数 $n \geqslant 3$,能否用圆规直尺作出一个圆的内接正 n 边形?

这些问题早已(肯定或否定地)解决了,但是仍然在耗费一些不明原委的现代人的精力. 在这个附录里,我们试图阐明尺规作图问题的代数含义,用我们刚刚学过的域论知识指明哪些几何图形可以由圆规直尺作出,而哪些则不可能. 特别地,我们要证明用尺规三等分任意角是不可能的. 然后在习题中请读者解决第二大"难"题. 至于第三"难"题是高斯彻底解决的,需要用到域论的进一步知识——伽罗瓦理论.

历史上,将几何与代数有机联系起来的首先是笛卡儿.他将平面上的点对应于复数.为此,需要在平面上指定一点 O 作为原点,过 O 的两条相互垂直的直线为实轴和虚轴,再指定一个长度作为单位 1.于是平面上每点都可表示成复数 $z = x + yi$,其中 x 和 y 分别是该点的实坐标和虚坐标.基于此,平面上全部点构成的集合和复数集合 $\mathbf{C}$ 是一一对应的,这是平面解析几何的起点,也是我们研究问题的出发点.

一个平面几何作图问题,前提总是给了一些平面图形,例如,给了一些点、直线、角和圆等等.但是,一条直线由其上两个不同的点完全决定,一个角是由其顶点和每边上取一点共三点所决定,一个圆由圆心和圆周上一点所决定,所以平面几何作图问题的前提总可归结为给定了 n 个点即 n 个复数 $z_1, \cdots, z_n \in \mathbf{C}$(当然还有 $z_0 = 1$).同样地,尺规作图过程也可看作是利用圆规和直尺不断得到一些新的复数.所以问题变成为:给了一批复数 $z_0 = 1, z_1, \cdots, z_n$ 和 z,能否从 $z_0 = 1, z_1, \cdots, z_n$ 出发利用尺规得到复数 z.如果能够,那么这个尺规作图问题就是可解的,否则就是不可解的.

尺规作图究竟有多大本领? 它们的本领不外乎是:通过两个不同点画一直线;以已知点 O 为圆心和另两个已知点的距离为半径画圆;再由如此画出的直线与直线、直线与圆、圆与圆相交得到新的点.然后再如此反复地作下去.

所以我们作如下的递归定义:

定义 1 设 $S = \{z_0 = 1, z_1, \cdots, z_n\}$ 是 $n + 1$ 个复数.我们将

(1) $z_0, z_1, \cdots, z_n$ 叫做 S-点;

(2) 过两个不同的 S-点的直线叫 S-直线,以一个 S-点 A 为圆心、以任意两个 S-点之间的距离为半径画出的圆叫 S-圆.

(3) 由 S-直线与 S-直线、S-直线与 S-圆、S-圆与 S-圆相交得到的点也叫 S-点.

这是一个递归定义,即从(1)出发反复利用(2)和(3),就得到全部 S-点、S-直线和 S-圆.这个递归定义完全刻画了尺规作图过程.如果我们以 $\tilde{S}$ 表示全部 S-点构成的集合,那么 $\tilde{S}$ 也就是从 $S = \{z_0 = 1, z_1, \cdots, z_n\}$ 出发通过尺规作图所得到的全部复数.所以问题又归结为:如何由集合 S 刻画集合 $\tilde{S}$?

引理 1 设 $z = x + yi = r\mathrm{e}^{i\theta} \in \mathbf{C}$,以 $\bar{z}$ 表示 z 的共轭复数.

(1) 若 $z \in \tilde{S}$,则 $x, y, r, \mathrm{e}^{i\theta} \in \tilde{S}$;

(2) $\tilde{S}$ 是 $\mathbf{C}$ 的子域;

(3) $\tilde{S}$ 对于复共轭运算和 $\sqrt{}$ 运算是封闭的,即若 $z \in \tilde{S}$,则 $\bar{z} \in \tilde{S}, \sqrt{z} \in \tilde{S}$.

证明　(1) 若 $z = x + iy \in \tilde{S}$.过点 z 作实轴和虚轴的垂线(这是可用尺规作出的),其垂足分别为点 $x = (x,0)$ 和 $yi = (0,y)$.于是 $x \in \tilde{S}$.以原点 $0 = (0,0)$ 为圆心,0 和 yi 的距离 $|y|$ 为半径画圆与实轴交于点 $(\pm y,0) = \pm y$,从而 $y \in \tilde{S}$.同样地,O 与 z 的距离为 $r \in \tilde{S}$.最后,以 O 为圆心以 1 为半径画图与射线 Oz 交于点 $e^{i\theta}$,因此 $e^{i\theta} \in \tilde{S}$.

(2) 设 $z = x + yi$,$z' = x' + y'i$ 均属于 $\tilde{S}$.由(1)知 $x,x',y,y' \in \tilde{S}$.于是由简单的尺规作图可知 $x \pm x', y \pm y' \in \tilde{S}$,从而 $z \pm z' = (x \pm x') + (y \pm y')i \in \tilde{S}$.另一方面,若 $z = re^{i\theta}$,$z' = r'e^{i\theta'}$ 属于 $\tilde{S}$,由(1)知 $r,r',e^{i\theta},e^{i\theta'} \in \tilde{S}$.于是 $e^{i(\theta+\theta')} \in \tilde{S}$(用尺规可作任意二角之和),并且 $rr' \in \tilde{S}$(如图 3 所示:令 $A = (0,r)$,$B = (1,0)$,$D = (r',0)$.过 D 作 AB 的平行线与虚轴交于 C,则 $C = (0,rr')$),从而 $zz' \in \tilde{S}$.最后若 $z = re^{i\theta} \in \tilde{S}$,$z \neq 0$.则 $r \neq 0$,$r \in \tilde{S}$.用类似于图 3 的办法可知 $1/r \in \tilde{S}$.从而 $z^{-1} = \dfrac{1}{r}e^{-i\theta} \in \tilde{S}$.这就表明 $\tilde{S}$ 为域.

(3) 若 $z = x + yi \in \tilde{S}$,则 $x,\pm y \in \tilde{S}$,从而 $z = x - yi \in \tilde{S}$.最后,若 $z = re^{i\theta} \in \tilde{S}$,则 $r,e^{i\theta} \in \tilde{S}$.从而 $\sqrt{r} \in \tilde{S}$(如图 4 所示:令 OA 和 OB 长度分别为 1 和 $1+r$,以 OB 为直径作圆,过 A 作垂直于 OB 的直线与圆交于点 C,则 AC 长度为 $\sqrt{r}$)又有 $e^{i\theta/2} \in \tilde{S}$(尺规可作角的平分线),从而 $\sqrt{z} = \sqrt{r}e^{i\theta/2} \in \tilde{S}$.证毕.

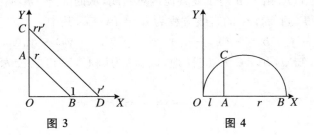

图 3　　　　　　　　图 4

根据引理 1,$z_0 = 1$,$z_1,\cdots,z_n \in \tilde{S}$,$\bar{z}_1 \cdots \bar{z}_n \in \tilde{S}$,并且 $\tilde{S}$ 为域,于是 $\tilde{S}$ 包含域
$$F_1 = Q(z_1,\cdots,z_n,\bar{z}_1,\cdots,\bar{z}_n).$$
对于 C 的每个子集 A,记
$$\sqrt{A} = \{\sqrt{a} \mid a \in A\}, \qquad \bar{A} = \{\bar{a} \mid a \in A\}.$$

$$F_2 = F_1(\sqrt{F_1}), \quad \cdots, \quad F_n = F_{n-1}(\sqrt{F_{n-1}}), \quad F = \bigcup_{n=1}^{\infty} F_n.$$

易知 F 为域. 由引理 1 知 $\tilde{S}$ 对于 $\sqrt{}$ 是封闭的, 从而 $F_n \subseteq \tilde{S}$, 于是 $F \subseteq \tilde{S}$. 为了证明 $F \supseteq \tilde{S}$ 也成立, 我们需要:

引理 2 (1) $F_n = F_1(\sqrt{F_{n-1}})$;

(2) F 对于 $\sqrt{}$ 和复共轭运算是封闭的.

证明 (1) $F_n = F_{n-1}(\sqrt{F_{n-1}}) = F_{n-2}(\sqrt{F_{n-1}} \cup \sqrt{F_{n-2}}) = \cdots = F_1(\sqrt{F_{n-1}} \cup \sqrt{F_{n-2}} \cup \cdots \cup \sqrt{F_1})$. 但是 $F_n \supseteq F_{n-1} \supseteq \cdots \supseteq F_1$, 从而 $\sqrt{F_n} \supseteq \sqrt{F_{n-1}} \supseteq \cdots \supseteq \sqrt{F_1}$. 于是 $F_n = F_1(\sqrt{F_{n-1}})$.

(2) 若 $a \in F$, 则 $a \in F_n$ (对某个 n), 从而 $\sqrt{a} \in F_{n+1}$, 于是 $\sqrt{a} \in F$. 另一方面, $\overline{F_1} = \mathbf{Q}(z_1, \cdots, z_n, \bar{z}_1, \cdots, \bar{z}_n) = F_1$, 从而 $\overline{F_2} = \overline{F_1}(\sqrt{\overline{F_1}}) = F_1(\sqrt{F_1}) = F_2$. 归纳即可证得对每个 $n \geqslant 1$ 均有 $\overline{F_n} = F_n$. 从而 $\overline{F} = F$. 证毕.

注记 事实上, F 是 $\mathbf{C}$ 中包含 F_1 并且对于 $\sqrt{}$ 封闭的最小子域, F 也是 $\mathbf{C}$ 中包含 $\mathbf{Q}(z_1, \cdots, z_n)$ 并且对于 $\sqrt{}$ 和复共轭运算封闭的最小子域.

定理 1 $F = \tilde{S}$.

证明 只需再证 $F \supseteq \tilde{S}$. 即要证每个 S-点均属于 F. 由递归定义出发点 $z_0 = 1$, $z_1, \cdots, z_n$ 这些 S-点显然均属于 F. 现在假设两个不同的 S-点 $z_0 = x_0 + y_0 \mathrm{i}$ 和 $z_1 = x_1 + y_1 \mathrm{i}$ 已经属于 F. 由于 F 对于复共轭运算封闭, 从而 $x_0 - y_0 \mathrm{i}, x_1 - y_1 \mathrm{i} \in F$. 于是 $x_0, y_0, x_1, y_1 \in F$. 过 z_0, z_1 的直线方程为 $ax + by = c$, 其中

$$a = y_1 - y_0, \quad b = -(x_1 - x_0), \quad c = x_0(y_1 - y_0) - y_0(x_1 - x_0).$$

由于 F 是域, 可知 $a, b, c \in F$. 同样地, 以 z_0 为圆心, $\overline{z_1 z_2}$ 之长为半径的圆的方程为

$$(x - x_0)^2 + (y - y_0)^2 = r^2.$$

即

$$x^2 + y^2 + dx + ey + f = 0,$$

其中

$$d = -2x_0, \quad e = -2y_0, \quad r^2 = (x_1 - x_2)^2 + (y_1 - y_2)^2, \quad f = x_0^2 + y_0^2 - r^2.$$

如果 $z_j = x_j + y_j \mathrm{i}$ 均属于 $F(j = 0, 1, 2)$, 则 d, e, f 也属于 F.

设 $ax + by = c$, $a'x + b'y = c'$ 是两条不同的 S-直线, 并且 $a, b, c, a', b', c' \in F$. 如果它们相交, 则由克莱姆 (Kramer) 法, 则易知对于交点 $x + y\mathrm{i}$, $x, y \in F$, 从而

$x + yi \in F$(注意 $i = \sqrt{-1} \in F_2 \subseteq F$). 类似地, 若 $ax + by + c = 0$ 为 S-直线,
$x^2 + y^2 + dx + ey + f = 0$ 为 S-圆, 并且诸系数均属于 F. 如果它们相交, 将前一方程
代入后一方程可得到 y 满足一个二次方程并且系数属于 F. 由于 F 对于 $\sqrt{}$ 封闭,
可知 $y \in F$. 同样 $x \in F$, 于是交点 $x + yi \in F$. 最后, 设 $x^2 + y^2 + dx + ex + f = 0$ 和
$x^2 + y^2 + d'x + e'x + f' = 0$ 为两个不同的圆, 诸系数均属于 F. 如果它们相交, 则交
点也是其中的一个圆和 S-直线 $(d - d')x + (e - e')y + (f - f') = 0$ 的交点, 从而
交点也属于 F. 综合上述, 便知归纳定义给出的全部 S-点都属于 F. 这就证明了
$\tilde{S} \subseteq F$. 于是 $\tilde{S} = F$. 证毕.

为了使用上的方便, 我们需要 $F(=\tilde{S})$ 的另一种刻画方式.

定义 2 设有一个域的扩张序列
$$K \subseteq K(a_1) \subseteq K(a_1, a_2) \subseteq \cdots \subseteq K(a_1, \cdots, a_n) \subseteq \mathbf{C},$$
如果 $a_{i+1}^2 \in K(a_1, \cdots, a_i)(0 \leqslant i \leqslant n-1)$(这相当于说, 序列中每两个相邻域之间
都是 1 次或 2 次扩张), 则称它为 $\sqrt{}$-序列.

定理 2 设 $S = \{z_1, \cdots, z_n\}$, $K_1 = F_1 = \mathbf{Q}(z_1, \cdots, z_n, \bar{z}_1, \cdots, \bar{z}_n)$, 则 z 为 S-点
$\Leftrightarrow$ 存在一个 $\sqrt{}$-序列 $K_1 \subseteq K_2 \subseteq \cdots \subseteq K_n$, 使得 $z \in K_n$.

证明 $\Leftarrow$ 由于 $K_{i+1} = K_i(\sqrt{a_i})$, $a_i \in K_i$, 而 $F = \tilde{S}$ 对于 $\sqrt{}$ 封闭, 从而归纳
可证 $K_n \subseteq F$, 即 $z \in F$, 从而 z 为 S-点.

$\Rightarrow$ 设 $z \in \tilde{S} = F$. 则有 n 使得 $z \in F_n$. 下面对 n 归纳证明: 对 F_n 中每个元素 z
均有 $\sqrt{}$-序列 $K_1 = F_1 \subseteq K_2 \subseteq \cdots \subseteq K_i$, 使得 $z \in K_i$. 当 $n = 1$ 时 $z \in K_1$, 结论显然
成立. 现设对 $n - 1$ 成立, 而 $z \in F_n = F_1(\sqrt{F_{n-1}})$(引理 2), 从而存在有限多元素
$A_1, A_2, \cdots, A_s \in F_{n-1}$, 使得 $z \in F_1(\sqrt{A_1}, \cdots, \sqrt{A_l})$. 根据归纳假设, 存在一些
$\sqrt{}$-序列使得
$$A_1 \in F_1(a_1, \cdots, a_r) \supseteq F_1(a_2, \cdots, a_r) \supseteq \cdots \supseteq F_1(a_r) \supseteq F_1,$$
$$A_2 \in F_1(b_1, \cdots, b_s) \supseteq F_1(b_2, \cdots, b_s) \supseteq \cdots \supseteq F_1(b_s) \supseteq F_1,$$
$$\cdots$$
$$A_l \in F_1(c_1, \cdots, c_t) \supseteq F_1(c_2, \cdots, c_t) \supseteq \cdots \supseteq F_1(c_t) \supseteq F_1.$$
令 $a_0 = \sqrt{A_1}, \cdots, c_0 = \sqrt{A_l}$. 则得到更长的 $\sqrt{}$-序列:
$$z \in F_1(a_0, \cdots, a_r, b_0, \cdots, b_s, \cdots, c_0, \cdots, c_t)$$
$$\supseteq F_1(a_1, \cdots, a_r, b_0, \cdots, b_s, \cdots, c_0, \cdots, c_t) \supseteq \cdots$$
$$\supseteq F_1(a_r, b_0, \cdots, b_s, \cdots, c_0, \cdots, c_t) \supseteq F_1(b_0, \cdots, b_s, \cdots, c_0, \cdots, c_t)$$

$\supseteq F_1(b_1, \cdots, b_s, \cdots, c_0, \cdots, c_t) \supseteq \cdots \supseteq F_1(b_s, \cdots, c_0, \cdots, c_t) \supseteq \cdots$

$\supseteq F_1(c_0, c_1, \cdots, c_t)$

$\supseteq F_1(c_1, \cdots, c_t) \supseteq \cdots \supseteq F_1(c_t) \supseteq F_1.$

这就证明了定理. 证毕.

系 设 $S = \{z_0 = 1, z_1, \cdots, z_n\}$, $F_1 = \mathbf{Q}(z_1, \cdots, z_n, \bar{z}_1, \cdots, \bar{z}_n)$, z 为 S-点. 则 z 为 F_1 上的代数元素, 并且 $[F_1(z):F_1]$ 是 2 的方幂.

证明 根据定理 2, 我们有 $\sqrt{}$-序列, $K_1 = F_1 \subseteq K_2 \subseteq \cdots K_t$, 使得 $z \in K_t$. 由于 $[K_{i+1}:K_i] = 1$ 或者 2, 从而 $[K_t:F_t]$ 为 2 的方幂. 但是 $F_1 \subseteq F_1(z) \subseteq K_t$, 于是 $[F_1(z):F_1] = [K_s:F_1]/[K_t:F_1(z)]$ 也是 2 的方幂. 证毕.

现在我们可以证明:

定理 3 用圆规直尺不能等分 $60°$ 角.

证明 所谓给了 $60°$ 角, 相当于给了复数 $z_1 = e^{\frac{2\pi i}{6}} = \frac{1}{2} + \frac{\sqrt{3}}{2}i$. 从而 $S = \{z_0 = 1, z_1\}$,

$F_1 = \mathbf{Q}(\bar{z}_1, z_1) = \mathbf{Q}\left(\frac{1}{2} + \frac{\sqrt{-3}}{2}, \frac{1}{2} - \frac{\sqrt{-3}}{2}\right) = \mathbf{Q}(\sqrt{-3})$. 如果我们能作出 $20°$ 角, 当然也能得到 $\cos 20°$. 但是 $\cos 20°$ 满足方程 $4x^3 - 3x - 1/2 = 0$, 即 $8x^3 - 6x - 1 = 0$. 由于 $f(x) = 8x^3 - 6x - 1$ 在 $\mathbf{Q}[x]$ 中不可约, 从而 $[\mathbf{Q}(\cos 20°):\mathbf{Q}] = 3$, 于是

$$6 = [\mathbf{Q}(\cos 20°, \sqrt{-3}):\mathbf{Q}] = [F_1(\cos 20°):\mathbf{Q}]$$
$$= [F_1(\cos 20°):F_1] \cdot [F_1:\mathbf{Q}].$$

但是 $[F_1:\mathbf{Q}] = [\mathbf{Q}(\sqrt{-3}):\mathbf{Q}] = 2$, 从而 $[F_1(\cos 20°):F_1] = 3$. 根据上面的系, $\cos 20°$ 不是 S-点, 从而 $60°$ 角不能用尺规三等分. 证毕.

这就表明: 用尺规不能将任意角三等分.

习　题

1. 证明用尺规可将 $45°$ 和 $54°$ 角三等分.

2. 试解决古代"难"题——倍方问题.

3. 证明: 用尺规可作出圆的内接正 $3, 4, 5, 6, 8, 10$ 边形, 但是不能作出正 $7, 9$ 边形.

2.7 有 限 域

我们在上节就域和域的扩张作了介绍. 对于各种域的进一步研究则属于一些专门的数学分支. 例如, 研究有理数域 $\mathbf{Q}$ 的代数扩张的学科是代数数论, 研究域的超越扩张的学科是代数函数论和代数几何. 我们在本节讲述最简单的一类域: **有限域**(也叫伽罗瓦域).

设 F 是有限域, 由于 F 有限, 它的特征不能是零, 从而为某个素数 p. 于是 F 包含 p 元域 F_p, 而 F 是 F_p 上有限维向量空间. 设维数 $[F:F_p]$ 为 n, 则向量空间 F 中存在一组 F_p-基 $v_1, \cdots, v_n$, 使得 F 中每个元素唯一表成

$$a_1 v_1 + \cdots + a_n v_n, \qquad a_i \in F_p,$$

由此可知 F 中共有 p^n 个元素. 这就证明了: 有限域中元素个数是某素数的方幂. 并且对于 F 中每个元素 a, 均有 $pa = 0$. 这就表明 F 作为加法群是 n 个 p 阶循环群的直积. 这也就证明了下面定理 1 中的 (1).

定理 1 设 F 为有限域. 则

(1) F 的特征是某个素数 p, 并且它是 p 元域 F_p 的有限扩张. 令 $n = [F:F_p]$, 则 F 中共有 p^n 个元素, 并且作为加法群 F 是 n 个 p 阶循环群的直积;

(2) $F^* = F - \{0\}$ 是 $p^n - 1$ 阶乘法循环群. 令 F^* 是由元素 u 生成的, 则 $F = F_p(u)$ (单扩张);

(3) 设 Ω_p 是 F 的一个代数闭包. 则 F 恰好是由多项式 $x^{p^n} - x$ 在 Ω_p 中的 p^n 个根所组成的;

(4) 对于每个 $n \geqslant 1$, 在 Ω_p 中有且只有唯一的 p^n 元域 F_{p^n}, 而 $\Omega_p = \bigcup_{n \geqslant 1} F_{p^n}$;

(5) 任意两个阶数相同的有限域必同构;

(6) 映射 $\sigma_p: F \to F, a \mapsto a^p$ 是域 F 的自同构, 并且 σ_p 的阶数是 n. 而 F 的自同构群 $\mathrm{Aut}(F)$ 是由 σ_p 生成的 n 阶循环群.

证明 (1) 已证.

(2) F^* 是 $p^n - 1$ 阶阿贝尔群. 令 $p^n - 1 = p_1^{a_1} \cdots p_s^{a_s}$, 其中 $p_1, \cdots, p_s$ 为不同的素数, $a_i \geqslant 1 (1 \leqslant i \leqslant s)$. 根据有限阿贝尔群基本定理, F^* 是它们的西罗子群的直积, 即

$$F^* = G_1 \times \cdots \times G_s,$$

其中 G_i 为 F^* 的 $p_i^{a_i}$ 阶西罗子群. 从而对于每个 $a \in G_i$, $a^{p_i^{a_i}} = 1$. 由于 G_i 是域 F 的子集合, 而方程 $x^{p_i^{a_i}-1} = 1$ 在 F 中至多有 $p_i^{a_i}-1$ 个解, 因此 G_i 中必有 $p_i^{a_i}$ 阶元素, 从而 G_i 是 $p_i^{a_i}$ 阶循环群 ($1 \leqslant i \leqslant s$). 由于 $p_i^{a_i}$ ($1 \leqslant i \leqslant s$) 两两互素, 可知 F^* 是 $p_1^{a_1} \cdots p_s^{a_s} = p^n - 1$ 阶循环群. 令 u 为乘法循环群 F^* 的一个生成元, 则

$$F = F^* \bigcup \{0\} = \{0, 1, u, u^2, \cdots, u^{p^n-2}\} = F_p(u).$$

(3) 和 (4) 由于 $(x^{p^n} - x)' = -1$ 与 $x^{p^n} - x$ 是互素的, 从而多项式 $x^{p^n} - x$ 没有重根. 因此 $x^{p^n} - x$ 在代数封闭域 Ω_p 中共有 p^n 个根; 另一方面, 这 p^n 个根形成 Ω_p 的一个 p^n 元子域 F_{p^n} (因为: 显然 $0 \in F_{p^n}$. 并且若 $a, b \in F_{p^n}$, 即 $a^{p^n} - a = b^{p^n} - b = 0$, 则 $(a \pm b)^{p^n} - (a \pm b) = (a^{p^n} \pm b^{p^n}) - (a \pm b) = (a^{p^n} - a) \pm (b^{p^n} - b) = 0$, 即 $a \pm b \in F_{p^n}$. 又若 $0 \neq a \in F_{p^n}$, 则 $a^{p^n} - a = 0$, 于是 $a^{p^n} = a$, $(a^{-1})^{p^n} = a^{-1}$, 即 $(a^{-1})^{p^n} - a^{-1} = 0$, 从而 $a^{-1} \in F_{p^n}$). 这就表明对于每个 $n \geqslant 1$, Ω_p 中存在唯一的 p^n 元子域 F_{p^n}. 所以若 F 是 Ω_p 中的 p^n 元子域, 则 $F = F_{p^n}$. 由于 Ω_p/F 和 F/F_p 均是代数扩张. 因此 Ω_p/F_p 也是代数扩张. 对于 Ω_p 中每个元素 a, 则 a 在 F_p 上代数. 设 a 在 F_p 上的次数为 n, 则 $F_p(\alpha)/F_p$ 为 n 次扩张. 于是 $F_p(\alpha) = F_{p^n}$, 即 $\alpha \in F_{p^n}$. 从而

$$\Omega_p = \bigcup_{n \geqslant 1} F_{p^n}.$$

(5) 设 F_1 和 F_2 均是 p^n 元域, 则它们有公共的 p 元子域 F_p. 令 Ω_1 和 Ω_2 分别是 F_1 和 F_2 的代数闭包. 由 (2) 知 F_1/F_p 为单扩张, 即 $F_1 = F_p(u_1)$. 令 $f(x)$ 是 u_1 在 F_p 上的极小多项式, 则 $f(x)$ 为 $F_p[x]$ 中 n 次不可约首 1 多项式. 以 u_2 表示 $f(x)$ 在代数封闭域 Ω_2 中的一个根. 则 $F_p(u_2)$ 是 F_p 的 n 次扩张, 从而是 Ω_2 中的 p^n 元子域. 但是 Ω_2 中只有唯一的 p^n 元子域 F_2, 于是 $F_2 = F_p(u_2)$. 由于 u_1 和 u_2 在 F_p 上有相同的极小多项式 $f(x)$ 根据 2.6 节中结果可知 F_1 和 F_2 同构. 这就表明: 阶数相同的有限域必然同构.

(6) 易知 σ_p 为自同态 ($\sigma_p(ab) = a^p b^p = \sigma_p(a)\sigma_p(b)$, $\sigma_p(a \pm b) = (a \pm b)^p = a^p \pm b^p = \sigma_p(a) \pm \sigma_p(b)$), 并且是单同态 ($\sigma_p(a) = 0 \Rightarrow a^p = 0 \Rightarrow a = 0$). 由于 σ_p 是有限集合到它自身的单射, 从而必是满射. 这就表明 σ_p 是域 $F_{p^n} = F$ 的自同构. 注意对每个正整数 m, 自同构 σ_p^m 把元素 a 映成 a^{p^m}. 由于 F 中每个元素 a 均满足 $a^{p^n} = a$, 可知 σ_p^n 是 F 的恒等自同构. 又对于每个 m, $1 \leqslant m < n$, F^* 的乘法群生成元 u 有 $u^{p^m} \neq u$, 从而 σ_p^m 不是 F 的恒等自同构. 这就表明 σ_p 的阶是 n. 于是, 为了

证明 $\mathrm{Aut}(F) = \{1, \sigma_p, \cdots, \sigma_p^{n-1}\}$ 我们只需证明 $|\mathrm{Aut}(F)| \leqslant n$ 即可.

设 $\sigma \in \mathrm{Aut}(F)$, 由于 $F = F_p(u)$, 而 σ 在 F_p 上必为恒等自同构, 从而, σ 由 σ 在 u 上的作用 (即由 $\sigma(u)$) 所完全决定. 设 u 在 F_p 上的极小多项式为

$$f(x) = x^n + c_1 x^{n-1} + \cdots + c_n, \qquad c_i \in F_p.$$

则

$$0 = f(u) = u^n + c_1 u^{n-1} + \cdots + c_n.$$

σ 作用之后则为 $0 = \sigma(u)^n + c_1 \sigma(u)^{n-1} + \cdots + c_n$, 从而 $\sigma(u)$ 也是 $f(x)$ 在 F 中的根. 但是 $f(x)$ 在 F 中最多只有 n 个根, 从而 σ 最多也只有 n 个. 这就证明了 $|\mathrm{Aut}(F)| \leqslant n$. 证毕.

例 设 $f(x) = x^2 + 2x + 2 \in F_3[x]$. 易知 $f(x)$ 是 $F_3[x]$ 中不可约多项式. 令 u 为它的一个根, 则 $F = F_3(u) = F_3[u]$ 是 9 元域, 并且 F 中 9 个元素即是

$$a_1 u + a_2, \qquad a_1, a_2 \in F_3 = \{0, 1, 2\}.$$

我们可以把 $a_1 u + a_2$ 简记为 (a_1, a_2). 于是

$$1 = (0, 1), \quad u = (1, 0), \quad u^2 = u + 1 = (1, 1), \quad u^3 = (2, 1),$$
$$u^4 = (0, 2), \quad u^5 = (2, 0), \quad u^6 = (2, 2), \quad u^7 = (1, 2), \quad u^8 = 1.$$

而 $F = \{0 = (0, 0), 1, u, u^2, \cdots, u^7\}$. 由此不难给出 F 中的加法和乘法. 例如:

$$(a_1, a_2) + (b_1, b_2) = (a_1 + b_1, a_2 + b_2),$$
$$(2, 1) \cdot (2, 2) = u^3 \cdot u^6 = u^9 = u = (1, 0), \cdots.$$

最后, 我们再介绍一个著名的定理以结束本章.

定理 2 (韦德伯恩 (Wedderburn)) 有限体必为域.

证明 设 K 为有限体. Z 是它的中心, 即

$$Z = \{z \in K \mid \text{对于每个 } x \in K, \ xz = zx\}.$$

则 Z 是有限域. 令 $|Z| = q$, 则 K 是 q 元域 Z 上的有限维向量空间. 设维数是 n, 则 $|K| = q^n$. 我们的目的是要证明 $K = Z$, 即要证 $n = 1$.

对于每个元素 $a \in K$, 令 $N(a) = \{x \in K \mid ax = xa\}$, 这显然是 K 的子体并且包含 Z. 因此 $N(a)$ 也是 Z 上有限维向量空间, 从而 $|N(a)| = q^{n(a)}$, $n(a) \geqslant 1$. 由于 K^* 为 q^{n-1} 阶乘法群, 而 $N(a)^* = N(a) - \{0\}$ 是 K^* 的 $q^{n(a)-1}$ 的阶子群, 因此 $(q^{n(a)} - 1) \mid (q^n - 1)$. 由此不难推出 $n(a) \mid n$.

将乘法群 K^* 的元素分成共轭类. 从群论知道, 与 $a \in K^*$ 共轭的元素个数为 $[K^* : N(a)^*] = (q^n - 1)/(q^{n(a)} - 1)$. 从而我们有下面的恒等式:

$$q^n - 1 = q - 1 + \sum_{\substack{n(a) \mid n \\ n(a) \neq n}} (q^n - 1)/(q^{n(a)} - 1). \qquad (*)$$

(等式 $(*)$ 右边的 $q - 1$ 对应 $Z^* = Z - \{0\}$ 中 $q - 1$ 个元素, 这 $q - 1$ 个元素每个自成

一共轭类,而其余元素 a 的共轭类中元素均多于一个,即对应 $N(a)\neq n,N(a)\,|\,n$.)
我们要证明当 $n>1$ 时(﹡)式不能成立.为此,我们需要分圆多项式的知识,这个多项式定义为

$$P_n(x) = \prod_{\substack{1\leqslant r\leqslant n \\ (r,n)=1}} (x - \mathrm{e}^{\frac{2\pi i r}{n}}),$$

即 $P_n(x)$ 是以全部 n 次本原单位复根(共 $\varphi(n)$ 个,φ 是欧拉数论函数)为根的首 1 多项式,不难看出 $x^n-1=\prod\limits_{d\,|\,n}P_d(x)$.从而由数论上的莫比乌斯(Möbius)变换即知 $P_n(x) = \prod\limits_{d\,|\,n}(x^d-1)^{\mu(n/d)}$,其中 $\mu(n/d)$ 是莫比乌斯数论函数.于是 $P_n(x)=f(x)/g(x)$,其中 $f(x)$ 和 $g(x)$ 均为 $\mathbf{Z}[x]$ 中首 1 多项式.另一方面,由 $P_n(x)$ 的定义知它属于 $\mathbf{C}[x]$,从而在 $\mathbf{C}[x]$ 中 $g(x)\,|\,f(x)$.因为 $g(x),f(x)\in\mathbf{Z}[x]$ 而 $g(x)$,$f(x)$ 均为 $\mathbf{Z}[x]$ 中首 1 多项式,可知在 $\mathbf{Z}[x]$ 中 $g(x)\,|\,f(x)$.而 $P_n(x)$ 是 $\mathbf{Z}[x]$ 中的首 1 多项式.

对于 n 的每个正因子 d,如果 $d\,|\,n,d<n$,则 $P_n(x)$ 的每个根(即每个 n 次本原单位根)均是 x^n-1 的根,但不是 x^d-1 的根,从而均是多项式 $(x^n-1)/(x^d-1)$ 的根.因此 $P_n(x)\,\Big|\,\dfrac{x^n-1}{x^d-1}$.于是

$$P_n(q)\,\Big|\,\frac{q^n-1}{q^d-1} \quad (\text{对每个 } d, d\,|\,n, 1\leqslant d<n).$$

由此及式(﹡)我们就得到 $P_n(q)\,|\,(q-1)$.

但是由定义:$P_n(q) = \prod\limits_{\substack{1\leqslant r\leqslant n \\ (r,n)=1}}\left(q - \mathrm{e}^{\frac{2\pi i r}{n}}\right)$.而当 $n\geqslant 2$ 时,对于每个 $1\leqslant r\leqslant n$,$(r,n)=1$,均有 $\left|q-\mathrm{e}^{\frac{2\pi i r}{n}}\right|>$ $q-1$(见图 5).于是 $|P_n(q)|>(q-1)^{\varphi(n)}\geqslant q-1$,这就与 $P_n(q)\,|\,(q-1)$ 矛盾.从而必然 $n=1$,即 K 为有限域.

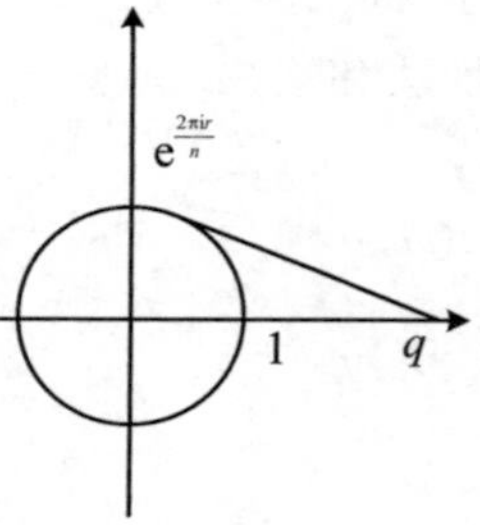

图 5

习　题

1. 试构作一个 8 元域,并写出它的加法表和乘法表.

2. 列出 F_2 上全部次数 $\leqslant 4$ 的不可约多项式,列出 F_3 上全部 2 次不可约多项式.

3. 设 F 为 p^n 元域(p 为素数),$F=F_p(u)$.试问 u 是否一定为乘法循环群 $F^*=F-\{0\}$ 的生成元?

4. 设 $f(x)$ 是 $F_p[x]$ 中首 1 不可约多项式.

(1) 若 u 为 $f(x)$ 的一个根,则 $f(x)$ 共有 n 个彼此不同的根,并且它们为 u, $u^p, u^{p^2}, \cdots, u^{p^{n-1}}$;

(2) 若 $f(x)$ 的一个根 u 为域 $F = F_p(u)$ 的乘法循环群 $F^* = F - \{0\}$ 的生成元,则 $f(x)$ 的每个根也都是 F^* 的生成元;

定义　如果 $f(x)$ 的根 u 是 $F_p(u) - \{0\}$ 的乘法群的生成元,我们称 $f(x)$ 为 $F_p[x]$ 中 n 次**本原多项式**(注意:这里的本原和 2.4 节中的本原意义完全不同).

(3) 证明 $F_p[x]$ 中 n 次本原多项式共有 $\varphi(p^n - 1)/n$ 个,其中 $\varphi(n)$ 是欧拉函数,表示从 1 到 n 的正整数中与 n 互素的正整数个数.

*5. 设 F_q 为 q 元域,$f(x)$ 是 $F_q[x]$ 中的不可约多项式.则

$$f(x) \mid x^{q^n} - x \iff \deg f \mid n.$$

*6. 求证:当 $n \geq 3$ 时,$x^{2^n} + x + 1$ 是 $F_2[x]$ 中可约多项式.

7. 设 K 是有限域.求证:对每个 $n \geq 1$,$K[x]$ 中必存在 n 次不可约多项式.

8. (1) 证明 $x^4 + x + 1$ 为 $F_2[x]$ 中本原多项式;

(2) 列出 16 元域 $F_{16} = F_2[u]$ 中(唯一的)4 元子域的全部元素,这里 u 是 $x^4 + x + 1 \in F_2[x]$ 的一个根;

(3) 求出 u 在 F_4 上的极小多项式.

9. (1) 证明 $x^4 + x^3 + x^2 + x + 1$ 为 $F_2[x]$ 中不可约多项式但不是本原多项式;

(2) 令 u 为 $x^4 + x^3 + x^2 + x + 1 \in F_2[x]$ 的一个根,试问 $F_{16} = F_2(u)$ 中哪些元素是 $F_{16} - \{0\}$ 的乘法生成元?

10. 设 F 是有限域,$a, b \in F^*$.求证:对每个 $c \in F$,方程 $ax^2 + by^2 = c$ 在域 F 中均有解 (x, y).

*11. 设 F 是 p^n 元域(p 为素数),$G = \mathrm{Aut}(F)$.对于每个 $a \in F$,令

$$T(a) = \sum_{a \in G} \sigma(a), \qquad N(a) = \prod_{a \in G} \sigma(a).$$

求证:(1) $T: F \to F_p$ 是加法群的满同态;

(2) $N: F^* \to F_p^*$ 是乘法群的满同态.

12. 设 F 为 q 元域,$q = p^n$,p 为素数,H 是 $\mathrm{Aut}(F)$ 的 m 阶子群.$K = \{a \in F \mid$ 对每个 $\sigma \in H$,$\sigma(a) = a\}$,求证:

(1) $m \mid n$;

(2) K 是 F 中唯一的 $p^{n/m}$ 元子域.

13. 设 F 为 $q = p^n$ 元域. p 为素数. $f(x)$ 为 $F[x]$ 中不可约多项式. 求证:

(1) $f(x)$ 有重根 $\Leftrightarrow$ 存在 $g(x) \in F[x]$, 使得 $f(x) = g(x^p)$;

(2) 如果 $f(x) = g(x^{p^n})$, 其中 $g(x) \in F[x]$, 但是不存在 $\bar{g}(x) \in F[x]$ 使得 $f(x) = \bar{g}(x^{p^{n+1}})$, 则 $p^n | m = \deg f$, 并且 $f(x)$ 共有 m/p^n 个不同的根, 每个根的重数均为 p^n.

14. 设 Ω_p 为 p 元域 F_p 的代数闭包(p 为素数), F_{p^n} 表示 Ω_p 中唯一的 p^n 元域, 求证:

(1) $F_{p^n} \supseteq F_{p^m} \Leftrightarrow m/n$;

(2) 设 $F_{p^n} \supseteq F_{p^m}$, 令 $G = \{\sigma \in \mathrm{Aut}(F_{p^n}) \mid$ 对每个 $a \in F_{p^m}$, $\sigma(a) = a\}$. 则 G 是 n/m 阶循环群.

15. 设 p 为素数. 证明方阵集合

$$\left\{ \begin{bmatrix} 1 & a & b \\ 0 & 1 & c \\ 0 & 0 & 1 \end{bmatrix} \middle| a, b, c \in F_p \right\}$$

对于方阵乘法是 p^3 阶非阿贝尔群.

第3章　域的伽罗瓦理论

我们是孩子,但是我们精力充沛,勇往直前……
——1831 年 6 月 16 日伽罗瓦在法庭上的辩护词

从历史角度来看,本章所讲的内容正是代数发展史上由古典代数进入近世代数的里程碑.大家知道,古典代数的中心问题是解代数方程和方程组.为了解一次方程和方程组,人们发展了有效工具——矩阵论和线性代数学.与此同时,高次方程的求解问题也是数学家几个世纪的探索对象.我们在中学里学过二次方程 $ax^2 + bx + c = 0$ 的一般求解公式:

$$x = \frac{1}{2a}(-b \pm \sqrt{b^2 - 4ac}).$$

在 16 世纪,意大利一些数学家寻找出三次和四次方程这种类型的一般求解公式,即方程解可用方程系数的四则运算以及开方运算表达出来(参见附录 3.1).人们花了二百多年试图寻找五次(和五次以上)方程的根式求解公式,直到 1770 年法国数学家拉格朗日才开始意识到一般五次方程这样的求解公式可能是不存在的. 1824 年,22 岁的挪威大学生阿贝尔证明了一般五次方程的根式不可解性.不幸,阿贝尔于 1829 年 4 月 6 日早逝于结核病.另一个同样年轻而有才华的法国数学家伽罗瓦继承了阿贝尔的工作,深刻地阐明了用根式解代数方程的理论基础.阿贝尔和伽罗瓦的天才想法是研究方程根之间的置换.由此产生了群的概念,这使得他们工作的意义远远超出了解代数方程的问题范围,而成为群论以至于近世代数的开拓者.

伽罗瓦是法国巴黎附近一座小镇镇长的儿子.正如他的一位教师所说,15 岁时"他被数学的鬼魅迷住了心窍".他一口气读了高斯、欧拉和勒让德等著名大数学家的著作. 1928 年,17 岁的伽罗瓦把论文"关于五次方程的代数解法问题"提交法兰西科学院,但是著名数学家柯西等人不仅没有认真审阅,反而丢失了原稿. 1831年,伽罗瓦第三次写好论文送去审查.当时法兰西科学院院士泊松(Poisson)写的审查意见是"完全不能理解".后来,伽罗瓦两次投考巴黎著名的工科大学失败,只进入不太好的高等师范学校.当时法国激烈的政治斗争吸引了热情而精力旺盛的伽罗瓦.他因参加政治活动而两次入狱并被学校开除.1832年4月出狱后不久在与人决斗时负重伤,5月31日上午10时去世.决斗前夕,他把自己的研究成果和未完成的想法写成长信交给朋友,可是没有一家出版商愿意出版伽罗瓦的手稿.直到14年后,1846年法国数学家刘维尔(Liouville)才在自己创办的"数学杂志"上刊印了伽罗瓦的遗稿.19世纪后期,人们才真正认识到阿贝尔和伽罗瓦工作对于代数学发展划时代的影响.1894年,戴德金(Dedekind,德国代数和数论学家)对伽罗瓦理论作了系统的阐述,并且更强调域论侧面.1948年,阿廷(Artin)所写的关于伽罗瓦理论的讲义成为后人的样板.

现在我们系统地介绍域的有限扩张的伽罗瓦理论.

3.1　域的扩张(复习),分裂域

本节本质上是复习第2章2.6节所讲内容,讲述关于域扩张的一些基本概念.

我们知道,一个含幺交换环K,如果K中每个非零元素均是(乘法)可逆元素,则称K为域.如果K是域F的子域,则F叫做K的扩域或扩张.这样一对域通常记成F/K.

设K和F为域,一个环同态$\varphi:K\to F$叫做域的同态(即对于$a,b\in K$,$\varphi(a\pm b)=\varphi(a)\pm\varphi(b)$, $\varphi(ab)=\varphi(a)\varphi(b)$).类似可定义域的同构.这时$\mathrm{Ker}\,\varphi$为$K$的理想,但是域$K$只有两个平凡理想$(0)$和$K$.如果$\mathrm{Ker}\,\varphi=K$,则$\varphi$是零同态(即$\varphi(K)=\{0\}$);如果$\mathrm{Ker}\,\varphi=\{0\}$,则$\varphi$是域的单同态.换句话说,域的同态只有两个可能:零同态和单同态.并且当$\varphi:K\to F$是单同态时:

(1) $a,b\in K$, $b\neq0$,则$\varphi(b)\neq0$并且$\varphi(a/b)=\varphi(a)/\varphi(b)$;

(2) $\varphi(1_K)=1_F$;

(3) K同构于F的子域$\varphi(K)$.

我们经常通过φ把K等同于F的子域$\varphi(K)$(即$a\in K$看成是元素$\varphi(a)\in F$),所以域的单同态也叫域的嵌入,即通过φ将K嵌到域F之中.

域K到自身之上的全部自同构形成群,叫做是域K的自同构群,表示成$\mathrm{Aut}(K)$.例如:有理数域$\mathbf{Q}$和实数域$\mathbf{R}$的自同构只有恒等自同构,从而它们的自同构群均是一元群.而域$\mathbf{Q}(\sqrt{-1})$的自同构群为

$$\mathrm{Aut}(\mathbf{Q}\sqrt{-1}) = \{1, \sigma\},$$

其中

$$\sigma(a + b\sqrt{-1}) = a - b\sqrt{-1} \quad (a, b \in \mathbf{Q}).$$

更一般地,设 $F/K, E/K$ 为域的扩张.如果域的嵌入 $\varphi : F \to E$ 在子域 K 上的限制为 K 的恒等自同构,即对每个 $a \in K$, $\varphi(a) = a$ 则称 φ 是 K-嵌入.如果 $\varphi : F \to F$ 是域的同构并且 $\varphi(a) = a$(对子域 K 的每个元素 a),则称 φ 为域 F 的 K-自同构. F 的全部 K-自同构形成 $\mathrm{Aut}(F)$ 的一个子群,表示成 $\mathrm{Aut}_K(F)$ 或者 $\mathrm{Gal}(F/K)$,叫做是域 F 的 K-自同构群,或者叫做是域扩张 F/K 的伽罗瓦群.例如 $\mathrm{Gal}(\mathbf{C}/\mathbf{R}) = \{1, \sigma\}$,其中 σ 是复共轭自同构:

$$\sigma(\alpha + \beta\sqrt{-1}) = \alpha - \beta\sqrt{-1} \quad (\alpha, \beta \in \mathbf{R}).$$

设 F 为域,如果 1_F 是加法无限阶元素,我们称域 F 的**特征为零**,这时 $\mathbf{Q} \to F$: $\alpha \mapsto \alpha \cdot 1_F$ 是域的嵌入,因此 F 有子域 $\{\alpha \cdot 1_F \mid \alpha \in \mathbf{Q}\}$ 同构于 $\mathbf{Q}$.我们由此将 $\mathbf{Q}$ 看成是 F 的子域,叫做是 F 的素子域.如果 1_F 是加法有限阶元素,则阶必为素数 p,这时称域 F 的特征为 p,而 F 有子域 $\{n \cdot 1_F \mid 0 \leqslant n \leqslant p-1\}$ 是 p 元有限域 F_p,我们称 F_p 为 F 的**素子域**.于是,按照 1_F 的加法阶特性我们把域分成两大类:特征为零或特征为素数 p,它们分别有素子域 $\mathbf{Q}$ 和 F_p.

现在谈域扩张的分类:设 F/K 为域的扩张. F 作为域 K 上向量空间,其维数 $\dim_K F$ 叫做是扩张 F/K 的次数,表示成 $[F : K]$.若维数有限,则称 F/K 为域的有限(次)扩张,否则叫无限(次)扩张.利用简单的线性代数知识,我们在第 2 章 2.6 节中证明了:

定理 1 设 $E/F, F/K$ 均为域的扩张,则

$$[E : K] = [E : F][F : K].$$

并且, E/K 为有限扩张 $\Longleftrightarrow E/F$ 和 F/K 均为有限扩张.

设 F/K 为域的扩张,如果存在 F 的子集 S,使得 $F = K(S)$(右边表示 F 中包含 $K \bigcup S$ 的最小子域),则称 S 在 K 上生成 F.特别若 S 为有限集,

$$S = \{\alpha_1, \cdots, \alpha_n\} \subseteq F,$$

如果

$$F = K(S) = K(\alpha_1, \cdots, \alpha_n),$$

则称 F/K 是有限生成扩张.又特别若 $S = \{\alpha\}$,即 $F = K(\alpha), \alpha \in F$,则称 F/K 为单扩张.易知有限扩张一定是有限生成扩张,但反之不然.例如有理函数域 $\mathbf{C}(x)$ 是 $\mathbf{C}$ 的有限生成扩张但不是有限扩张,又如 $\mathbf{C}/\mathbf{Q}, \mathbf{R}/\mathbf{Q}$ 均不是有限生成扩张,而 $\mathbf{C}/\mathbf{R}$ 是有限生成扩张.事实上, $\mathbf{C}/\mathbf{R}$ 是单扩张, $\mathbf{C} = \mathbf{R}(\sqrt{-1})$.我们今后主要研究有限生成扩张.

设 F/K 为域的扩张, $\alpha \in F$. 如果存在非零多项式 $f(x) \in K[x]$, 使得 $f(\alpha) = 0$, 则称 α 为 K 上代数元素(或叫 α 在 K 上是代数的). 这时, 我们在第 2 章 2.6 节中证明了, $K[x]$ 中存在唯一的首 1 多项式 $f(x)(\deg f(x) \geqslant 1)$ 使得

(1) $f(\alpha) = 0$,

(2) $g(x) \in K[x], g(\alpha) = 0 \Leftrightarrow f(x) \mid g(x)$,

称 $f(x)$ 为 α 在 K 上的极小多项式. 如果 α 在 K 上不是代数元素, 即 α 不是 $K[x]$ 中任何非零多项式的根, 则称 α 为 K 上的超越元素(或叫 α 在 K 上是超越的). 如果 F 中每个元素在 K 上均是代数的, 则称 F/K 为代数扩张. 否则, 如果 F 中至少有一个元素在 K 上超越, 则称 F/K 为超越扩张. 例如 C/R, $Q(\sqrt{2})/Q$, $Q(\zeta)/Q$ ($\zeta = e^{2\pi i/n}$)均为代数扩张, 而 R/Q, $K(x)/K$ (x 为文字)均为超越扩张. 我们在第 2 章 2.6 节中证明了, 这两种扩张的基本区别是:

定理 2 设 F/K 为域的扩张, $\alpha \in F$,

(1) 若 α 在 K 上代数, 令 $f(x)$ 为 α 在 K 上的极小多项式, $\deg f(x) = n \geqslant 1$, 则 $K[\alpha] = K(\alpha)$ 为 F 的子域, $1, \alpha, \cdots, \alpha^{n-1}$ 为 K-向量空间 $K(\alpha)$ 的一组基, 从而

$$[K(\alpha) : K] = n.$$

$f(x)$ 为 $K[x]$ 中不可约首 1 多项式, 从而 $K[x]/(f(x))$ 为域, 并且有域的自然同构:

$$K[x]/(f(x)) \xrightarrow{\sim} K(\alpha),$$

$$g(x)(\operatorname{mod} f(x)) \mapsto g(\alpha).$$

(2) 如果 α 在 K 上超越, 则环 $K[\alpha]$ 自然同构于多项式环 $K[x]$; 域 $K(\alpha)$ 自然同构于有理函数域 $K(x)$, 于是 $K(\alpha)/K$ (从而 F/K) 为无限扩张.

我们今后主要讲代数扩张(并且主要谈有限代数扩张), 下面是代数扩张的一些基本性质.

定理 3 (1) 有限扩张必为代数扩张;

(2) 设 F/K 为有限生成扩张; $F = K(\alpha_1, \cdots, \alpha_n)$. 如果 α_i 在 K 上均是代数的($1 \leqslant i \leqslant n$), 则 F/K 为有限扩张(从而为代数扩张);

(3) 若 E/F, F/K 均为代数扩张, 则 E/K 也是代数扩张;

(4) 设 F/K 为域的扩张, 则 $M = \{\alpha \in F \mid \alpha$ 在 K 上代数$\}$ 为 F/K 的中间域(即 M 为域并且 $K \subseteq M \subseteq F$). 称 M 为 K 在 F 中的代数闭包;

(5) 设 M_1, M_2 均为 K 的扩域又均为 F 的子域(如图 6 所示).

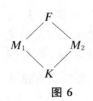

图 6

$$M_1 M_2 = M_1(M_2) = M_2(M_1)$$

为 M_1 和 M_2 在 F 中的合成域. 如果 $M_1/K, M_2/K$ 均为代数扩张, 则 $M_1 M_2/K$ 也为代数扩张.

证明　(1) 利用定理 2 的 (2), 使用反证法即可.

(2) 由题设知 $K(\alpha_i)/K$ 均为有限扩张. 设 $f_i(x)$ 为 α_i 在 K 上的极小多项式, 则 α_i 在 $K(\alpha_1, \cdots, \alpha_{i-1})$ 上的极小多项式 $q_i(x)$ 必为 $f_i(x)$ 的因式, 于是

$$\left[K(\alpha_1, \cdots, \alpha_i) : K(\alpha_1, \cdots, \alpha_{i-1}) \right]$$
$$= \left[K(\alpha_1, \cdots, \alpha_{i-1})(\alpha_i) : K(\alpha_1, \cdots, \alpha_{i-1}) \right]$$
$$= \deg q_i(x) \leqslant \deg f_i(x) = \left[K(\alpha_i) : K \right] < +\infty,$$

因此

$$\left[K(\alpha_1, \cdots, \alpha_n) : K \right] = \prod_{i=1}^{n} \left[K(\alpha_1, \cdots, \alpha_i) : K(\alpha_1, \cdots, \alpha_{i-1}) \right]$$
$$\leqslant \prod_{i=1}^{n} \left[K(\alpha_i) : K \right] < +\infty,$$

即 $K(\alpha_1, \cdots, \alpha_n)/K = F/K$ 为有限扩张.

(3) 设 $\alpha \in E$, 由假设 α 在 F 上代数, 于是

$$\alpha^n + c_1 \alpha^{n-1} + \cdots + c_n = 0, \qquad c_i \in F,$$

因此 α 在 $K(c_1, \cdots, c_n)$ 上代数, 于是 $K(c_1, \cdots, c_n, \alpha)/K(c_1, \cdots, c_n)$ 为有限扩张, 又由假设 $c_1, \cdots, c_n$ 均在 K 上代数, 由本定理的 (2) 知 $K(c_1, \cdots, c_n)/K$ 为有限扩张, 从而 $K(c_1, \cdots, c_n, \alpha)/K$ 为有限扩张, 于是也为代数扩张. 因此 α 在 K 上代数, 这对 E 中任意元素 α 都是对的, 所以 E/K 为代数扩张.

(4) 因为 K 中元素在 K 上显然是代数的 (对 $\alpha \in K, f(x) = x - a$ 为 a 在 K 上的极小多项式), 从而 $F \supseteq M \supseteq K$, 我们只需再证 M 是 F 的子域, 设 $\alpha, \beta \in M$, 由 M 的定义知 α, β 在 K 上均是代数的, 由 (2) 知 $K(\alpha, \beta)/K$ 为代数扩张, 由于 $\alpha \pm \beta$, $\alpha\beta$, α^{-1} (当 $\alpha \neq 0$ 时) 均为域 $K(\alpha, \beta)$ 中元素, 于是它们在 K 上均是代数的. 即均属于 M, 从而 M 为 F 的子域.

(5) 令 M 为 K 在 F 中的代数闭包, 则由 M 的定义知 M/K 为代数扩张, 并且由假设知道 $M_1 \subseteq M, M_2 \subseteq M$. 于是 $M_1 M_2 \subseteq M$, 从而 $M_1 M_2/K$ 为代数扩张. 证毕.

设 K 为域, $f(x) \in K[x]$, $\deg f(x) \geqslant 1$, 我们是否总能找到 K 的一个扩域 F, 使得 $f(x)$ 在 F 中至少有一个根? 我们在第 2 章 2.6 节中证明了这是可能的. 事实上, 我们不妨设 $f(x)$ 是 $K[x]$ 中不可约多项式, 这时 $F = K[x]/(f(x))$ 为域, 由于 $(f(x)) \bigcap K = \{0\}$, 我们可以把 K 自然地嵌成是域 F 的子域 (确切地说, 定义映射

$\varphi: K \to K[x]/(f(x)), a \mapsto a(\mod f(x))$，这是域的同态，

$$\mathrm{Ker}\,\varphi = K \bigcap (f(x)) = \{0\},$$

从而 φ 为域的嵌入). 令 α 为 x 在 F 中的像 (即 $\alpha = \bar{x} = (x \bmod (f(x)) \in F = K[x]/(f(x)))$，则

$$f(\alpha) = f(\bar{x}) = \overline{f(x)} = 0 \in F,$$

即 $\alpha \in F$ 为 $f(x)$ 的根. 而 $F = K(\alpha)$ 为 K 的扩域，我们称 F 是将 $f(x)$ 的根 α 添加到 K 上而得到的域.

一个域 K 叫做是**代数封闭**的，是指每个多项式 $f(x) \in K[x]$ ($\deg f(x) \geqslant 1$) 在 K 中都有根，这也相当于说 $f(x)$ 的所有根均属于 K，或者还可说成：若 F/K 为域的代数扩张，则 $F = K$. 我们熟知复数域 $\mathbf{C}$ 是代数封闭域，从而 $\mathbf{Q}$ 的所有代数扩域均可看成是 $\mathbf{C}$ 的子域. 一般地，设 K 为任意域，将所有 K 上代数的元素均添加到 K 上所得的域为 Ω，由定理 3 的 (3) 可知 Ω 是代数封闭域，我们称 Ω 为 K 的代数闭包. 例如：$\mathbf{Q}$ 有唯一的代数闭包 (这个代数闭包可取为 $\mathbf{C}$ 的子域但不是 $\mathbf{C}$！). 设 Ω_p 为有限域 $\mathbf{F}_p$ 的代数闭包，我们在第 2 章 2.7 节中证明了对每个 $n \geqslant 1$，Ω_p 中均有唯一的 p^n 元域 $\mathbf{F}_{p^n}$. 于是

$$\Omega_p = \bigcup_{n \geqslant 1} \mathbf{F}_{p^n}.$$

今后我们在考虑域 K 的代数扩张时，如不特别声明，均是在 K 的某个固定的代数闭包 Ω 中讨论问题.

设 E/F 为域的扩张，多项式 $f(x) \in F[x]$ ($\deg f \geqslant 1$) 叫做在 E 中**分裂**，是指 $f(x)$ 在 $E[x]$ 中分解成一次因子之积. 即

$$f(x) = a(x - r_r) \cdots (x - r_n), \qquad r_i \in E.$$

这时，若 L 为 E 的扩域，则 $f(x)$ 在 L 中也分裂，使 $f(x)$ 分裂的 F 之最小扩域显然为 $F(r_1, \cdots, r_n)$，这叫做是 $f(x)$ 在 F 上的分裂域，也就是说：

定义 设 F 为域，$f(x) \in F[x]$，$\deg f(x) = n \geqslant 1$. F 的扩域 E 叫做 $f(x)$ 在 F 上的**分裂域**，是指满足以下两个条件：

(1) $f(x) = a(x - r_1) \cdots (x - r_n)$，$r_i \in E$，其中 a 为 $f(x)$ 的首项系数；

(2) $E = F(r_1, \cdots, r_n)$.

例 1 设 F 为域，$f(x) = x^2 + ax + b \in F[x]$. 如果 $f(x)$ 在 $F[x]$ 中可约，则 $f(x)$ 的两个根均属于 F，于是 $f(x)$ 在 F 上的分裂域 E 即为 F. 如果 $f(x)$ 在 $F[x]$ 中不可约，令它 (在 F 的某个代数闭包 Ω 中) 的两个根 r_1, r_2，则 $r_1, r_2 \notin F$，$r_1 + r_2 = -a$，于是 $E = F(r_1, r_2) = F(r_1, -a - r_1) = F(r_1)$，而 E/F 为二次扩张.

例 2　$F = F_2$(二元域)，$f(x) = x^3 + x + 1 \in F_2[x]$ 为 $F_2[x]$ 中不可约多项式（因为 $f(0) = f(1) = 1 \neq 0 \in F_2$）. 令 r 为它在 Ω_p 中的一个根，则 r, r^2, r^4 是 $f(x)$ 的三个相异根，于是 $f(x)$ 在 F_2 上分裂域为 $E = F_2(r, r^2, r^4) = F_2(r)$，这是 8 元域.

例 3　$F = \mathbf{Q}, f(x) = x^p - 1$ 在 $\mathbf{Q}$ 上分裂域为 $\mathbf{Q}(1, \zeta, \zeta^2, \cdots, \zeta^{p-1}) = \mathbf{Q}(\zeta)$，其中 $\zeta = e^{2\pi i/p}$，p 为素数. 由于 ζ 在 $\mathbf{Q}[x]$ 中极小多项式为 $x^{p-1} + x^{p-2} + \cdots + x + 1$，于是

$$[\mathbf{Q}(\zeta) : \mathbf{Q}] = p - 1.$$

例 4　$F = \mathbf{Q}, f(x) = x^3 - 2$ 的三个根为 $\sqrt[3]{2}, \sqrt[3]{2}\,\omega$ 和 $\sqrt[3]{2}\,\omega^2$，其中 $\omega = e^{2\pi i/3}$，于是 $f(x)$ 在 $\mathbf{Q}$ 上分裂域为 $E = \mathbf{Q}(\sqrt[3]{2}, \sqrt[3]{2}\,\omega, \sqrt[3]{2}\,\omega^2) = \mathbf{Q}(\sqrt[3]{2}, \omega)$，不难证明 $[\mathbf{Q}(\sqrt[3]{2}, \omega) : \mathbf{Q}] = 6$.

例 5　$F = \mathbf{Q}$，则 $(x^2 - 2)(x^2 - 3)$ 在 $\mathbf{Q}$ 上的分裂域为 $E = \mathbf{Q}(\sqrt{2}, \sqrt{3})$，而 $[E : \mathbf{Q}] = 4$.

现在我们证明分裂域的存在性和唯一性.

定理 4　设 F 为域，$f(x) \in F[x]$，$\deg f(x) \geqslant 1$，则 $f(x)$ 在 F 上的分裂域总是存在的.

证明　设 $f(x)$ 的首项系数为 a，$0 \neq a \in F$，由于 $f(x)$ 在 F 上的分裂域显然也是 $a^{-1} f(x)$ 在 F 上的分裂域，所以我们不妨设 $f(x)$ 为首 1 多项式. 设

$$f(x) = f_1(x) \cdots f_k(x),$$

其中 $f_i(x)$ 均是 $F[x]$ 中不可约首 1 多项式，

$$1 \leqslant k \leqslant n = \deg f(x).$$

我们对 $n - k$ 归纳. 若 $n - k = 0$，则 $f_i(x)$ 均是 $F[x]$ 中一次多项式，于是 F 即是 $f(x)$ 在 F 上的分裂域. 现在设定理对 $0 \leqslant n - k \leqslant N$ 均成立，而设 $n - k = N + 1 \geqslant 1$，这时必有 i 使 $\deg f_i \geqslant 2$，不妨设 $\deg f_1 \geqslant 2$，令

$$K = F[x]/(f_1(x)).$$

我们已经知道 F 自然嵌成 K 的子域，并且

$$r = \bar{x} = (x \bmod f_1(x)) \in K$$

是 $f(x)$ 的根，于是

$$f_1(x) = (x - r)g(x), \quad g(x) \in K[x].$$

所以若 $f(x)$ 在 $K[x]$ 中分解成 l 个不可约首 1 多项式之积，则 $l > k$，即

$$n - l < n - k = N + 1.$$

于是 $n - l \leqslant N$，由归纳假设，$f(x)$ 在 K 上有分裂域 E，即 $f(x) = (x - r_1) \cdots (x - r_n)$，$r_n \in E$，并且

$$E = K(r_1, \cdots, r_n).$$

由于 $f_1(r) = 0$，$f_1(x) | f(x)$，$r \in K \subseteq E$，从而在 E 中，
$$0 = f(r) = (r - r_1) \cdots (r - r_n).$$
于是 $r = r_i$（对某个 i），因此 $E = K(r_1, \cdots, r_n) = F(r)(r_1, \cdots, r_n) = F(r, r_1, \cdots, r_n) = F(r_1, \cdots, r_n)$. 这表明 E 是 $f(x)$ 在 F 上的分裂域，即定理对 $n - k = N + 1$ 也成立，从而完成了证明.

注记 设 F 为域，$S = \{f_i | i = 1, 2, 3, \cdots\}$ 为 $F[x]$ 中多项式序列，$\deg f_i \geqslant 1$. 令 F_1 为 $f_1(x)$ 在 F 上的分裂域，F_2 为 $f_2(x)$ 在 F_1 上的分裂域，$\cdots$，F_n 为 $f_n(x)$ 在 F_{n-1} 上的分裂域，$\cdots$，则 $F \subseteq F_1 \subseteq F_2 \subseteq \cdots \subseteq F_n \subseteq \cdots$，我们称 $\bigcup_{n \geqslant 1} F_n$（这是 F 的代数扩域）为多项式集合 $S = \{f_1, f_2, \cdots f_n \cdots\}$ 在 F 上的分裂域. 对于 $F(x)$ 中任意的多项式集合 S（S 中每个多项式均是正次数的），我们也可类似定义 S 在 F 上的分裂域，但是当 S 为不可数集合时，我们需要利用集合论中的"良序公理"将 S 中多项式赋以一定的次序. 详情从略. 特别地，若取 S 为 $F[x]$ 中全部正次数多项式所成集合，则 S 在 F 上的分裂域即是 F 的一个代数闭包.

现在谈分裂域的唯一性问题. 设 F 为域，$f(x)$ 为 $F[x]$ 中正次数首 1 多项式，则对于 F 的每个代数闭包 Ω，Ω 中均存在唯一的子域 E 是 $f(x)$ 在 F 上的分裂域（设 $f(x)$ 在 Ω 中分解成 $f(x) = (x - r_1) \cdots (x - r_n)$，$r_i \in \Omega$，$n = \deg f(x)$，则 E 必然为 $F(r_1, \cdots, r_n)$）. 现在若 Ω 和 $\bar{\Omega}$ 为 F 的两个不同的代数闭包，E，$\bar{E}$ 为 $f(x)$ 在 F 上的分裂域，其中 $E \subseteq \Omega$，$\bar{E} \subseteq \bar{\Omega}$. 我们要证明 E 和 $\bar{E}$ 必然 F-同构，在这个意义下，$f(x)$ 在 F 上的分裂域本质上是唯一的. 为了证明这一点，我们首先需要一个引理.

引理 1 设 $\eta: F \to \bar{F}$，$\eta(a) = \bar{a}$ 是域的同构. 对于
$$f(x) = a_0 + a_1 x + \cdots + a_n x \in F[x],$$
令
$$\bar{f}(x) = \bar{a}_0 + \bar{a}_1 x + \cdots + \bar{a}_n x \in \bar{F}[x].$$
如果 E/F，$\bar{E}/\bar{F}$ 均是域的扩张，$r \in E$，r 在 F 上代数，$g(x)$ 为 r 在 F 上的极小多项式，则

(1) η 可扩充成域的嵌入 $\zeta: F(r) \to \bar{E} \Leftrightarrow \bar{g}(x)$ 在 $\bar{E}$ 中有根. 并且

(2) η 的这种扩充的个数等于 $\bar{g}(x)$ 在 $\bar{E}$ 中的相异根个数.

证明 (1) 设 $\zeta: F(r) \to \bar{E}$ 为域的嵌入，并且 $\zeta|_F = \eta$，令
$$g(x) = a_0 + a_1 x + \cdots + a_{n-1} x^{n-1} + x^n \in F[x].$$
则

$$0 = g(r) = a_0 + a_1 r + \cdots + r^n,$$

η 作用之后,

$$0 = \eta(a_0) + \eta(a_1)\zeta(r) + \cdots + \zeta(r)^n = g(\zeta(r)),$$

从而 $\zeta(r) \in \bar{E}$ 为 $g(x)$ 的根. 反之, 设 $r^* \in \bar{E}, g(r^*) = 0$, 则有环的同态

$$\alpha : F[x] \to \bar{E},$$
$$h(x) \mapsto \bar{h}(r^*),$$
$$\operatorname{Ker} \alpha \supseteq (g(x)).$$

于是诱导出域的同态

$$\beta : F[x]/(g(x)) \to \bar{E},$$
$$(h(x) \bmod g(x)) \mapsto \bar{h}(r^*).$$

F 为 $F[x]/(g(x))$ 的子域, 并且不难看出 $\beta|_F = \eta$, 于是

$$\beta(F) = \eta(F) = \bar{F} \neq \{0\}$$

从而 β 不为零同态, 即 β 为域的嵌入, 令

$$\varphi : F(r) \xrightarrow{\sim} F(x)/(g(x))$$

为域的自然同构, 则 $\beta \circ \varphi : F(r) \to \bar{E}$ 为域的嵌入, 并且

$$\beta \circ \varphi|_F = \eta.$$

(2) 如果 α 和 α' 是 $g(x)$ 在 $\bar{E}$ 中两个不同的根, 则由 (1) 的证明知有嵌入 $\zeta : F(r) \to \bar{E}$ 和 $\zeta' : F(r) \to \bar{E}$ 使得 $\zeta|_F = \zeta'|_F = \eta$, 并且 $\zeta(r) = \alpha$, $\zeta'(r) = \alpha'$, 由 $\alpha \neq \alpha'$ 知 ζ 和 ζ' 是不同的嵌入, 因此 η 扩充成 $\zeta : F(r) \to \bar{E}$ 的个数恰好等于 $g(x)$ 在 $\bar{E}$ 中相异根的个数. 证毕.

定理 5　设 $\eta : F \to \bar{F}, \eta(a) = \bar{a}$, 为域的同构, $f(x) \in F[x]$ 为正次数首 1 多项式, E 和 $\bar{E}$ 分别是 $f(x)$ 和 $\bar{f}(x)$ 在 F 和 $\bar{F}$ 上的分裂域, 则 η 可扩充成域的同构 $E \xrightarrow{\sim} \bar{E}$. 并且设 r 为这种扩充的个数, 则 $1 \leqslant r \leqslant [E : F]$. 进而若 $\bar{f}(x)$ 在 $\bar{E}$ 中无重根, 则

$$r = [E : F].$$

证明　我们对 $[E : F]$ 归纳 (注意 $[E : F] < \infty$), 若 $[E : F] = 1$, 则 $E = F$, 于是

$$f(x) = (x - r_1) \cdots (x - r_n) \in F[x],$$

即 $r_i \in F$, 从而

$$\bar{f}(x) = (x - \bar{r}_1) \cdots (x - \bar{r}_n) \in \bar{F}[x], \qquad \bar{r}_i \in \bar{F}.$$

因此 $\bar{E} = \bar{F}(\bar{r}_1, \cdots, \bar{r}_n) = \bar{F}$，而 η 恰好有一个扩充（即 η 自身）. 现设 $[E:F] < N$ 时定理 5 成立，而令 $[E:F] = N \geqslant 2$. 这时 $f(x)$ 在 $F[x]$ 中有首 1 不可约因子 $g(x)$，$\deg g(x) = m > 1$，$\deg f(x) = n$. 于是在 $\bar{F}[x]$ 中 $\bar{g}(x) | \bar{f}(x)$，从而在相应的分裂域中：

$$g(x) = \prod_{i=1}^{m}(x - r_i), \quad f(x) = \prod_{i=1}^{n}(x - r_i), \quad r_i \in E;$$

$$\bar{g}(x) = \prod_{i=1}^{m}(x - \bar{r}_i), \quad \bar{f}(x) = \prod_{i=1}^{n}(x - \bar{r}_i), \quad \bar{r}_i \in \bar{E}.$$

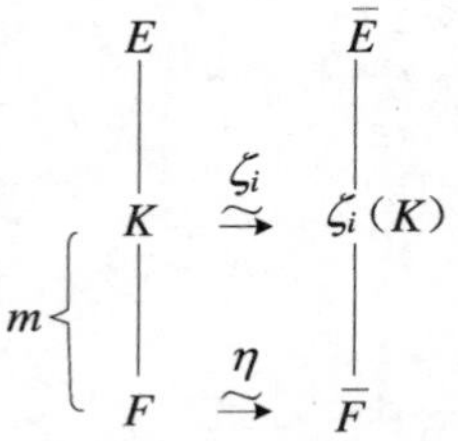

令 $K = F(r_1)$. 由于 $g(x)$ 为 r_1 在 F 上的极小多项式，从而 $[K:F] = m > 1$. 由引理 1 知共有 k 个嵌入 $\zeta_1, \cdots, \zeta_k : K \to \bar{E}$ 为 η 的扩充，其中 k 为 $\bar{r}_i (1 \leqslant i \leqslant m)$ 中相异元素个数，因此 $k \leqslant m$. 并且 $k = m \iff \bar{r}_i (1 \leqslant i \leqslant m)$ 两两不同.

由分裂域定义可知 E 和 $\bar{E}$ 分别为 $f(x)$ 和 $\bar{f}(x)$ 在 K 和 $\zeta_i(K)$ 上的分裂域（如图 7 所示）. 并且

$$[E:K] = [E:F]/[K:F] = [E:F]/m < [E:F].$$

图 7

由归纳假设，每个域同构 $\zeta_i : K \xrightarrow{\sim} \zeta_i(K)$ 均可扩充为同构 $\rho: E \xrightarrow{\sim} \bar{E}$. 设这种同构个数为 l_i，则 $1 \leqslant l_i \leqslant [E:K]$. 这就表明至少存在 η 的一个扩充 $E \xrightarrow{\sim} \bar{E}$. 当 $\bar{f}(x)$ 在 $\bar{E}$ 中无重根时，由归纳假设 $l_i = [E:K]$，从而这时 η 的总扩充数为

$$\sum_{i=1}^{k} l_i = k[E:K] = [E:K][K:F] = [E:F].$$

而在一般情形下，扩充总数 $\sum_{i=1}^{k} l_i \leqslant k[E:K] \leqslant [E:K][K:F] = [E:F]$. 证毕.

特别取 $F = \bar{F}$，η 为 F 的恒等自同构，便得到：

系 1 设 F 为域，$f(x)$ 为 $F[x]$ 中正次数多项式，E 和 $\bar{E}$ 为 $f(x)$ 在 F 上的两个分裂域，则共有 m 个 F-同构 $E \cong \bar{E}$，其中 $1 \leqslant m \leqslant [E:F]$. 又若 $f(x)$ 在 $\bar{E}$ 中无重根，则 $m = [E:F]$.

再取 $E = \bar{E}$ 又得到：

系 2 设 F 为域，$f(x)$ 为 $F[x]$ 中正次数多项式，E 为 $f(x)$ 在 F 上的分裂域，则 $|\mathrm{Gal}(E/F)| \leqslant [E:F]$，且若 $f(x)$ 在 E 中无重根，则 $|\mathrm{Gal}(E/F)| = [E:F]$.

例 6 $F = \mathbf{Q}$，$E = \mathbf{Q}(\zeta)$，$\zeta = e^{2\pi i/p}$，p 为素数. 则 E 是 $x^p - 1$ 或不可约多项式

$f(x) = x^{p-1} + x^{p-2} + \cdots + x + 1$ 在 $\mathbf{Q}$ 上的分裂域,并且 $f(x)$ 在 E 中无重根,于是 $|\mathrm{Gal}(E/F)| = [E:F] = p-1$. $\mathbf{Q}(\zeta)$ 的每个自同构 σ 由它在 ζ 上的作用所完全决定. 由于 $\sigma(\zeta)$ 和 ζ 一样应为乘法 p 阶元素,从而 $\sigma(\zeta) = \zeta^l (1 \leqslant l \leqslant p-1)$. 这种 σ 共有 $p-1$ 个可能,从而均应是 $\mathbf{Q}(\zeta)$ 的自同构. 将此自同构记成 σ_l,则

$$\mathrm{Gal}(\mathbf{Q}(\zeta)/\mathbf{Q}) = \mathrm{Aut}(\mathbf{Q}(\zeta)) = \{\sigma_l \mid 1 \leqslant l \leqslant p-1\}.$$

由于

$$\sigma_l \sigma_s(\zeta) = \sigma_l(\zeta^s) = \sigma_l(\zeta)^s = \zeta^{ls} = \sigma_{ls}(\zeta).$$

从而 $\sigma_l \sigma_s = \sigma_{ls}$. 因此映射

$$\mathrm{Gal}(\mathbf{Q}(\zeta)/\mathbf{Q}) \to (\mathbf{Z}/p\mathbf{Z})^*, \qquad \sigma_l \mapsto l(\mathrm{mod}\, p)$$

为群的同构. 熟知 $(\mathbf{Z}/p\mathbf{Z})^*$ 是由 $g(\mathrm{mod}\, p)$ 生成的 $p-1$ 阶乘法循环群,其中 g 是模 p 的一个原根. 于是 $\mathrm{Gal}(\mathbf{Q}(\zeta_p)/\mathbf{Q})$ 也是由 σ_g 生成的 $p-1$ 阶循环群.

例 7　设 $F = F_p(y)$,则 $f(x) = x^p - y \in F[x]$ 为不可约多项式. 设 $y^{1/p}$ 是它的一个根,则 $f(x) = (x - y^{1/p})^p$. 因此 $E = F(y^{1/p}) = F_p(y^{1/p})$ 为 $f(x)$ 在 F 上的分裂域. 但是 $f(x)$ 只有一个根,从而 $\mathrm{Gal}(F_p(y^{1/p})/F_p(y)) = \{1\}$,即 $|\mathrm{Gal}(E/F)| = 1 < p = [E:F]$.

习　题

1. 求证代数封闭域必是无限域.

2. 设 $F = F_q$(q 元有限域),$(n, q) = 1$,E 为 $x^n - 1$ 在 F 上的分裂域. 求证 $[E:F]$ 等于满足 $n \mid q^k - 1$ 的最小正整数 k.

*3. 设 F 为域,$f(x)$ 为 $F[x]$ 中 n 次多项式,F 为 $f(x)$ 在 F 上的分裂域. 求证 $[E:F] \mid n!$.

4. 设 E 为 $x^8 - 1$ 在 $\mathbf{Q}$ 上的分裂域. 问 $[E:\mathbf{Q}] = ?$ 并确定伽罗瓦群

$$\mathrm{Gal}(E/\mathbf{Q}).$$

5. 设 E/F 是域的扩张. 如果对每个元素 $\alpha \in E$,$\alpha \notin F$,α 在 F 上均是超越元素,则称 E/F 为纯超越扩张. 求证:

(1) $F(x)/F$ 是纯超越扩张;

(2) 对于任意域扩张 E/F,则存在唯一的中间域 M,使得 E/M 为纯超越扩张,而 M/F 为代数扩张.

3.2　可分扩张与正规扩张

我们在前一节看到多项式有重根影响自同构个数.现在谈如何判别一个多项式是否有重根.设 F 为域,$f(x)$ 为 $F[x]$ 中首 1 多项式,$\deg f \geqslant 1$,E 为 $f(x)$ 在 F 上的一个分裂域,则

$$f(x) = (x - r_1)^{k_1} \cdots (x - r_s)^{k_s}, \qquad r_i \in E, \ k_i \geqslant 1,$$

其中 $r_i (1 \leqslant i \leqslant s)$ 彼此不同.我们称 k_i 为根 r_i 的**重数**.若 $k_i \geqslant 2$,称 r_i 为 $f(x)$ 的**重根**.$k_i = 1$ 时 r_i 叫 $f(x)$ 的**单根**.如果 $\bar{E}$ 是 $f(x)$ 在 F 上的另一个分裂域,根据定理 5 可知存在 F-同构 $\zeta : E \xrightarrow{\sim} \bar{E}$,于是

$$f(x) = \bar{f}(x) = (x - \zeta(r_1))^{k_1} \cdots (x - \zeta(r_s))^{k_s}, \qquad \zeta(r_i) \in \bar{E}.$$

由于 ζ 为同构,$\zeta(r_i)(1 \leqslant i \leqslant s)$ 是 $\bar{E}$ 中彼此不同的元素.这就表明 $f(x)$ 的重根特性与分裂域 E 的选取方式无关,而是 $f(x)$ 本身的特性.事实上,我们有如下的定理:

定理 1　$f(x)$,F,E 如上所述,则 $f(x)$ 在 E 中无重根 $\Leftrightarrow$ 在 $F[x]$ 中 $(f(x)$, $f'(x)) = 1$,其中 $f'(x)$ 为 $f(x)$ 的形式微商,而 (f, f') 表示 f 和 f' 的最大公因式.

注记　多项式 $f(x) = a_n x^n + a_{n-1} x^{n-1} + \cdots + a_1 x + a_0 \in F[x]$ 的形式微商定义为

$$f'(x) = n a_n x^{n-1} + (n-1) a_{n-1} x^{n-2} + \cdots + 2 a_2 x + a_1 \in F[x].$$

不难直接验证,若 $a \in F$,$f(x)$,$g(x) \in F[x]$,则

$$(f + g)' = f' + g', \quad (af)' = af', \quad (fg)' = f'g + fg'.$$

定理 1 的证明　$\Leftarrow$　若 $\alpha \in E$ 是 $f(x)$ 的重根,则 $f(x) = (x - \alpha)^2 g(x)$,$g(x) \in E[x]$.于是

$$f'(x) = 2(x - \alpha) g(x) + (x - \alpha)^2 g'(x),$$

从而 $f(\alpha) = f'(\alpha) = 0$.令 $h(x)$ 为 α 在 F 上的极小多项式,则 $h(x) \mid f(x)$,$h(x) \mid f'(x)$,于是 $h(x) \mid (f, f')$,即 $(f, f') \neq 1$.

$\Rightarrow$　若 $f(x)$ 在 E 中无重根,则

$$f(x) = (x - \alpha_1) \cdots (x - \alpha_n), \qquad \alpha_i \in E.$$

$n = \deg f$,$\alpha_i (1 \leqslant i \leqslant n)$ 两两相异.于是

$$f'(\alpha_i) = \prod_{\substack{1 \leqslant j \leqslant n \\ j \neq i}} (\alpha_i - \alpha_j) \neq 0 \quad (1 \leqslant i \leqslant n),$$

从而在 $E[x]$ 中 $(f, f') = 1$，因此在 $F[x]$ 中也有 $(f, f') = 1$.

系 1　设 $f(x)$ 是 $F[x]$ 中不可约多项式，$\deg f \geqslant 1$.

（1）若 F 为特征零域，则 $f(x)$ 无重根；

（2）若 F 的特征为素数 p，则 $f(x)$ 有重根 $\Leftrightarrow$ 存在 $g(x) \in F[x]$，使得 $f(x) = g(x^p)$.

证明　（1）设 F 特征为零. 若 $f(x)$ 有重根，则 $(f, f') \neq 1$. 由 $f(x)$ 不可约即知 $f \mid f'$. 但是 $\deg f' = \deg f - 1$，从而 $f'(x) = 0$，这就与 $\deg f \geqslant 1$ 矛盾. 因此 $f(x)$ 无重根.

（2）设 F 的特征为素数 p. 与前面一样，$f(x)$ 有重根推出 $f'(x) = 0$. 令 $f(x) = c_0 + c_1 x + \cdots + c_n x^n$，则 $0 = f'(x) = c_1 + 2c_2 x + \cdots + ic_i x^{i-1} + \cdots + nc_n x^{n-1}$. 因此在 F 中，$c_i \neq 0 \Rightarrow i = 0 \in F \Rightarrow p \mid i$. 从而 $f(x) = c_0 + c_p x^p + \cdots + c_{lp} x^{lp} = g(x^p)$，其中 $g(x) = c_0 + c_p x + \cdots + c_{lp} x^l \in F[x]$. 反之，若 $f(x) = g(x^p)$，$g(x) \in F[x]$，则 $f'(x) = g'(x^p)(x^p)' = g'(x^p) \cdot px^{p-1} = 0$，于是 $(f, f') = f \neq 1$，从而 f 有重根.

定义 1　设 F 为域，$f(x) \in F[x]$，$\deg f \geqslant 1$. 称 $f(x)$ 为 F 上（或 $F[x]$ 中）**可分多项式**，是指 $f(x)$ 在 $F[x]$ 中的每个不可约因式均没有重根.

例如，$f(x) = x^2 - 2x + 1 = (x-1)^2$ 是 $\mathbf{Q}$ 上可分多项式，因为 $f(x)$ 的不可约因子 $x - 1$ 没有重根.

当 F 为特征零域时，由定理 1 的系知道，$F[x]$ 中不可约多项式均无重根，所以 $F[x]$ 中每个多项式均是可分的. 当 F 的特征为素数 p 时，下面引理表明 $F[x]$ 中可能存在不可分多项式.

引理 1　设 F 的特征为素数 p，$a \in F$. 则 $x^p - a$ 或者在 $F[x]$ 中不可约，或者是 $F[x]$ 中一次多项式的 p 次幂. 并且对于前一种情形，$x^p - a$ 是 F 上不可分多项式.

证明　设 E 为 $x^p - a$ 在 F 上的分裂域，$b \in E$ 为 $x^p - a$ 的一个根，则 $b^p = a$. 于是在 $E[x]$ 中，$x^p - a = (x - b)^p$. 若 $b \in F$，则 $x^p - a$ 为 $(x - b) \in F[x]$ 的 p 次幂. 若 $b \notin F$，则 $x^p - a$ 在 $F[x]$ 中不可约. 这是因为：若

$$x^p - a = f(x)g(x), \quad f, g \in F[x], \ \deg f \geqslant 1, \ \deg g \geqslant 1,$$

则 $f(x) = (x - b)^k \in F[x]$，$1 \leqslant k \leqslant p - 1$. 于是 $f(x)$ 的常数项 $\pm b^k$ 属于 F. 但是 $b^p = a \in F$，$(k, p) = 1$，从而 $b \in F$. 这与假设矛盾. 因此 $b \notin F$ 时 $x^p - a$ 在 $F[x]$ 中不可约. 但是它有重根，从而 $x^p - a$ 便是 F 上不可分多项式.

例 1　$F = F_p(t)$（有理函数域）. 不难证明 t 不是 F 中元素的 p 次幂. 由引理 1 即知 $x^p - t \in F[x]$ 是 F 上不可分多项式.

定义 2 域 F 叫**完全域**,是指 $F[x]$ 中每个不可约多项式均可分.这也相当于说,$F[x]$ 中每个不可约多项式均无重根.

特征零域均是完全域,而对于特征 p 域,则有如下判别法:

引理 2 设 F 的特征为素数 p.令 $F^p = \{a^p \mid a \in F\}$(这是 F 的子域),则 F 为完全域 $\Leftrightarrow F = F^p$.

证明 $\Rightarrow$ 若 $F^p \neq F$,则有 $a \in F - F^p$.由引理 1 知道 $x^p - a$ 在 F 上不可分,从而 F 不是完全域.

$\Leftarrow$ 若 F 不是完全域,则 $F[x]$ 中存在不可分的不可约多项式 $f(x)$,于是 f 有重根.由定理 1 的系知 $f(x) = a_0 + a_1 x^p + \cdots + a_l x^{lp}$.如果 $a_i (0 \leqslant i \leqslant l)$ 均属于 F^p,即 $a_i = b_i^p, b_i \in F (0 \leqslant i \leqslant l)$,则 $f(x) = (b_0 + b_1 x + \cdots + b_l x^l)^p$,与 $f(x)$ 在 F 上不可约矛盾.因此必有某个 $a_i \notin F^p$,即 $F \neq F^p$.证毕.

由引理 2 知 $F_p(t)$ 不是完全域.

系 2 有限域均是完全域.

证明 设 $F = F_q$,$q = p^n$,$n \geqslant 1$.我们在第 2 章 2.7 节中证明了 F 中元素均是 $x^q - x$ 的根,从而对每个 $a \in F$,$a = a^q = (a^{p^{n-1}})^p$.于是 $F = F^p$,即 F 为完全域.另一种证法是:$F \to F^p, a \mapsto a^p$ 是域的非零满同态,因此是域的同构.于是 $|F| = |F^p| < +\infty$.但是 $F^p \subseteq F$,从而 $F = F^p$.证毕.

定义 3 设 E/F 为域的代数扩张,$\alpha \in E$.称 α **在 F 上可分**,是指 α 为 $F[x]$ 中某个可分多项式的根.这也相当于说,α 在 F 上的极小多项式 $f(x)$ 无重根.(因为极小多项式 $f(x)$ 必然在 $F[x]$ 中不可约).如果 E 中每个元素在 F 上都是可分的,则称 E/F 为**可分扩张**.

由定义即知,完全域 F 的代数扩张均是可分扩张.而 $F_p(t^{1/p})/F_p(t)$ 不是可分扩张,因为 $t^{1/p}$ 在 $F_p(t)$ 上不可分.

下面是可分扩张一个重要特性.

定理 2 有限可分扩张必是单扩张.

证明 设 E/F 为有限可分扩张.则它是有限生成扩张,即 $E = F(\alpha_1, \cdots, \alpha_n)$.若 F 为有限域,则 E 亦为有限域,从而 E/F 必为单扩张(第 2 章 2.7 节).以下设 F 为无限域.我们对 n 归纳.当 $n = 1$ 时定理显然成立.设 $n = 2$,即 $E = F(\alpha, \beta)$,$\alpha, \beta \in E$,设 α 和 β 在 F 上的极小多项式分别为 $f(x)$ 和 $g(x)$.令 K 为 $f(x)g(x)$ 在 E 上的分裂域,则在 $E[x]$ 中,

$$f(x) = \prod_{i=1}^{r} (x - \alpha_i), \qquad \alpha_1 = \alpha, \ \alpha_i \in K,$$

$$g(x) = \prod_{j=1}^{s} (x - \beta_j), \qquad \beta_1 = \beta, \ \beta_j \in K.$$

由于 α 和 β 在 F 上可分,可知 $\alpha_i (1 \leqslant i \leqslant r)$ 彼此不同,$\beta_j (1 \leqslant j \leqslant s)$ 也彼此不同. 于是对每一组 $(i, k)(1 \leqslant i \leqslant r, 2 \leqslant k \leqslant s)$,方程

$$\alpha_i + x\beta_k = \alpha_1 + x\beta_1$$

在 K 中恰好有一解 $x = (\alpha_i - \alpha_1)/(\beta_1 - \beta_k)$,因此在 F 中也至多有一解. 由于 F 是无限域,从而存在 $c \in F$,使得

$$\alpha_i + c\beta_k \neq \alpha_1 + c\beta_1 \quad (1 \leqslant i \leqslant r, 2 \leqslant k \leqslant s). \qquad (*)$$

令 $r = \alpha_1 + c\beta_1 = \alpha + c\beta \in F(\alpha, \beta) = E$. 我们来证明 $E = F(r)$. 显然 $E \supseteq F(r)$. 另一方面,由于 $g(\beta) = 0$, $f(r - c\beta) = f(\alpha) = 0$,可知多项式 $g(x)$ 和 $f(r - cx) \in F(r)[x]$ 有公共根 $x = \beta$,并且由式 $(*)$ 可知它们只有这一个公共根. 从而在 $F(r)[x]$ 中 $(g(x), f(r - x)) = x - \beta$,即 $\beta \in F(r)$. 因此 $\alpha = r - c\beta \in F(r)$. 于是 $E = F(\alpha, \beta) \subseteq F(r)$,即 $E = F(r)$. 这就对 $n = 2$ 证明了定理.

现设定理对 $n = N \geqslant 2$ 时成立. 如果 $n = N + 1$,则 $E = F(\alpha_1, \cdots, \alpha_N)(\alpha_{N+1})$. 显然 $F(\alpha_1, \cdots, \alpha_N)/F$ 是有限可分扩张. 由归纳假设,$F(\alpha_1, \cdots, \alpha_N) = F(\beta)$,因此 $E = F(\beta, \alpha_{N+1})$. 再利用 $n = 2$ 的情形即知 E/F 为单扩张. 证毕.

关于可分扩张的进一步知识参见本章后面附录 3.2. 现在谈什么是正规扩张.

定义 4　代数扩张 E/F 叫做**正规扩张**,是指:对于 $F[x]$ 中每个不可约多项式 $f(x)$,如果 $f(x)$ 在 E 中有根,则 $f(x)$ 在 E 上分裂(即 $f(x)$ 的全部根均在 E 中,或者说成:E 包含 $f(x)$ 在 F 上的分裂域).

定义 5　设 Ω 是域 F 的代数闭包,$\sigma: F \to \Omega$ 为域的嵌入,则 $\sigma(F)$ 与 F 同构,称 $\sigma(F)$ 为 F 的**共轭域**. 类似地,对于 $\alpha \in F$,称 $\sigma(a)$ 为 a 的**共轭元素**. 如果 K 为 F 的子域而 σ 为 K-嵌入,则称 $\sigma(a)$ 为 a 的 K-**共轭元素**,$\sigma(F)$ 为 F 的 K-**共轭域**.

现在我们给出正规扩张的几种刻画方式.

引理 3　设 E/F 为代数扩张. 则下列条件彼此等价:

(1) E/F 为正规扩张;

(2) E 为 $F[x]$ 中某个多项式集合 S 的分裂域(其定义参见 3.1 节,定理 4 后面的注记);

(3) E 是 F-自共轭域,即只有 E 为 E 的 F-共轭域;

(4) 若 $\alpha \in E$,则 α 的每个 F-共轭元素均属于 E.

证明　$(1) \Rightarrow (2)$ 令 $S = \{a$ 在 F 上的极小多项式 $| a \in E\}$,易证 E 是 S 在 F 上的分裂域.

$(2) \Rightarrow (3)$ 设 $S \subseteq F[x]$,E 是 S 在 F 上的分裂域,Ω 为 E 的代数闭包. 对于每个

F-嵌入 $\sigma: E \to \Omega$ 和每个 $f(x) \in S$,则 $f(x) = (x - r_1) \cdots (x - r_n)$,$r_i \in E$. 但是 $f(x) \in F[x]$,从而

$$f(x) = \sigma(f(x)) = (x - \sigma(r_1)) \cdots (x - \sigma(r_n)).$$

由于 σ 是单射,可知 σ 为 $\{r_1, \cdots, r_n\}$ 上的置换. 由于 E 是 S 中所有多项式的所有根在 F 上生成的域,令这全部根组成的集合为 R,则 σ 在 R 上的作用亦为 R 的置换. 于是

$$\sigma(E) = \sigma(F(R)) = F(\sigma(R)) = F(R) = E,$$

从而 E 是 F-自共轭域.

(3)⇒(4) 对 $\alpha \in E$,$\sigma(a) \in \sigma(E) = E$.

(4)⇒(1) 设 $\alpha \in E$,$f(x)$ 为 α 在 F 上的极小多项式,Ω 为 E 的代数闭包. 则

$$f(x) = (x - r_1) \cdots (x - r_n), \qquad r_1 = \alpha \in E, r_i \in \Omega \ (1 \leqslant i \leqslant n).$$

对于每个 r_i,由 3.1 节引理 1 的证明知存在 F-嵌入 $\sigma: E \to \Omega$ 使得 $\sigma(\alpha) = r_i$. 由(4)中假定知 $\sigma(\alpha) \in E$,从而 $r_i \in E (1 \leqslant i \leqslant n)$,即 $f(x)$ 在 E 中分裂. 于是 E/F 为正规扩张.

系 3 设 E/F 为有限扩张,则 E/F 为正规扩张 ⟺ E 为 $F[x]$ 中某一个多项式的分裂域.

证明 ⟹ E/F 为有限生成的,于是 $E = F(\alpha_1, \cdots, \alpha_n)$. 设 $f_i(x)$ 为 α_i 在 F 上的极小多项式,由 E/F 正规可知 $f_i(x)(1 \leqslant i \leqslant n)$ 均在 E 上分裂,从而 $f(x) = f_1(x) \cdots f_n(x)$ 在 F 上分裂. 令 M 为 $f(x)$ 在 F 上的分裂域,则 $M \subseteq E$. 另一方面,$M \supseteq F(\alpha_1, \cdots, \alpha_n) = E$,从而 $M = E$,即 E 是 $f(x)$ 在 F 上的分裂域.

⟸ 由引理 3.

注记 由引理 3 和它的系可知,若 E 是 $F[x]$ 中某一多项式(或某个多项式集合)的分裂域,则 E 中每个元素 α 在 F 上的极小多项式也均在 E 中分裂.

引理 4 设 $E_i/F(i \in I)$ 均是代数扩张,并且 $E_i(i \in I)$ 均在 F 的同一代数闭包 Ω 之中. 如果 $E_i/F(i \in I)$ 均是正规扩张,则 $(\bigcap_{i \in I} E_i)/F$ 也是正规扩张.

证明 设 $\alpha \in \bigcap_{i \in I} E_i$,则 α 属于每个 $E_i(i \in I)$,由于 E_i/F 正规,从而 α 的每个 F-共轭元素均属于 E_i,于是属于 $\bigcap_{i \in I} E_i$. 这就表明 $(\bigcap_{i \in I} E_i)/F$ 为正规扩张.

定义 6 设 E/F 为代数扩张,Ω 为 E 的代数闭包,称

$$N = \bigcap_{\substack{E \leqslant M \leqslant \Omega \\ M/F \text{正规}}} M$$

为 E 在 F 上的**正规闭包**. 由引理 4 知 N/F 是正规扩张. 从而 N 即是满足 $N \supseteq E$ 的 F 之最小正规扩域. 如果 E/F 是有限扩张,$E = F(\alpha_1, \cdots, \alpha_n)$. 令 $f_i(x)$ 为 α_i 在 F

上极小多项式,不难证明,$f_1(x)\cdots f_n(x)$ 在 F 上的分裂域即是 E 在 F 上的正规闭包.

例 2　$\mathbf{Q}(\sqrt[3]{2})$ 在 $\mathbf{Q}$ 上的正规闭包为 $\mathbf{Q}(\sqrt[3]{2},\omega)$,其中 $\omega=\mathrm{e}^{2\pi\mathrm{i}/3}$.

习　题

1. 设 F 为特征 0 域,$f(x)$ 为 $F[x]$ 中正次数首 1 多项式,$d(x)=(f,f')$.求证:$g(x)=f(x)/d(x)$ 和 $f(x)$ 有同样的根,并且 $g(x)$ 无重根.

2. 设 F 为特征 p 域(p 为素数),$f(x)$ 为 $F[x]$ 中不可约多项式,求证:$f(x)$ 的所有根均有相同的重数,且这个公共重数有形式 $p^n(n\geqslant0)$.

3. 设 E/F 为可分扩张,M 为 E/F 的中间域,求证 E/M 和 M/F 均是可分扩张(注:我们在附录 3.2 中要证明其逆命题也成立).

4. 设 F 为特征 p 域(p 为素数),E/F 为代数扩张.求证:对每个 $\alpha\in E$ 均存在整数 $n\geqslant0$,使得 α^{p^n} 在 F 上可分.

5. 设 $E=F_p(x,y)$,$F=F_p(x^p,y^p)$(p 为素数),求证:

(1) $[E:F]=p^2$;　(2) E/F 不是单扩张;　(3) E/F 有无限多个中间域.

6. (1) 若 E/F 为代数扩张,F 为完全域,则 E 也为完全域;

(2) 若 E/F 为有限扩张,E 为完全域,则 F 也为完全域;

(3) 若 E/F 为有限生成扩张或者 E/F 为代数扩张(不必为有限扩张),问(2)中结论是否成立?

7. 设 $E=\mathbf{Q}(\alpha)$,其中 $\alpha^3+\alpha^2-2\alpha-1=0$,求证:

(1) α^2-2 也是 $x^3+x^2-2x-1=0$ 的根;

(2) $E/\mathbf{Q}$ 是正规扩张.

8. 设 E/F 和 K/F 均是正规扩张,求证 EK/F 也是正规扩张.

9. 域的二次扩张 E/F(即 $[E:F]=2$)必是正规扩张.试确定二次扩张的伽罗瓦群.

10. (1) 如果 E/M 和 M/F 均是域的正规扩张,试问 E/F 是否一定为正规扩张?

(2) 如果 E/F 是正规扩张,M 是它们的中间域,试问 E/M 和 M/F 是否一定为正规扩张?

*11. 设 E/F 为代数扩张.求证:E/F 为正规扩张 $\Longleftrightarrow$ 对于 $F[x]$ 中任意不可约多项式 $f(x)$,$f(x)$ 在 $E[x]$ 中的所有不可约因子均有相同的次数.

3.3 伽罗瓦扩张,基本定理

现在开始介绍域的伽罗瓦理论,这个理论的核心是域的扩张 E/F 及其与伽罗瓦群 $\mathrm{Gal}(E/F)$ 的关系. 在本书中我们只限于谈有限扩张的伽罗瓦理论.

设 E/F 是域的扩张,$\mathrm{Gal}(E/F)$ 是其**伽罗瓦群**,即

$$\mathrm{Gal}(E/F) = \{\text{域自同构 } \sigma: E \xrightarrow{\sim} E \mid \sigma(a) = a \text{ 对每个 } a \in F\}.$$

另一方面,设 E 为域,G 为 $\mathrm{Aut}(E)$ 的子群,定义

$$\mathrm{Inv}(G) = \{a \in E \mid \sigma(a) = a, \text{对每个 } \sigma \in G\},$$

这是 E 的子域,叫做是 E 的 **G-固定子域**. 于是我们有两个映射:

$$\mathrm{Inv}: \{\mathrm{Aut}(E) \text{ 的子群}\} \to \{E \text{ 的子域}\},$$
$$G \mapsto \mathrm{Inv}(G);$$
$$\mathrm{Gal}(E/): \{E \text{ 的子域}\} \to \{\mathrm{Aut}(E) \text{ 的子群}\},$$
$$F \mapsto \mathrm{Gal}(E/F).$$

这两个映射有如下性质:

引理 1 设 E 为域,G, G_1, G_2 为 $\mathrm{Aut}(E)$ 的子群. 则

(1) $G_1 \subseteq G_2 \Leftrightarrow \mathrm{Inv}(G_1) \supseteq \mathrm{Inv}(G_2)$,

$\quad F_1 \subseteq F_2 \Leftrightarrow \mathrm{Gal}(E/F_1) \supseteq \mathrm{Gal}(E/F_2)$;

(2) $\mathrm{Inv} \circ \mathrm{Gal}(E/)(F) = \mathrm{Inv}(\mathrm{Gal}(E/F)) \supseteq F$,

$\quad \mathrm{Gal}(E/) \circ \mathrm{Inv}(G) = \mathrm{Gal}(E/\mathrm{Inv}G) \supseteq G$;

(3) $\mathrm{Gal}(E/) \circ \mathrm{Inv} \circ \mathrm{Gal}(E/)(F) = \mathrm{Gal}(E/F)$,

$\quad \mathrm{Inv} \circ \mathrm{Gal}(E/) \circ \mathrm{Inv}(G) = \mathrm{Inv}(G)$.

证明 (1)和(2)由定义直接得出. 现证(3). 由(2)我们有

$$[\mathrm{Inv} \circ \mathrm{Gal}(E/)](\mathrm{Inv}(G)) \supseteq \mathrm{Inv}(G);$$

另一方面因为

$$\mathrm{Gal}(E/) \circ \mathrm{Inv}(G) \supseteq G,$$

从而由(1)又有

$$\mathrm{Inv} \circ (\mathrm{Gal}(E/) \circ \mathrm{Inv}(G)) \subseteq \mathrm{Inv}(G).$$

因此

$$\text{Inv} \circ \text{Gal}(E/) \circ \text{Inv}(G) = \text{Inv}(G).$$

同样可证另一公式.

引理 2 （1）设 E/F 为有限扩张. 则

$$|\text{Gal}(E/F)| \leqslant [E:F];$$

（2）（**Artin**）设 E 为域, G 是 $\text{Aut}(E)$ 的有限子群, $F = \text{Inv}(G)$, 则

$$[E:F] \leqslant |G|.$$

证明 （1）令 $E = F(\alpha_1, \cdots, \alpha_n)$, Ω 为 E 的代数闭包. 由 3.1 节引理 1 可知 F-嵌入 $F(\alpha_1) \to \Omega$ 的个数 $\leqslant [F(\alpha_1):F]$, 每个 F-嵌入 $\sigma: F(\alpha_1) \to \Omega$ 扩充成嵌入 $F(\alpha_1, \alpha_2) \to \Omega$ 的个数 $\leqslant [F(\alpha_1, \alpha_2):F(\alpha_2)]$, $\cdots$, 于是 F-嵌入 $E = F(\alpha_1, \cdots, \alpha_n) \to \Omega$ 的个数 $\leqslant [F(\alpha_1):F][F(\alpha_1, \alpha_2):F(\alpha_1)] \cdots [E:F(\alpha_1, \cdots, \alpha_{n-1})] = [E:F]$, 特别更有 $|\text{Gal}(E/F)| \leqslant [E:F]$.

（2）令 $n = |G|$. 对 $m > n$, 我们只需证 E 中任意 m 个元素 $u_1, \cdots, u_m$ 必然 F-线性相关. 记 $G = \{\eta_1, \cdots, \eta_n\}$, $\eta_1 = 1$ 为 E 的恒等自同构. 由于 $m > n$, 从而域 E 上关于 $x_1, \cdots, x_m$ 的线性方程组

$$\sum_{j=1}^{m} \eta_i(u_j) x_j = 0 \quad (1 \leqslant i \leqslant n) \qquad (*)$$

有非平凡解 $(b_1, \cdots, b_m) \neq (0, \cdots, 0)$. 设 $(b_1, \cdots, b_m)$ 是方程组 $(*)$ 所有非平凡解中非零分量个数最少的一个解, $b_j \in E (1 \leqslant j \leqslant m)$. 必要时将 u_j 和 x_j 的下标作适当的置换, 不妨设 $b_1 \neq 0$. 由于 $(1, b_1^{-1} b_2, \cdots, b_1^{-1} b_m)$ 也是方程组 $(*)$ 的解, 因此又不妨设 $b_1 = 1$. 如果 $b_j (1 \leqslant j \leqslant m)$ 均属于 F, 则由 $(*)$ 中第一个方程

$$\sum_{j=1}^{m} u_j b_j = 0 \quad (b_1 = 1)$$

即知 $u_j (1 \leqslant j \leqslant m)$ 是 F-线性相关的, 从而完成了证明. 现在用反证法证明 $b_j \in F$ $(2 \leqslant j \leqslant m)$: 假如有 $b_j \notin F$, 不妨设 $b_2 \notin F = \text{Inv}(G)$, 于是有 $k (2 \leqslant k \leqslant m)$ 使得 $\eta_k(b_2) \neq b_2$. 将方程组 $(*)$ 作用 η_k 则为

$$\sum_{j=1}^{m} (\eta_k \eta_i)(u_j) \eta_k(b_j) = 0 \quad (1 \leqslant i \leqslant n).$$

由于 G 为群, $(\eta_k \eta_1, \cdots, \eta_k \eta_n)$ 为 $\{\eta_1, \cdots, \eta_n\}$ 的置换, 从而

$$\sum_{j=1}^{m} \eta_i(u_j) n_k(b_j) = 0 \quad (1 \leqslant i \leqslant n).$$

这表明 $(1 = \eta_k(b_1), \eta_k(b_2), \cdots, \eta_k(b_m))$ 也是 $(*)$ 的解. 于是 $(0, b_2 - \eta_k(b_2), \cdots, b_m - \eta_k(b_m))$ 也是 $(*)$ 的解. 由 $b_2 \neq \eta_k(b_2)$ 知这是非平凡解, 但此解非零分量个数比 $(1, b_2, \cdots, b_m)$ 中非零分量个数要小, 这就导致矛盾, 从而完成了证明.

从上述两个引理我们可提出一系列问题：(1) 对于有限扩张 E/F，何时 $|\mathrm{Gal}(E/F)| = [E:F]$? (2) 设 G 为 $\mathrm{Aut}(E)$ 的有限子群，$F = \mathrm{Inv}(G)$，何时 $|G| = [E:F]$? (3) 映射 Inv 和 $\mathrm{Gal}(E/)$ 在何种情况下是互逆的？伽罗瓦理论是说：对于一类特殊的域扩张，上述问题均有很好的答案，这种特殊的扩张就叫做是伽罗瓦扩张.

定义 域的可分正规扩张叫做是**伽罗瓦扩张**. 域的有限可分正规扩张叫做是**有限伽罗瓦扩张**. 本讲义只谈有限伽罗瓦扩张.

注记 (1) 我们只对代数扩张才定义正规性和可分性，因此伽罗瓦扩张均是代数扩张.

(2) 当 F 为完全域时，F 的正规扩张即是伽罗瓦扩张. 例如：$\mathbf{Q}(\sqrt[3]{2},\omega)/\mathbf{Q}$ 是可分扩张（由于 $\mathbf{Q}$ 为完全域，其中 $\omega = \mathrm{e}^{\frac{2\pi i}{3}}$），又是正规扩张（因为 $\mathbf{Q}(\sqrt[3]{2},\omega)$ 是 $x^3 - 2$ 在 $\mathbf{Q}$ 上的分裂域），于是为伽罗瓦扩张. $\mathbf{Q}(\sqrt[3]{2})/\mathbf{Q}$ 可分但不正规，$F_p(t^{1/p})/F_p(t)$ 正规但不可分，从而均不是伽罗瓦扩张.

现在给出有限伽罗瓦扩张几种不同刻画方式.

定理 1 设 E/F 为域的伽罗瓦扩张，则下面三个条件彼此等价：

(1) E/F 是有限伽罗瓦扩张；

(2) E 是 $F[x]$ 中某个可分多项式在 F 上的分裂域；

(3) 存在 $\mathrm{Aut}(E)$ 的有限子群 G，使得 $F = \mathrm{Inv}(G)$.

进而，当(1)成立时，令 $G = \mathrm{Gal}(E/F)$，则 $F = \mathrm{Inv}(G)$. 于是
$$|\mathrm{Gal}(E/F)| = [E:F].$$
而当(3)成立时，即 $F = \mathrm{Inv}(G)$ 时，则 $G = \mathrm{Gal}(E/F)$.

证明 (1)$\Rightarrow$(2) 由于 E/F 是有限可分扩张，从而是单扩张，$E = F(\alpha)$. 令 α 在 F 上的极小多项式为 $f(x)$，由于 α 为 F 上可分元素，从而 $f(x)$ 是 $F[x]$ 中可分多项式. 由于 E/F 正规可知 E 包含 $f(x)$ 在 F 上的分裂域，于是 E 也就是 $F[x]$ 中可分多项式 $f(x)$ 在 F 上的分裂域. 最后，由 3.1 节定理 5 的系 2 即知
$$|\mathrm{Gal}(E/F)| = [E:F].$$

(2)$\Rightarrow$(3) 设 E 是 $F[x]$ 中可分多项式 $f(x)$ 在 F 上的分裂域，则 E/F 为有限扩张. 令 $G = \mathrm{Gal}(E/F)$，由 3.1 节定理 5 的系 2 知道 $|G| = [E:F]$，从而 G 为 $\mathrm{Aut}(E)$ 的有限子群. 令 $F' = \mathrm{Inv}(G)$，则 $E \supseteq F' \supseteq F$，于是 E 也是 $f(x)$ 在 F' 上的分裂域. 由于 $f(x)$ 无重根，由 3.1 节定理 5 的系 2，
$$|\mathrm{Gal}(E/F')| = [E:F'].$$

但是

$$\text{Gal}(E/F') = \text{Gal}(E/)\text{。Inv}(\text{Gal}(E/F)) = \text{Gal}(E/F) = G,$$

于是

$$[E:F'] = |\text{Gal}(E/F')| = |G| = [E:F],$$

再由 $F' \supseteq F$ 即知 $F' = F$,即 $F = \text{Inv}(G)$,而 G 为 $\text{Aut}(E)$ 的有限子群.

(3)$\Rightarrow$(1) 设 G 为 $\text{Aut}(E)$ 的有限子群,$F = \text{Inv}(G)$,由 $[E:F] \leqslant |G|$ 可知 E/F 为有限扩张.设 $\alpha \in E$,$f(x)$ 为 α 在 F 上的极小多项式.令 $\{r_1 = \alpha, r_2, \cdots, r_m\}$ 为 α 在 G 中元素作用下得到的全部像元素,则 $r_i \in E$ 且两两不同.令

$$g(x) = \prod_{i=1}^{m} (x - r_i),$$

对每个 $\sigma \in G$,$f(\sigma(\alpha)) = \sigma f(\alpha) = \sigma(0) = 0$,这表明 $r_i (1 \leqslant i \leqslant m)$ 均为 $f(x)$ 的根,从而 $g(x) | f(x)$.又由于 σ 作用在 $\{r_1, \cdots, r_m\}$ 上为置换,从而

$$\sigma(g(x)) = \prod_{i=1}^{m} (x - \sigma(r_i)) = \prod_{i=1}^{m} (x - r_i) = g(x).$$

于是 $g(x)$ 的诸系数均属于 $\text{Inv}(G) = F$,即 $g(x) \in F[x]$.但是 $f(x)$ 为 $F[x]$ 中不可约多项式而 $g(x) | f(x)$,从而

$$g(x) = f(x) = (x - r_1) \cdots (x - r_m).$$

由于 r_i 两两不同,从而 $f(x)$ 是 $F[x]$ 中可分多项式.于是 E 中元素 α 在 F 上均是可分的,从而 E/F 为可分扩张.进而,由于 $r_i \in E (1 \leqslant i \leqslant m)$,从而 $f(x)$ 在 E 上分裂.也就是说,每个 $F[x]$ 中不可约多项式 $f(x)$ 若在 E 中有根 α,则必在 E 上分裂,于是 E/F 为正规扩张.从而 E/F 是有限伽罗瓦扩张.于是

$$\text{Gal}(E/F) = \text{Gal}(E/\text{Inv}(G)) \supseteq G,$$

从而

$$[E:F] = |\text{Gal}(E/F)| \geqslant |G| \geqslant [E:F],$$

所以

$$\text{Gal}(E/F) = G.$$

系 若 E/F 为有限伽罗瓦扩张,M 为 E/F 的中间域,则 E/M 也是有限伽罗瓦扩张.

证明 由定理 1 的(2)即知.

定理 2(基本定理) 设 E/F 为有限伽罗瓦扩张,$G = \text{Gal}(E/F)$,$\Gamma = \{G$ 的全体子群$\}$,$\Sigma = \{E/F$ 的全体中间域(包含 E 和 F)$\}$.则

(1) $\text{Inv}: \Gamma \to \Sigma$ 和 $\text{Gal}(E/): \Sigma \to \Gamma$ 是互逆映射,从而给出集合 Σ 与 Γ 之间的反序一一对应;

(2) 设 $H_1, H_2 \in \Gamma$,$M_i = \text{Inv}(H)$ $(i = 1, 2)$,则

$$\text{Inv}(H_1 \cup H_2) = M_1 \cap M_2,$$

$$\text{Inv}(H_1 \bigcap H_2) = M_1 M_2,$$

其中 $H_1 \bigcup H_2$ 为由 H_1 和 H_2 生成的 G 之子群，$M_1 M_2$ 表示域的合成；

(3) 令 $H \in \Gamma$ 对应于 $M \in \Sigma$（即 $\text{Inv}(H) = M$，$H = \text{Gal}(E/M)$）. 则 $[E : M] = |H|$，$[M : F] = |G/H|$（如图 8 所示）；

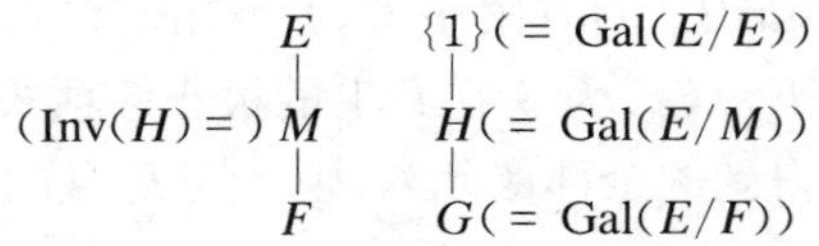

$$
\begin{array}{ccl}
E & & \{1\}(= \text{Gal}(E/E)) \\
 & | & \quad | \\
(\text{Inv}(H) =) \ M & & H(= \text{Gal}(E/M)) \\
 & | & \quad | \\
F & & G(= \text{Gal}(E/F))
\end{array}
$$

图 8

(4) H 为 G 的正规子群 $\Leftrightarrow M/F$ 为伽罗瓦扩张. 并且在这种情况下 $\text{Gal}(M/F) \cong G/H$.

证明 (1) 当 $M \in \Sigma$ 时，由于 E/M 为有限伽罗瓦扩张，从而由定理 1 的后半部分知 $M = \text{Inv}(\text{Gal}(E/M))$. 同样地，若 $H \in \Gamma$，则 $E/\text{Inv}(H)$ 为有限伽罗瓦扩张并且

$$\text{Gal}(E/) \circ \text{Inv}(H) = H.$$

因此 Inv 和 $\text{Gal}(E/)$ 为集合 Γ 与 Σ 之间互逆映射，从而均为一一对应，而反序性可由引理 1 的 (1) 得.

(2) 由反序性可知：$H_1 \bigcup H_2$ 为同时包含 H_1 和 H_2 的最小子群，它应当对应于同时包含在 M_1 和 M_2 之中的最大子域，即对应于 $M_1 \bigcap M_2$. 类似可证明另一式.

(3) 显然.

(4) 若 $M = \text{Inv}(H)$，则对 $\sigma \in G$,

$$
\begin{aligned}
\text{Inv}(\sigma H \sigma^{-1}) &= \{\alpha \in E \mid \sigma h \sigma^{-1}(\alpha) = \alpha, \text{对每个 } h \in H\} \\
&= \{\alpha \in E \mid h \sigma^{-1}(\alpha) = \sigma^{-1}(\alpha), \text{对每个 } h \in H\} \\
&= \{\sigma(\alpha) \in E \mid h(\alpha) = \alpha, \text{对每个 } h \in H\} \\
&= \sigma(M).
\end{aligned}
$$

即 H 的共轭子群 $\sigma H \sigma^{-1}$ 对应于 M 的共轭域 $\sigma(M)$，因此

$$H \text{ 为 } G \text{ 的正规子群} \Leftrightarrow \sigma H \sigma^{-1} = H(\text{对每个 } \sigma \in G)$$

$$\Leftrightarrow \sigma(M) = M(\text{对每个 } \sigma \in G). \qquad (**)$$

令 Ω 为 E 的代数闭包，从而也是 M 和 F 的代数闭包，设 $\tau : M \to \Omega$ 为 F-嵌入，则可扩充成 F-嵌入 $\sigma : E \to \Omega$. 由于 E/F 正规，因此 $\sigma(E) = E$，即

$$\sigma \in \text{Gal}(E/F) = G.$$

于是若式 $(**)$ 右边成立，则 $\tau(M) = \sigma(M) = M$，即 M 为 F-自共轭域，即 M/F 为

正规扩张. 另一方面, 由于 E/F 可分, 从而 M/F 也可分, 于是 M/F 是伽罗瓦扩张. 反之若 M/F 为伽罗瓦扩张, 对每个 $\sigma \in G$, $\sigma|_M$ 为 M 到 Ω 中的 F-嵌入, 由于 M/F 正规可知 $\sigma(M) = M$.

最后, 如果式 $(**)$ 右边条件成立, 作映射

$$\varphi : \mathrm{Gal}(E/F) \to \mathrm{Gal}(M/F), \qquad \sigma \mapsto \sigma|_M$$

(由 $\sigma(M) = M$ 可知 $\sigma|_M \in \mathrm{Gal}(M/F)$), 这是群的同态, 并且

$$\sigma \in \mathrm{Ker}\,\varphi \Leftrightarrow \sigma|_M \ \text{为} \ M \ \text{的恒等自同构}$$
$$\Leftrightarrow \sigma \in \mathrm{Gal}(E/M),$$

即

$$\mathrm{Ker}\,\varphi = \mathrm{Gal}(E/M).$$

于是诱导出群的单同态

$$\bar{\varphi} : \mathrm{Gal}(E/F)/\mathrm{Gal}(E/M) \to \mathrm{Gal}(M/F).$$

但是

$$|\mathrm{Gal}(E/F)/\mathrm{Gal}(E/M)| = \frac{[E:F]}{[E:M]} = [M:F]$$
$$= |\mathrm{Gal}(M/F)|,$$

从而有群同构

$$\mathrm{Gal}(M/F) \cong \mathrm{Gal}(E/F)/\mathrm{Gal}(E/M) = G/H.$$

以上便是域的伽罗瓦理论中的基本定理. 这个理论由伽罗瓦于 1830 年前后发现, 1894 年戴德金在为狄里克雷 (Dirichlet)《数论教程》一书作的第 11 个附录中对这一理论作了系统阐述, 并且更强调域论侧面. 1948 年阿廷所写伽罗瓦理论讲义成为后人的样板. 我们在下节讲述方程的伽罗瓦群, 它更接近于伽罗瓦的原始想法. 在这之前让我们举一些例子.

例 1　$E = \mathbf{Q}(\sqrt{2}, \sqrt{3})$, E 是 $(x^2 - 2)(x^2 - 3)$ 在 $\mathbf{Q}$ 上的分裂域, 从而 $E/\mathbf{Q}$ 为有限伽罗瓦扩张. 易证 $\sqrt{3} \notin \mathbf{Q}(\sqrt{2})$, 因此 $[E : \mathbf{Q}] = [\mathbf{Q}(\sqrt{2}, \sqrt{3}) : \mathbf{Q}(\sqrt{2})][\mathbf{Q}(\sqrt{2}) : \mathbf{Q}]$ $= 4$, 从而 $|\mathrm{Gal}(E/\mathbf{Q})| = 4$. $G = \mathrm{Gal}(E/\mathbf{Q})$ 中每个自同构 σ 由它在 $\sqrt{2}$ 和 $\sqrt{3}$ 上作用完全决定, 由于 $\sigma(\sqrt{2}) = \pm\sqrt{2}$, $\sigma(\sqrt{3}) = \pm\sqrt{3}$, 从而 G 中四个元素可列成表 2. 于是 $G = \langle \sigma_1, \sigma_2 \,|\, \sigma_1^2 = \sigma_2^2 = 1, \ \sigma_1\sigma_2 = \sigma_2\sigma_1 \rangle$, 即为两个 2 元群的直积. G 有三个 2 阶子群, 分别由 σ_1, σ_2 和 $\sigma_1\sigma_2$ 所生成. 由 G 的全部子群我们得到 $E/\mathbf{Q}$ 的全部中间域. 例如子群 $\langle \sigma_1\sigma_2 \rangle$ 对应中间域 $\mathbf{Q}(\sqrt{6})$, 这是因为

$$\sigma_1\sigma_2(\sqrt{6}) = \sigma_1\sigma_2(\sqrt{3}) \cdot \sigma_1\sigma_2(\sqrt{2})$$
$$= (-\sqrt{3})(-\sqrt{2}) = \sqrt{6},$$

表 2

$\sigma(a)$ $\quad$ a $\\$ σ	$\sqrt{2}$	$\sqrt{3}$
σ_1	$\sqrt{2}$	$-\sqrt{3}$
σ_2	$-\sqrt{2}$	$\sqrt{3}$
$\sigma_1\sigma_2$	$-\sqrt{2}$	$-\sqrt{3}$
1	$\sqrt{2}$	$\sqrt{3}$

从而

$$\mathbf{Q}(\sqrt{6}) \subseteq \mathrm{Inv}(\langle\sigma_1\sigma_2\rangle),$$

但是

$$[\mathrm{Inv}(\sigma_1\sigma_2):\mathbf{Q}] = [G:\langle\sigma_1\sigma_2\rangle] = 2 = [\mathbf{Q}(\sqrt{6}):\mathbf{Q}],$$

所以

$$\mathbf{Q}(\sqrt{6}) = \mathrm{Inv}(\langle\sigma_1\sigma_2\rangle).$$

整个子群和中间域对应关系可绘成图 9.

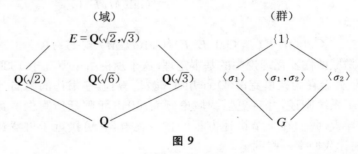

图 9

$E/\mathbf{Q}$ 应当为单扩张. 考虑元素 $\sqrt{2}+\sqrt{3}$, 它在 G 的作用下共有四个共轭元素: $\pm\sqrt{2}\pm\sqrt{3}$, 因此 $\sqrt{2}+\sqrt{3}$ 在 $\mathbf{Q}$ 上的极小多项式为

$$(x-\sqrt{2}-\sqrt{3})(x+\sqrt{2}-\sqrt{3})(x-\sqrt{2}+\sqrt{3})(x+\sqrt{2}+\sqrt{3})$$
$$= (x^2+5+2\sqrt{6})(x^2+5-2\sqrt{6})$$
$$= x^4+10x^2+1,$$

从而

$$[\mathbf{Q}(\sqrt{2}+\sqrt{3}):\mathbf{Q}] = 4.$$

但是

$$E \supseteq \mathbf{Q}(\sqrt{2}+\sqrt{3}), \qquad [E:\mathbf{Q}] = 4,$$

因此

$$E = \mathbf{Q}(\sqrt{2} + \sqrt{3}).$$

例 2　$E = \mathbf{Q}(\sqrt[3]{2}, \omega)$，$\omega = e^{2\pi i/3}$，$E$ 为 $x^3 - 2$ 在 $\mathbf{Q}$ 上的分裂域，因此 $E/\mathbf{Q}$ 为伽罗瓦扩张，并且 $[E : \mathbf{Q}] = 6$.（一方面，

$$[E : \mathbf{Q}] = [\mathbf{Q}(\sqrt[3]{2}, \omega) : \mathbf{Q}(\omega)][\mathbf{Q}(\omega) : \mathbf{Q}] \leqslant 3 \cdot 2 = 6;$$

另一方面，

$$2 = [\mathbf{Q}(\omega) : \mathbf{Q}] \mid [E : \mathbf{Q}], \qquad 3 = [\mathbf{Q}(\sqrt[3]{2}) : \mathbf{Q}] \mid [E : \mathbf{Q}].$$

于是 $6 \mid [E : \mathbf{Q}]$，即 $[E : \mathbf{Q}] \geqslant 6$. 从而 $[E : \mathbf{Q}] = 6$.）

$G = \mathrm{Gal}(E/\mathbf{Q})$ 中六个元素由在 $\sqrt[3]{2}$ 和 ω 上的作用所完全决定，但是对 $\sigma \in G$，$\sigma(\sqrt[3]{2}) = \sqrt[3]{2}$，$\sqrt[3]{2}\,\omega$ 或 $\sqrt[3]{2}\,\omega^2$，$\sigma(\omega) = \omega$ 或 ω^2，于是 G 中六个元素列成表 3.

表 3

$\sigma(\alpha)$ $\diagdown$ α $\diagup$ σ	$\alpha_1 = \sqrt[3]{2}$	ω	ω^2	$\alpha_2 = \sqrt[3]{2}\,\omega$	$\alpha_3 = \sqrt[3]{2}\,\omega^2$	置换表示
σ_1	$\sqrt[3]{2}$	ω	ω^2	$\sqrt[3]{2}\,\omega$	$\sqrt[3]{2}\,\omega^2$	1
σ_2	$\sqrt[3]{2}$	ω^2	ω	$\sqrt[3]{2}\,\omega^2$	$\sqrt[3]{2}\,\omega$	$(\alpha_2 \alpha_3)$
σ_3	$\sqrt[3]{2}\,\omega$	ω	ω^2	$\sqrt[3]{2}\,\omega^2$	$\sqrt[3]{2}$	$(\alpha_1 \alpha_2 \alpha_3)$
σ_4	$\sqrt[3]{2}\,\omega$	ω^2	ω	$\sqrt[3]{2}$	$\sqrt[3]{2}\,\omega^2$	$(\alpha_1 \alpha_2)$
σ_5	$\sqrt[3]{2}\,\omega^2$	ω	ω^2	$\sqrt[3]{2}$	$\sqrt[3]{2}\,\omega$	$(\alpha_1 \alpha_3 \alpha_2)$
σ_6	$\sqrt[3]{2}\,\omega^2$	ω^2	ω	$\sqrt[3]{2}\,\omega$	$\sqrt[3]{2}$	$(\alpha_1 \alpha_3)$

由最后一列 G 的置换表示，可知 G 同构于 $x^3 - 2$ 的三个根 α_1，α_2，α_3 的对称群 S_3. 它的全部子群以及对应的中间域如图 10 所示. 其中交错群 A_3 是 S_3 的正规

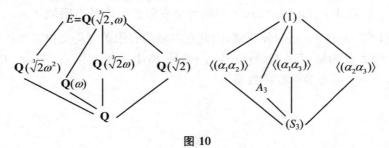

图 10

子群，从而 $\mathbf{Q}(\omega)/\mathbf{Q}$ 为伽罗瓦扩张. $\langle(\alpha_1\alpha_2)\rangle$，$\langle(\alpha_2\alpha_3)\rangle$ 和 $\langle(\alpha_1\alpha_3)\rangle$ 为 G 的三个共

轭子群,对应 $\mathbf{Q}(\sqrt[3]{2}\,\omega^2)$,$\mathbf{Q}(\sqrt[3]{2}\,\omega)$ 和 $\mathbf{Q}(\sqrt[3]{2})$ 是彼此共轭的三个域.最后,$E/\mathbf{Q}$ 是单扩张,$E=\mathbf{Q}(\omega+\sqrt[3]{2})$.

例 3(分圆域) 设 p 为奇素数,$n\geqslant 1$,$\zeta=\zeta_{p^n}=\mathrm{e}^{2\pi\mathrm{i}/p^n}$,$E=\mathbf{Q}(\zeta)$ 为 $x^{p^n}-1$ 的分裂域,从而 $E/\mathbf{Q}$ 为伽罗瓦扩张.ζ 为

$$f(x)=(x^{p^n}-1)/(x^{p^{n-1}}-1)$$
$$=x^{(p-1)p^{n-1}}+x^{(p-2)p^{n-1}}+\cdots+x^{p^{n-1}}+1$$

的根,令 $g(x)=f(x+1)$,则

$$g(x)=\frac{(x+1)^{p^n}-1}{(x+1)^{p^{n-1}}-1}\equiv\frac{x^{p^n}}{x^{p^{n-1}}}=x^{(p-1)p^{n-1}}(\bmod\ p).$$

换句话说,多项式 $g(x)\in\mathbf{Z}[x]$ 展成 x 的多项式之后,除首项系数为 1 外其余系数均为 p 的倍数.又由于 $g(0)=f(1)=p$.从而 $g(x)$ 的常数项 $g(0)$ 不为 p^2 的倍数.由爱森斯坦判别法可知 $g(x)$ 是 $\mathbf{Q}[x]$ 中不可约多项式,从而 $f(x)$ 也是.所以 $f(x)$ 是 ζ 在 $\mathbf{Q}$ 上的极小多项式,而 $[E:\mathbf{Q}]=\varphi(p^n)=(p-1)p^{n-1}$.像 3.1 节定理 5 系 2 后面的例 1 所作的那样,可知 $G=\mathrm{Gal}(E/\mathbf{Q})$ 同构于 $(\mathbf{Z}/p^n\mathbf{Z})^*$,从而 $\mathrm{Gal}(E/\mathbf{Q})$ 是 $\varphi(p^n)$ 阶循环群.例如对 $p^n=9$,则 $\mathbf{Q}(\zeta_9)/\mathbf{Q}$ 的伽罗瓦群是由 σ 生成的 6 阶循环群,其中 $\sigma(\zeta_9)=\zeta_9^2$,(2 为模 9 的原根).于是子群和中间域的对应如图 11 所示.

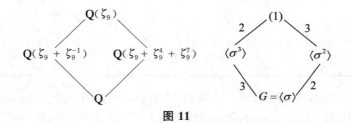

图 11

例 4 有限域 $F_q(q=p^m,m\geqslant 1)$ 的每个有限扩张均是有限域 $F_{q^n}(n\geqslant 1)$.由于 F_{q^n} 是 $x^{q^n}-x$ 在 F_q 上的分裂域,因此有限域的有限扩张均是伽罗瓦扩张.

例 5 设 K 为域,$E=K(x_1,\cdots,x_n)$ 是域 K 上关于文字 $x_1,\cdots,x_n$ 的有理函数域.$x_1,\cdots,x_n$ 的初等对称函数是

$$p_1=\sum_{i=1}^n x_i,$$
$$p_2=\sum_{1\leqslant i<j\leqslant n}x_ix_j,$$
$$\cdots,$$

$$p_n = x_1 x_2 \cdots x_n.$$

令 $F = K(p_1, \cdots, p_n)$. 由于 E 是 $f(x) = x^n - p_1 x^{n-1} + \cdots + (-1)^n p_n = (x - x_1) \cdots (x - x_n)$ 在 F 上的分裂域, 而 $f(x)$ 的根 $x_1, \cdots, x_n$ 彼此相异, 从而 E/F 为有限伽罗瓦扩张. 我们来确定 $G = \mathrm{Gal}(E/F)$. 以 S_n 表示 $\{x_1, \cdots, x_n\}$ 的对称群. 对于 $\sigma \in S_n$, 有

$$f(x_1, \cdots, x_n) \in K(x_1, \cdots, x_n) = E$$

(即 $f(x_1, \cdots, x_n)$ 是有理函数), 定义

$$\sigma(f(x_1, \cdots, x_n)) = f(\sigma(x_1), \cdots, \sigma(x_n)),$$

易知 $\sigma \in \mathrm{Aut}(E)$. 由于 $p_1, \cdots, p_n$ 是 $x_1, \cdots, x_n$ 的对称函数, 从而 $\sigma(p_i) = p_i$ $(1 \leqslant i \leqslant n)$. 于是 $\sigma \in G = \mathrm{Gal}(E/F)$. 于是 S_n 成为 G 的子群. 但是 $|S_n| = n!$, 而 E 是 n 次多项式 $f(x)$ 在 F 上的分裂域, 从而 $|G| = [E:F] \leqslant n!$ 这就表明 $G = S_n$.

这里我们顺便证明了 $K(p_1, \cdots, p_n) = F = \mathrm{Inv}(S_n)$. 换句话说, $K(x_1, \cdots, x_n)$ 中关于 $x_1, \cdots, x_n$ 对称的有理函数必然是 $p_1, \cdots, p_n$ 的有理函数.

习　题

1. 设 $E = \mathbf{Q}(\sqrt{2}, \sqrt{3}, u)$, $u^2 = (9 - 5\sqrt{3})(2 - \sqrt{2})$. 求证 $E/\mathbf{Q}$ 是伽罗瓦扩张, 并确定伽罗瓦群 $\mathrm{Gal}(E/\mathbf{Q})$.

2. 设 $E = \mathbf{C}(t)$ (有理函数域), $\sigma, \tau \in \mathrm{Gal}(E/\mathbf{C})$, 其中 $\sigma(t) = \omega t$, $\omega = \mathrm{e}^{2\pi i/3}$, $\tau(t) = t^{-1}$ 而 $\mathbf{C}$ 为复数域. 求证:

(1) τ 和 σ 生成的群 H_3 是 $\mathrm{Gal}(E/\mathbf{C})$ 的 6 阶子群;

(2) $\mathrm{Inv}(H) = \mathbf{C}(t^3 + t^{-3})$.

3. 设域 F 的特征为素数 p, $\sigma \in G = \mathrm{Gal}(F(x)/F)$, 其中 $\sigma(x) = x + 1$. 令 H 为由 σ 生成的 G 的子群, 求证 $|H| = p$; 试问 $\mathrm{Inv}(H) = ?$

4. 设域 F 的特征为素数 p, $a \in F$. 求证:

(1) $x^p - x - a$ 为 $F[x]$ 中不可约多项式 $\Leftrightarrow$ 不存在 $c \in F$, 使得 $a = c^p - c$;

(2) 如果 $x^p - x - a$ 在 $F[x]$ 中不可约, 令 α 为 $x^p - x - a$ 的一个根. 则 $F(\alpha)/F$ 为伽罗瓦扩张. 试确定伽罗瓦群 $\mathrm{Gal}(F(\alpha)/F)$.

*5. 设 L 和 M 均是域 E 的子域. 求证: 如果 $L/L \bigcap M$ 为有限伽罗瓦扩张, 则 LM/M 也为有限伽罗瓦扩张, 并且

$$\mathrm{Gal}(LM/M) \cong \mathrm{Gal}(L/L \bigcap M).$$

*6. 设 E/F 为有限伽罗瓦扩张，N 和 M 为中间域，$E \supseteq N \supseteq M \supseteq F$，并且 N 是 M 在 F 上的正规闭包. 求证

$$\mathrm{Gal}(E/N) = \bigcap_{\sigma \in \mathrm{Gal}(E/F)} \sigma \, \mathrm{Gal}(E/M) \sigma^{-1}.$$

7. 设 E 为 $x^4 - 2$ 在 $\mathbf{Q}$ 上的分裂域.

(1) 试求出 $E/\mathbf{Q}$ 的全部中间域；

(2) 试问哪些中间域是 $\mathbf{Q}$ 的伽罗瓦扩张？哪些域彼此共轭？

8. $\zeta = \mathrm{e}^{\frac{2\pi i}{12}}$，求证 $\mathbf{Q}(\zeta)/\mathbf{Q}$ 是伽罗瓦扩张，并求 $G = \mathrm{Gal}(\mathbf{Q}(\zeta)/\mathbf{Q})$，列出 G 的全部子群和它们对应的 $\mathbf{Q}(\zeta)/\mathbf{Q}$ 的中间域.

9. 对 $\zeta = \mathrm{e}^{2\pi i/9}$ 做习题 8 中的事情.

*10. 设 n 为大于 2 的整数，$\zeta_n = \mathrm{e}^{2\pi i/n}$，$\mathbf{R}$ 为实数域，求证 $\mathbf{Q}(\zeta_n) \bigcap \mathbf{R} = \mathbf{Q}(\zeta_n + \zeta_n^{-1})$.

*11. 设 p 为奇素数，求证：$\mathbf{Q}(\zeta_p)$ 有唯一的二次子域 K（即 K 为 $\mathbf{Q}(\zeta_p)$ 的子域并且 $[K:\mathbf{Q}] = 2$），进而，K 是实二次域（即 $K \subseteq \mathbf{R}$）$\Leftrightarrow p \equiv 1 (\mathrm{mod}\, 4)$.

*12. 设 E/F 为有限伽罗瓦扩张. 如果对任一域 $K (F \subsetneqq K \subseteq E)$，$K$ 对 F 均有相同的扩张次数 $[K:F]$，则 $[E:F] = p$.

13. (1) 证明 $\mathbf{Q}(\sqrt{2}, \sqrt{3}, \sqrt{5})/\mathbf{Q}$ 是伽罗瓦扩张，并求此扩张的伽罗瓦群；

(2) 求元素 $\sqrt{6} + \sqrt{10} + \sqrt{15}$ 在 $\mathbf{Q}$ 上的极小多项式；

(3) 求证 $\sqrt{6} \in \mathbf{Q}(\sqrt{6} + \sqrt{10} + \sqrt{15})$；

(4) 求 $\sqrt{2} + \sqrt{3}$ 在 $\mathbf{Q}(\sqrt{6} + \sqrt{10} + \sqrt{15})$ 上的极小多项式.

3.4　方程的伽罗瓦群

定义　设 F 为域，$f(x) \in F[x]$，$\deg f(x) \geqslant 1$，E 为 $f(x)$ 在 F 上的分裂域. 我们已经知道 $\mathrm{Gal}(E/F)$ 与分裂域 E 的选取无关，而是 $f(x)$ 和 F 的特性，称作是**多项式** $f(x)$ **或方程** $f(x) = 0$ **在域** F **上的伽罗瓦群**，表示成 $\mathrm{Gal}(f) = \mathrm{Gal}(f, F)$.

记

$$f(x) = (x - r_1) \cdots (x - r_n), \quad r_i \in E, \quad E = F(r_1, \cdots, r_n),$$

则每个 $\sigma \in \mathrm{Gal}(f)$ 为 $\{r_1, \cdots, r_n\}$ 上的置换，并且 σ 由这个置换所唯一确定. 因此也

可把 $\mathrm{Gal}(f)$ 看成是 $(r_1, \cdots, r_n)$ 的对称群 S_n 的子群, 参见前节末尾的例 2 和例 5. 我们再给出两个例子.

例 1　设 F 为域, n 为任意大于 2 的整数. F 的特征为 0 或者为素数 $p \nmid n$. 设 E 为 $x^n - 1$ 在 F 上的分裂域. 由对 F 特征的假设可知 $x^n - 1$ 为可分多项式, 从而 E/F 为伽罗瓦扩张. 设 Ω 为 E 的代数闭包, 而 Ω 中存在元素 $\zeta = \zeta_n$, 其乘法阶为 n. 这是因为, 令 $n = p_1^{s_1} \cdots p_r^{s_r}$ 是 n 的素因子分解式, 其中 $p_1, \cdots, p_r$ 为彼此不同的素数, $s_i \geqslant 1 (1 \leqslant i \leqslant r)$, 则方程

$$(x^{p_i^{s_i}} - 1)/(x^{p_i^{s_i-1}} - 1) = x^{(p_i-1)p_i^{s_i-1}} + x^{(p_i-2)p_i^{s_i-1}} + \cdots + x^{p_i^{s_i-1}} + 1$$

在 Ω 中有根 $\zeta_{p_i^{s_i}}$, 它的乘法阶为 $p_i^{s_i}$, 而

$$\zeta = \prod_{i=1}^{r} \zeta_{p_i^{s_i}}$$

的乘法阶为 n, 于是 $x^n - 1 = (x-1)(x-\zeta)(x-\zeta^2)\cdots(x-\zeta^{n-1})$, 从而 $E = F(1, \zeta, \cdots, \zeta^{n-1}) = F(\zeta)$. $\mathrm{Gal}(E/F)$ 中每个元素 σ 由在 ζ 上的作用所决定. 由于 $\sigma(\zeta)$ 也为乘法 n 阶元素, 从而 $\sigma(\zeta) = \zeta^l, (l, n) = 1$. 我们将此自同构记为 σ_l, 从而得到群的单同态:

$$\mathrm{Gal}(E/F) \rightarrow (\mathbf{Z}/n\mathbf{Z})^*,$$
$$\sigma_l \mapsto l(\mathrm{mod}\, n).$$

换句话说, $\mathrm{Gal}(E/F)$ 是 $(\mathbf{Z}/n\mathbf{Z})^*$ 的子群, 从而是有限阿贝尔群. 于是 $f(x) = x^n - 1$ 在 F 上的伽罗瓦群 $\mathrm{Gal}(f)$ 是根集合 $\{1, \zeta, \zeta^2, \cdots, \zeta^{n-1}\}$ 上置换群 S_n 的一个阿贝尔子群. $\mathrm{Gal}(f)$ 中每个元素 σ 看作 $\{1, \zeta, \cdots, \zeta^{n-1}\}$ 上的置换有形式: $\sigma(\zeta^i) = \zeta^{il}$ $(0 \leqslant i \leqslant n-1)$, 其中 l 为与 n 互素的整数. 注意 $\mathrm{Gal}(E/F)$ 不必为整个群 $(\mathbf{Z}/n\mathbf{Z})^*$. 比如当 $\zeta \in F$ 时, $E = F$, 从而 $\mathrm{Gal}(E/F)$ 只是一元群.

例 2　设 $x^n - 1$ 在域 F 上分裂, 并且根 $1, \zeta, \cdots, \zeta^{n-1} \in F$ 两两相异. $a \in F$, E 为 $x^n - a$ 在 F 上的分裂域. 令 $b \in E$ 为 $x^n - a$ 的一个根, 则 $x^n - a$ 在 E 中有 n 个不同的根 $b, b\zeta, \cdots, b\zeta^{n-1}$, 因此 E/F 为伽罗瓦扩张并且 $E = F(b)$. $\mathrm{Gal}(E/F)$ 中每个元素 σ 将 b 映成它的 F-共轭元素 $b\zeta^i$, 将这个 σ 记成 σ_i, 则因为 $\zeta^j \in F$, 从而

$$\sigma_i(b\zeta^j) = \sigma_i(b)\zeta^j = b\zeta^{i+j}.$$

设 σ_i, σ_k 为 $\mathrm{Gal}(E/F)$ 中两个自同构, 则

$$\sigma_i\sigma_k(b) = \sigma_i(b\zeta^k) = b\zeta^{i+k} = \sigma_{i+k}(b),$$

因此我们得到群的单同态

$$\mathrm{Gal}(E/F) \rightarrow \mathbf{Z}/n\mathbf{Z} \quad (\text{右边为加法群}).$$
$$\sigma_i \mapsto i(\mathrm{mod}\, n),$$

于是 $\mathrm{Gal}(E/F)$ 为加法群 $\mathbf{Z}/n\mathbf{Z}$ 的子群. 因此是循环群, 并且 $|\mathrm{Gal}(E/F)|$ 除尽 n.

一般地, 设 E/F 为有限伽罗瓦扩张, 如果 $\mathrm{Gal}(E/F)$ 为阿贝尔群, 则称 E/F 为**阿贝尔扩张**. 如果 $\mathrm{Gal}(E/F)$ 为循环群, 则称 E/F 为**循环扩张**. 例 1 中 E/F 为阿贝尔扩张, 而例 2 中 E/F 为循环扩张.

引理 1 设域 F 的特征 $\neq 2$, $f(x)$ 为 $F[x]$ 中首 1 多项式, $\deg f(x) = n \geqslant 1$ 并且 $f(x)$ 无重根. 令 E 为 $f(x)$ 在 F 上的分裂域, $f(x) = (x - r_1) \cdots (x - r_n)$, $r_i \in E = F(r_1, \cdots, r_n)$, $\mathrm{Gal}(f) = \mathrm{Gal}(E/F)$ 看作是 S_n 的子群 (即 $\{r_1, \cdots, r_n\}$ 上的置换群). 令

$$D = \prod_{1 \leqslant i < j \leqslant n} (r_i - r_j),$$

则 $\mathrm{Gal}(E/F)$ 的子群 $\mathrm{Gal}(E/F) \bigcap A_n$ 对应的 E/F 之中间域为 $F(D)$, 于是

$$\mathrm{Gal}(f) \subseteq A_n \Leftrightarrow D \in F.$$

证明 因为

$$D = \begin{vmatrix} 1 & 1 & \cdots & 1 \\ r_1 & r_2 & \cdots & r_n \\ \vdots & \vdots & & \vdots \\ r_1^{n-1} & r_2^{n-1} & \cdots & r_n^{n-1} \end{vmatrix},$$

因此当 σ 为奇置换时, $\sigma(D) = -D$. 而当 σ 为偶置换时, $\sigma(D) = D$. 于是 $\mathrm{Inv}(F(D)) = \mathrm{Gal}(E/F) \bigcap A_n$. 证毕.

令

$$d = D^2 = \prod_{1 \leqslant i < j \leqslant n} (r_i - r_j)^2,$$

则对每个 $\sigma \in \mathrm{Gal}(E/F)$, $\sigma(d) = \sigma(D)^2 = (\pm D)^2 = d$. 因此 $d \in F$, 称 d 为多项式 $f(x)$ (在 F 上的) **判别式**, 表示成 $d(f)$. 于是由引理 1 可知: $\mathrm{Gal}(f) \bigcap A_n$ 对应的域为 $F(\sqrt{d})$, 并且

$$\mathrm{Gal}(f) \subset A_n \Leftrightarrow \sqrt{d} \in F \Leftrightarrow d \in F^2,$$

由判别式的定义又知: $d(f) = 0 \Leftrightarrow f(x)$ 有重根. 下面给出 $d(f)$ 的一种具体算法. 由于

$$f(x) = x^n - p_1 x^{n-1} + p_2 x^{n-2} - \cdots + (-1)^n p_n$$
$$= (x - r_1) \cdots (x - r_n),$$

从而

$$d(f) = \begin{vmatrix} 1 & 1 & \cdots & 1 \\ r_1 & r_2 & \cdots & r_n \\ \vdots & \vdots & & \vdots \\ r_1^{n-1} & r_2^{n-1} & \cdots & r_n^{n-1} \end{vmatrix} \begin{vmatrix} 1 & r_1 & \cdots & r_1^{n-1} \\ 1 & r_2 & \cdots & r_2^{n-1} \\ \vdots & \vdots & & \vdots \\ 1 & r_n & \cdots & r_n^{n-1} \end{vmatrix}$$

$$= \begin{vmatrix} s_0 & s_1 & \cdots & s_{n-1} \\ s_1 & s_2 & \cdots & s_n \\ \vdots & \vdots & & \vdots \\ s_{n-1} & s_n & \cdots & s_{2n-2} \end{vmatrix}.$$

其中 $s_k = \sum_{i=1}^{n} r_i^k$ 为 $r_1, \cdots, r_n$ 的对称多项式. 从而可表示成初等对称多项式 p_1, $\cdots, p_n$ 的多项式. 事实上

$$s_0 = n, \quad s_1 = p_1, \quad s_2 = p_1^2 - 2p_2,$$
$$s_3 = p_1^3 - 3p_1 p_2 + 3p_3,$$
$$s_4 = p_1^4 - 4p_1^2 p_2 + 4p_1 p_3 + 2p_2^2 - 4p_4, \cdots.$$

当 $n = 2$ 时, $f(x) = x^2 - p_1 x + p_2 \in F[x]$, 从而

$$d = d(f) = \begin{vmatrix} 2 & p_1 \\ p_1 & p_1^2 - 2p_2 \end{vmatrix} = p_1^2 - 4p_2.$$

设 E 为 $f(x)$ 在 F 上的分裂域,则 $E = F(\sqrt{d})$,于是当 $d \in F^2$ 时,$\mathrm{Gal}(f) = \{1\}$. 而 $d \notin F^2$ 时,$\mathrm{Gal}(f) = S_2$ (二元群). 当 $n = 3$ 时, $f[x] = x^3 - p_1 x^2 + p_2 x - p_3 \in F[x]$, 则

$$d = d(f) = \begin{vmatrix} s_0 & s_1 & s_2 \\ s_1 & s_2 & s_3 \\ s_2 & s_3 & s_4 \end{vmatrix} = -4p_1^4 p_2 + p_1^3 p_3 + 18 p_1 p_2 p_3 - 4p_2^3 - 27 p_3^2.$$

特别对 $f(x) = x^3 + px + q$, 则 $d(f) = -4p^3 - 27q^2$. 为了求三次方程的伽罗瓦群, 我们需要如下的引理:

引理 2 设 F 为域, $f(x)$ 为 $F[x]$ 中首 1 多项式, $\deg f(x) = n \geqslant 1$, E 为 $f(x)$ 在 F 上的分裂域,

$$f(x) = (x - r_1) \cdots (x - r_n), \quad r_i \in E = F(r_1, \cdots, r_n),$$

其中 $r_i (1 \leqslant i \leqslant n)$ 两两相异. 则 $f(x)$ 在 $F[x]$ 中不可约 $\Leftrightarrow \mathrm{Gal}(f)$ 在 $\{r_1, \cdots, r_n\}$ 上传递.

证明 $\Rightarrow$ 设 $1 \leqslant i \neq j \leqslant n$. 由于 $f(x)$ 在 $F[x]$ 中不可约,从而有 F-同构 $F(r_i) \overset{\sigma}{\tilde{\to}} F(r_j)$, $\sigma(r_i) = r_j$, 然后 σ 可扩充成

$$\eta \in \mathrm{Gal}(E/F) = \mathrm{Gal}(f),$$

于是

$$\eta(r_i) = \sigma(r_i) = r_j,$$

这就表明 $\mathrm{Gal}(f)$ 在 $\{r_1, \cdots, r_n\}$ 上传递.

⇐ 设 $\mathrm{Gal}(f)$ 在 $\{r_1, \cdots, r_n\}$ 上传递, $f_1(x)$ 为 r_1 在 F 上的极小多项式, 则 $f_1(x)$ 在 $F[x]$ 中不可约, 并且 $f_1(r_1) = 0$. 对每个 i 均有 $\sigma \in \mathrm{Gal}(f)$ 使得 $\sigma(r_1) = r_i$. 于是

$$0 = \sigma(f_1(r_1)) = f_1(\sigma(r_1)) = f_1(r_i) \quad (1 \leqslant i \leqslant n).$$

由于 $r_1, \cdots, r_n$ 两两不同, 从而 $f_1(x) = f(x)$, 即 $f(x)$ 在 $F[x]$ 中不可约.

系 设 $f(x)$ 为 $F[x]$ 中三次不可约多项式, 则当 $d(f) \in F^2$ 时 $\mathrm{Gal}(f) = A_3$; 而 $d(f) \notin F^2$ 时 $\mathrm{Gal}(f) = S_3$.

证明 由于 S_3 的传递子群只有 A_3 和 S_3, 再由引理 1 即证.

对于 $n = 4$. 设 $f(x) = x^4 - p_1 x^3 + p_2 x^2 - p_3 x + p_4 \in F[x]$ 为不可约多项式. 为简单起见设 F 的特征为 0, E 为 $f(x)$ 在 F 上的分裂域, 则 E/F 为伽罗瓦扩张, 并且

$$\mathrm{Gal}(E/F) = \mathrm{Gal}(f)$$

为 S_4 的传递子群. S_4 的传递子群共有以下五种: S_4, A_4, D_4 (正方形对称群, 为 8 阶群, 即是 $\langle(1234), (12)(34)\rangle$ 以及其共轭子群), C_4 (4 阶循环群, 即是 $\langle(1234)\rangle$ 以及其共轭子群), 和 $W = \{1, (12)(34), (13)(24), (14)(23)\}$ (这是 S_4 的正规子群), 这里 (1234) 表示 $(r_1 r_2 r_3 r_4)$ 等等, r_1, r_2, r_3, r_4 是 $f(x)$ 的 4 个根. 令

$$\alpha = r_1 r_2 + r_3 r_4,$$
$$\beta = r_1 r_3 + r_2 r_4,$$
$$\gamma = r_1 r_4 + r_2 r_3.$$

不难验证, $F(\alpha, \beta, \gamma)$ 的固定子群为 $\mathrm{Gal}(f) \cap W$, 于是

$$\mathrm{Gal}(E/F(\alpha, \beta, \gamma)) = \mathrm{Gal}(f) \cap W,$$

这是 $\mathrm{Gal}(f)$ 的正规子群, 从而 $F(\alpha, \beta, \gamma)/F$ 也是伽罗瓦扩张, 并且

$$\mathrm{Gal}(F(\alpha, \beta, \gamma)/F) \cong \mathrm{Gal}(f)/\mathrm{Gal}(f) \cap W.$$

可直接算出:

$$g(x) = (x - \alpha)(x - \beta)(x - \gamma)$$
$$= x^3 - p_2 x^2 + (p_1 p_3 - 4p_4)x - p_1^2 p_4 - p_3^2 + 4p_2 p_4 \in F[x]. \quad (*)$$

于是 $F(\alpha, \beta, \gamma)$ 是 $g(x)$ 在 F 上的分裂域. 令

$$m = [F(\alpha, \beta, \gamma) : F],$$

由于 $\mathrm{Gal}(F(\alpha,\beta,\gamma)/F)$ 为 S_3 的子群,从而 m 为 6 的因子,经过细致的分析可以证得如下的结果(推导过程从略):

$$m = 6 \Leftrightarrow \mathrm{Gal}(f) = S_4,$$
$$m = 3 \Leftrightarrow \mathrm{Gal}(f) = A_4,$$
$$m = 1 \Leftrightarrow \mathrm{Gal}(f) = W.$$

最后,当 $m=2$ 时,如果 $f(x)$ 在 $F(\alpha,\beta,\gamma)[x]$ 中不可约,则 $G=D_4$;如果可约,则 $G=C_4$.

例 3　$f(x) = x^4 + 4x^2 + 2$ 为 $\mathbf{Q}[x]$ 中不可约多项式.

由式 $(*)$ 算出 $(x-\alpha)(x-\beta)(x-\gamma) = x^3 - 4x^2 - 8x + 32 = (x-4)(x^2-8)$. 因此 $\{\alpha,\beta,\gamma\} = \{4, \pm 2\sqrt{2}\}$, $\mathbf{Q}(\alpha,\beta,\gamma) = \mathbf{Q}(\sqrt{2})$, $m=2$, 于是 $\mathrm{Gal}(f) = D_4$ 或 C_4. $f(x)$ 的根为 $\pm\sqrt{-2\pm\sqrt{2}}$, 因此 $f(x)$ 在 $\mathbf{Q}(\sqrt{2})$ 中可约:

$$f(x) = (x^2 - (-2+\sqrt{2}))(x^2 - (-2-\sqrt{2})),$$

于是 $\mathrm{Gal}(f) = C_4$.

对于更高次不可约多项式 $f(x)$,决定 $f(x)$ 的伽罗瓦群是一个困难问题,这方面的一般性结果不多,下面是其中的一个.

引理 3　设 $f(x)$ 是 $\mathbf{Q}[x]$ 中 p 次不可约多项式,p 为素数,并且 $f(x)$ 恰好有两个复根. 则 $f(x)$ 在 $\mathbf{Q}$ 上的伽罗瓦群 $\mathrm{Gal}(f) = S_p$.

证明　设 E 为 $f(x)$ 在 $\mathbf{Q}$ 上的分裂域.

$$E = \mathbf{Q}(r_1, \cdots, r_p),$$
$$f(x) = (x-r_1)\cdots(x-r_p).$$

由于 $[\mathbf{Q}(r_1):\mathbf{Q}] = p$,从而

$$p \mid [E:\mathbf{Q}] = |\mathrm{Gal}(f)|.$$

从而 $\mathrm{Gal}(f)$ 中有 p 阶元素 σ. 但是,$\mathrm{Gal}(f)$ 为 S_p 的子群,而 S_p 中 p 阶元素必是长为 p 的轮换,即 $\sigma = (1\, j_2 \cdots j_p)$. 另一方面,$r_1, \cdots, r_p$ 中恰好有两个是共轭复根,不妨设为 r_1 和 r_2. 令 c 的复共轭自同构在 E 上的限制为 $\tau \in \mathrm{Gal}(f)$,则 $\tau = (1\,2)$,由于必存在 k 使

$$\sigma^k = (1\,2\,i_3\cdots i_p),$$

于是 $\mathrm{Gal}(f)$ 中有 $\tau = (12)$ 和 $\sigma^k = (1\,2\,i_3\cdots i_p)$. 熟知 τ 和 σ^k 生成 S_p,所以 $\mathrm{Gal}(f) = S_p$.

例 4　由爱森斯坦判别法知 $f(x) = x^5 - 4x + 2$ 在 $\mathbf{Q}(x)$ 中不可约. 通过初等微积分计算可知它恰有三个实根,于是由上述引理可知 $x^5 - 4x + 2$ 在 $\mathbf{Q}$ 上的伽罗瓦群是 S_5.

一个著名的问题是:任给一个有限群 G,是否有域的伽罗瓦扩张 E/F,使得 $\mathrm{Gal}(E/F) = G$? 如果对基域 F 不加限制,这个问题是容易解决的.因为令 $|G| = n$,则 G 自然地同构于 S_n 的子群.设 K 为任意域,$x_1, \cdots, x_n$ 为 n 个文字,$p_1, \cdots, p_n$ 是它们的初等对称函数.根据上节最后一个例子,$K(x_1, \cdots, x_n)/K(p_1, \cdots, p_n)$ 是伽罗瓦扩张,并且其伽罗瓦群为 S_n.设 $\bar{G}$ 是 S_n 的子群并且同构于 G,$M = \mathrm{Inv}(\bar{G})$,则由基本定理,$K(x_1, \cdots, x_n)/M$ 为伽罗瓦扩张并且其伽罗瓦群为 $\bar{G} \cong G$,于是 $E = K(x_1, \cdots, x_n)$,$F = M$ 即为所求.但是,如果我们限定基域 F,则问题会变得相当困难,例如对于 $F = \mathbf{Q}$ 的情形:

对每个有限群 G,是否存在伽罗瓦扩张 $E/\mathbf{Q}$,使得 $\mathrm{Gal}(E/\mathbf{Q}) = G$?

1954 年苏联著名数学家沙瓦列维格(Шафаревич, И. Р.)利用群论和代数数论一些深刻结果,证明了当 G 为有限可解群的时候答案是肯定的.而对任意有限群 G,此问题至今未解决.

习　题

1. 设 F 为实数域 $\mathbf{R}$ 的子域.$f(x)$ 为 $F[x]$ 中三次不可约多项式.求证:若 $d(f) > 0$,则 $f(x)$ 有三个实根;若 $d(f) < 0$,则 $f(x)$ 只有一个实根.

2. 确定 $f(x)$ 在域 F 上的伽罗瓦群,其中

(1) $f(x) = x^4 - 5$, $F = \mathbf{Q}$, $\mathbf{Q}(\sqrt{5})$ 或 $\mathbf{Q}(\sqrt{-5})$;

(2) $f(x) = x^4 - 10x^2 + 4$, $F = \mathbf{Q}$;

(3) $f(x) = x^5 - 6x + 3$, $F = \mathbf{Q}$.

3. 设 p 为素数,$a \in \mathbf{Q}$,$x^p - a$ 为 $\mathbf{Q}[x]$ 中不可约多项式.求证:$x^p - a$ 在 $\mathbf{Q}$ 上的伽罗瓦群同构于 p 元域 F_p 上 2 阶一般线性群 $\mathrm{GL}(2, F_p)$ 的子群

$$\left\{ \begin{pmatrix} k & l \\ 0 & 1 \end{pmatrix} \,\middle|\, l, k \in F_p, k \neq 0 \in F_p \right\}.$$

4. 证明 $\mathbf{Q}(\sqrt[4]{2}(1+\mathrm{i}))/\mathbf{Q}$ 是四次扩张;并求其 Galois 群,其中 $\mathrm{i} = \sqrt{-1}$.

附录 3.1　$n(\geqslant 5)$次一般方程的根式不可解性

现在,我们利用伽罗瓦理论研究本章一开始所谈的原始问题,即 n 次代数方

程是否有一般的求解公式？确切地说，一般方程

$$x^n + a_1 x^{n-1} + \cdots + a_n = 0, \qquad a_i \in F$$

的 n 个根是否可用域 F 中元素通过四则运算和开根号表达出来？更明确的表达方式则是如下的定义：

定义 1　域的扩张 E/F 叫做是**根式扩张**是指 $E = F(d)$，并且存在自然数 n 使得 $a = d^n \in F$，即 $E = F(\sqrt[n]{a})$，$a \in F$.

定义 2　设 F 为域，$f(x)$ 为 $F[x]$ 中首一多项式，$\deg f \geqslant 1$，E 为 $f(x)$ 在 F 上的分裂域. 方程 $f(x) = 0$ 叫做在域 F 上**根式可解**，是指存在域的扩张序列

$$F = F_1 \subseteq F_2 \subseteq \cdots \subseteq F_{r+1} = K, \qquad (\,*\,)$$

满足如下两个条件：

（1）$F_{i+1}/F_i (1 \leqslant i \leqslant r)$ 均是根式扩张，即

$$F_{i+1} = F_i(\sqrt[n_i]{a_i}), \qquad a_i \in F,$$

序列（$*$）称为根式扩张序列；

（2）$E \subseteq K$.

条件（1）是说从域 F 扩张成 K 是由有限次添加元素的根号而得到的，条件（2）是说 $f(x)$ 的全部根均在 K 中，因此，这两条件就相当于说 $f(x) = 0$ 的根可通过 F 中元素的四则运算（域中运算）和开根号方式表达出来.

为简单起见，像古典情形那样我们设 F 是特征 0 域.

例 1　二次方程 $x^2 + ax + b = 0$，$a, b \in F$，的两个根为

$$x = \frac{1}{2}(-a \pm \sqrt{a^2 - 4b}).$$

与它对应地可构作根式扩张序列

$$F = F_1 \subseteq F_2 = E, \qquad F_2 = F_1(\sqrt{a^2 - 4b}).$$

本节我们要证明的主要定理是：

定理 1　设 F 为特征 0 域，$f(x)$ 为 $F[x]$ 中首一多项式，$\deg f \geqslant 1$. 则 $f(x) = 0$ 在 F 上根式可解当且仅当 $f(x)$ 在 F 上的伽罗瓦群 $\mathrm{Gal}(f)$ 为可解群.

让我们首先回忆第 1 章中关于可解群的定义和几个简单性质. 设有限群 G 有正规群列

$$G = G_1 \triangleright G_2 \triangleright \cdots \triangleright G_s \triangleright G_{s+1} = \{1\},$$

其中 $G_i \triangleright G_{i+1}$ 表示 G_{i+1} 是 G_i 的正规子群. 如果 $G_i/G_{i+1} (1 \leqslant i \leqslant s)$ 均是阿贝尔群，则称 G 为**可解群**.

注记　如果 G_i/G_{i+1} 是有限阿贝尔群，我们总可以在 G_i 和 G_{i+1} 之间添加有

限个中间群,使相邻两群的商为素数阶循环群.所以在可解群的定义中将条件"G_i/G_{i+1} 均是阿贝尔群"可以改成"G_i/G_{i+1} 均是素数阶循环群".

我们只需要有限可解群的以下几点性质:

(1) 有限可解群的子群和商群仍是有限可解群;

(2) 若 H 为有限群 G 的正规子群,则 G 为可解群当且仅当 H 和 G/H 均为可解群;

(3) 对称群 S_2,S_3 和 S_4 均是可解群,当 $n \geqslant 5$ 时,S_n 不是可解群.

我们现在着手证明定理 1,首先需要三个引理.

引理 1 设 p 为素数,$\zeta = \zeta_p \in F$(ζ_p 表示乘法 p 阶元素),E/F 为 p 次循环扩张,则有 $d \in E$,使得 $E = F(d)$,$d^p \in F$.因此 E/F 是根式扩张.

证明 取 $c \in E$,$c \notin F$,则 $E = F(c)$.令 $G = \mathrm{Gal}(E/F)$ 是由元素 σ 生成的,$\sigma^p = 1$.记

$$c_i = \sigma^{i-1}(c) \in E \quad (1 \leqslant i \leqslant p),$$

则 $c_1 = c$,$\sigma(c_i) = c_{i+1}(1 \leqslant i \leqslant p-1)$,$\sigma(c_p) = c_1$.定义

$$d_i = c_1 + c_2\zeta^i + c_3\zeta^{2i} + \cdots + c_p\zeta^{(p-1)i} \in E,$$

则 $\sigma(d_i) = c_2 + c_3\zeta^i + \cdots + c_p\zeta^{(p-2)i} + c_1\zeta^{(p-1)i} = \zeta^{-i}d_i$(注意 $\zeta \in F \Rightarrow \sigma(\zeta) = \zeta$).于是

$$\sigma(d_i^p) = \sigma(d_i)^p = (\zeta^{-i}d_i)^p = d_i^p,$$

从而 $d_i^p \in F(1 \leqslant i \leqslant p)$.考虑以 $c_1, \cdots, c_p$ 为变量的线性方程组

$$c_1 + c_2\zeta^i + c_3\zeta^{2i} + \cdots + c_p\zeta^{(p-1)i} = d_i \quad (1 \leqslant i \leqslant p),$$

左边系数行列式为 $1, \zeta, \cdots, \zeta^{p-1}$ 的范德蒙(Vandemonde)行列式.由于 $1, \zeta, \cdots, \zeta^{p-1}$ 彼此不同,系数行列式 $\neq 0$,于是 $c_1, \cdots, c_p$ 是 $d_1, \cdots, d_p$ 的 F-线性组合,因此必有 $d_i \notin F$,取 $d = d_i$ 即可.

引理 2 设 $f(x) \in F[x]$,K/F 为域的扩张,则 $f(x)$ 在 K 上的伽罗瓦群同构于 $f(x)$ 在 F 上的伽罗瓦群的子群.

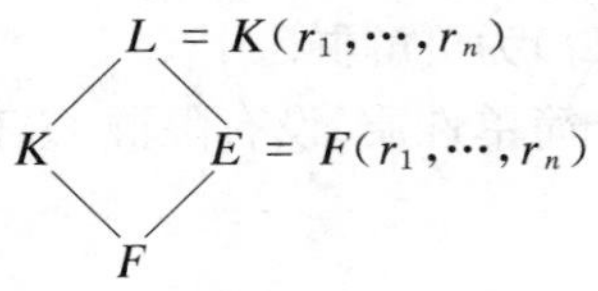

证明 设 E 为 $f(x)$ 在 F 上的分裂域,L 为 $f(x)$ 在 K 上的分裂域,$f(x)$ 在 E 中根为 $r_1, \cdots, r_n$,则 $E = F(r_1, \cdots, r_n)$,$L = K(r_1, \cdots, r_n)$.于是有域扩张图 12.

$$
\begin{array}{c}
L = K(r_1, \cdots, r_n) \\
K \quad\quad E = F(r_1, \cdots, r_n) \\
F
\end{array}
$$

图 12

作映射

$$\varphi : \mathrm{Gal}(L/K) \to \mathrm{Gal}(E/F),$$

$$\sigma \mapsto \sigma|_E,$$

这是群的同态. 对于 $\sigma \in \mathrm{Gal}(L/K)$,

$$\sigma \in \mathrm{Ker}\,\varphi \Leftrightarrow \sigma|_E = 1 \Leftrightarrow \sigma(r_i) = r_i (1 \leqslant i \leqslant n)$$
$$\Leftrightarrow \sigma = 1,$$

因此 $\mathrm{Ker}\,\varphi = \{1\}$, φ 为单同态. 于是 $\mathrm{Gal}(L/K)$ 同构于 $\mathrm{Gal}(E/F)$ 的一个子群.

引理 3　设 E/F 为有限可分扩张, N 为 E 在 F 上的正规闭包. 如果 E/F 有根式扩张序列, 则 N/F 也有根式扩张序列.

证明　设 E/F 有如下的根式扩张序列

$$F = F_1 \subseteq F_2 \subseteq \cdots \subseteq F_{r+1} = E,$$

其中 $F_{i+1} = F_i(d_i)$, $d_i^{n_i} = a_i \in F_i$, 则 $E = F(d_1, \cdots, d_r)$. N/F 为有限伽罗瓦扩张, 令 $\mathrm{Gal}(N/F) = \{1 = \sigma_1, \sigma_2, \cdots, \sigma_n\}$, $n = [N : F]$, 则

$$N = F(d_1, \cdots, d_r, \sigma_2(d_1), \cdots, \sigma_2(d_r), \cdots, \sigma_n(d_1), \cdots, \sigma_n(d_r)).$$

考虑如下的扩张序列

$$F \subseteq F(d_1) \overset{(1)}{\subseteq} F(d_1, \sigma_2(d_1)) \subseteq \cdots \subseteq F(d_1, \sigma_2(d_1), \cdots, \sigma_n(d_1))$$
$$\overset{(2)}{\subseteq} F(d_1, \cdots, \sigma_n(d_1), d_2) \subseteq \cdots$$
$$\overset{(3)}{\subseteq} F(d_1, \cdots, \sigma_n(d_1), d_2, \cdots, \sigma_n(d_2)) \subseteq \cdots \subseteq N.$$

由于 $\sigma_2(d_1)^{n_1} = \sigma_2(d_1^{n_1}) = d_1^{n_1} \in F(d_1)$, 从而 (1) 处为根式扩张; 由于 $d_2^{n_2} \in F \subseteq F(d_1, \sigma_2(d_1), \cdots, \sigma_n(d_1))$, 从而 (2) 处为根式扩张; 由于

$$\sigma_n(d_2)^{n_2} = \sigma_n(d_2^{n_2}) \in \sigma_n(F_2) = \sigma_n(F(d_1)) \subseteq F(\sigma_n(d_1))$$
$$\subseteq F(d_1, \cdots, \sigma_n(d_1), d_2, \cdots, \sigma_{n-1}(d_2)),$$

因此 (3) 处也为根式扩张; 类似可证其他位置处均为根式扩张. 于是这就是 N/F 的根式扩张序列.

现在我们来证明定理 1. 如果 $f(x) = 0$ 在 F 上根式可解, 则有根式扩张序列

$$F = F_1 \subseteq F_2 \subseteq \cdots \subseteq F_{r+1} = K,$$

其中 $F_{i+1} = F_i(d_i)$, $d_i^{n_i} = a_i \in F_i$, 使得 K 包含 $f(x)$ 在 F 上的分裂域 E. 由引理 3, 我们不妨设 K/F 为伽罗瓦扩张 (由于 F 的特征为 0, 这相当于假定 K/F 为正规扩张). 令 $n = [n_1, \cdots, n_r]$ (最小公倍数), $\zeta = \zeta_n$. 若 K/F 为多项式 $g(x)$ 的分裂域, 则 $K(\zeta)/F$ 为 $g(x)(x^n - 1)$ 的分裂域, 从而 $K(\zeta)/F$ 也是有限伽罗瓦扩张, 并且有扩张序列

$$F = F_1' \subseteq F_2' \subseteq F_3' \subseteq \cdots \subseteq F_{r+2}' = K(\zeta).$$

其中 $F_2' = F_1'(\zeta)$, $F_3' = F_2'(d_1) = F_2(\zeta), \cdots, F_{r+2}' = F_{r+1}'(d_r) = F_{r+1}(\zeta)$. 参见扩张图 13.

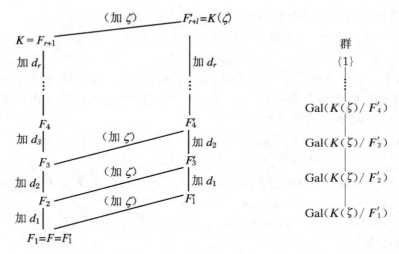

图 13

由上节一开始的例 1 可知 F_2'/F_1' 为阿贝尔扩张,由于

$$F_{i+1}' = F_i'(d_{i-1}), \qquad d_{i-1}^{n_{i-1}} \in F_{i-1} \subseteq F_i',$$

并且乘法 n_{i-1} 阶元素

$$\zeta^{n/n_{i-1}} \in F_{i-1}(\zeta) = F_i',$$

从而由上节一开始的例 2 可知 $F_{i+1}'/F_i' (2 \leqslant i \leqslant r)$ 均是循环扩张,它们给出如图 13 右边所示 $\mathrm{Gal}(K(\zeta)/F)$ 的正规列.由于相邻两项的商群均是阿贝尔群,$\mathrm{Gal}(K(\zeta)/F)$ 是可解群.因为 $\mathrm{Gal}(K/F)$ 为 $\mathrm{Gal}(K(\zeta)/F)$ 的商群,从而也是可解群.最后,$F \subseteq E \subseteq K$,$\mathrm{Gal}(E/F)$ 为 $\mathrm{Gal}(K/F)$ 的商群,$\mathrm{Gal}(E/F)$ 是可解群.

反之,若 $f(x) = 0$ 在 F 上的伽罗瓦群 $G = \mathrm{Gal}(E/F)$ 可解,其中 E 为 $f(x)$ 在 F 上的分裂域.令 $n = |G| = [E : F]$,$F_1 = F$,$F_2 = F_1(\zeta)$,$\zeta = \zeta_n$,$K = E(\zeta)$.由引理 2,$\mathrm{Gal}(K/F_2) = \mathrm{Gal}(E(\zeta)/F(\zeta))$ 同构于 $\mathrm{Gal}(E/F)$ 的子群,从而也是可解群.于是有正规列

$$\mathrm{Gal}(K/F_2) = H_1 \rhd H_2 \rhd \cdots \rhd H_{r+1} = \{1\},$$

H_i/H_{i+1} 为 p_i 次循环群,其对应的域扩张序列为

$$F_2 \subseteq F_3 \subseteq \cdots \subseteq F_{r+2} = K,$$

$F_{i+1}/F_i (2 \leqslant i \leqslant r+1)$ 为 p_i 次循环扩张.由于 $p_i \,|\, |\mathrm{Gal}(K/F_2)|$,从而 $p_i \,|\, n$,但 $\zeta_n \in F_2$,因此 $\zeta_{p_i} \in F_i$.由引理 1 知 $F_{i+1}/F_i (2 \leqslant i \leqslant r+1)$ 均是根式扩张.此外,$F_2 = F_1(\zeta)$.我们有根式扩张序列

$$F = F_1 \subseteq F_2 \subseteq \cdots \subseteq F_{r+2} = K,$$

而 $E \subseteq K = E(\zeta)$. 于是 $f(x) = 0$ 在 F 上根式可解.

作为定理 1 的应用我们来证明 $n(\geqslant 5)$ 次一般方程根式不可解.

定理 2 设 $n \geqslant 5$, $t_1, \cdots, t_n$ 为 n 个不定元, F 为特征 0 域, 则一般方程
$$f(x) = x^n - t_1 x^{n-1} + t_2 x^{n-2} - \cdots + (-1)^n t_n = 0$$
在域 $F(t_1, \cdots, t_n)$ 上根式不可解.

证明 设 $x_1, \cdots, x_n$ 是另外 n 个不定元,
$$g(x) = (x - x_1) \cdots (x - x_n) = x^n - p_1 x^{n-1} + \cdots + (-1)^n p_n,$$
其中 $p_1, \cdots, p_n$ 是 $x_1, \cdots, x_n$ 的初等对称函数. 设 E 为 $f(x)$ 在 $F(t_1, \cdots, t_n)$ 上的分裂域, 则
$$f(x) = (x - y_1) \cdots (x - y_n) = x^n - t_1 x^{n-1} + \cdots + (-1)^n t_n,$$
$$E = F(t_1, \cdots, t_n, y_1, \cdots, y_n) = F(y_1, \cdots, y_n).$$
由于 $\{t_1, \cdots, t_n\}$ 是不定元, 存在唯一的环同态
$$\sigma : F[t_1, \cdots, t_n] \to F[p_1, \cdots, p_n],$$
其中 $\sigma(t_i) = p_i (1 \leqslant i \leqslant n)$, $\sigma|_F = 1$. 又由于 $\{x_1, \cdots, x_n\}$ 也是不定元, 从而有唯一的环同态
$$\tau : F[x_1, \cdots, x_n] \to F[y_1, \cdots, y_n],$$
其中 $\tau(x_i) = y_i (1 \leqslant i \leqslant n)$, $\tau|_F = 1$. 于是
$$\tau \sigma(t_i) = \tau(p_i) = \tau\left(\sum x_{j1} \cdots x_{ji}\right) = \sum y_{j1} \cdots y_{ji} = t_i,$$
从而 $\tau\sigma = 1$. 因此
$$h \in \mathrm{Ker}\,\sigma \Rightarrow \sigma(h) = 0 \Rightarrow h \Rightarrow \tau\sigma(h) = 0,$$
于是 σ 为单同态, 又 σ 显然为满同态, 从而 σ 是环 $F[t_1, \cdots, t_n]$ 与 $F[p_1, \cdots, p_n]$ 的同构. 于是它可扩充成商域的同构(仍记成 σ),
$$\sigma : F(t_1, \cdots, t_n) \xrightarrow{\sim} F(p_1, \cdots, p_n).$$
进而又可扩充为环的同构,
$$\sigma : F(t_1, \cdots, t_n)[x] \xrightarrow{\sim} F(p_1, \cdots, p_n)[x],$$
其中 $\sigma(x) = x$. 于是
$$\sigma(f(x)) = \sigma(x^n - t_1 x^{n-1} + \cdots + (-1)^n t_n)$$
$$= x^n - p_1 x + \cdots + (-1)^n p_n = g(x).$$
由于 $F(y_1, \cdots, y_n)$ 为 $f(x)$ 在 $F(t_1, \cdots, t_n)$ 上的分裂域, $F(x_1, \cdots, x_n)$ 为 $g(x)$ 在 $F(p_1, \cdots, p_n)$ 上的分裂域, 从而 σ 又可扩充成域的同构
$$\rho : F(y_1, \cdots, y_n) \xrightarrow{\sim} F(x_1, \cdots, x_n).$$

由于
$$\rho(F(t_1, \cdots, t_n)) = \sigma(F(t_1, \cdots, t_n)) = F(p_1, \cdots, p_n),$$
因此
$$\mathrm{Gal}(F(y_1, \cdots, y_n)/F(t_1, \cdots, t_n)) \cong \mathrm{Gal}(F(x_1, \cdots, x_n)/F(p_1, \cdots, p_n)).$$
但是我们知道右边伽罗瓦群是 S_n，因此，$\mathrm{Gal}(E/F(t_1, \cdots, t_n)) = S_n$. 于是由 $[E : F(t_1, \cdots, t_n)] = n!$ 可知 $f(x) = 0$ 的 n 个根 $x_1, \cdots, x_n$ 两两不同，并且 $f(x)$ 在 $F(t_1, \cdots, t_n)[x]$ 中不可约，特别地，$E/F(t_1, \cdots, t_n)$ 是伽罗瓦扩张. 由于 $n \geqslant 5$ 时对称群 S_n 是不可解群，根据定理 1，即知 $f(x) = 0$ 在 $F(t_1, \cdots, t_n)$ 上根式不可解.

又如在上节我们证明了 $x^5 - 4x + 2$ 在 $\mathbf{Q}$ 上的伽罗瓦群是 S_5，从而方程 $x^5 - 4x + 2 = 0$ 在 $\mathbf{Q}$ 上是根式不可解的.

定理 2 是一种否定性的答案. 另一方面，由于 S_3 和 S_4 为可解群，由定理 1 知道三次和四次方程在特征 0 的域上应当有解的一般公式（即应当根式可解），现在我们就来推导它们的求解公式.

三次方程的卡尔达诺(Cardano)公式

设 F 为特征 0 的域，
$$f(x) = x^3 - t_1 x^2 + t_2 x - t_3 \in F(t_1, t_2, t_3)[x],$$
记 E 为 $f(x)$ 在 $F(t_1, t_2, t_3)$ 上的分裂域，则 $f(x) = (x - x_1)(x - x_2)(x - x_3)$ 和 $E = F(x_1, x_2, x_3)$. 作代换
$$y_i = x_i - \frac{1}{3} t_i \quad (1 \leqslant i \leqslant 3),$$
则
$$g(y) = (y - y_1)(y - y_2)(y - y_3) = y^3 + py + q \in K[y],$$
其中
$$K = F(p, q, t_1) = F(t_1, t_2, t_3),$$
$$p = -\frac{1}{3} t_1^2 + t_2, \qquad q = -\frac{2}{27} t_1^3 + \frac{1}{3} t_1 t_2 - t_3.$$
$d = -4p^3 - 27q^2$ 为 $g(y)$ 的判别式，$K(y_1, y_2, y_3)/K$ 为伽罗瓦扩张，$K(\sqrt{d})$ 对应 $\mathrm{Gal}(K(y_1, y_2, y_3)/K) = S_3$ 的子群 A_3. 如图 14 所示.

$$
\begin{array}{ccccc}
S_3 & \rhd & A_3 & \rhd & \{1\} \\
\big\updownarrow & & \big\updownarrow & & \big\updownarrow \\
\end{array}
$$
$$F(t_1, t_2, t_3) = F(p, q, t_1) = K \subseteq K(\sqrt{d}) \subseteq E = K(y_1, y_2, y_3).$$

图 14

由于 A_3 为 3 阶循环群,$E/K(\sqrt{d})$ 为 3 次循环扩张,根据定理 1 的证明我们需要把乘法 3 阶元素 ω 添加到 $K(\sqrt{d})$ 之中,易知 $E(\omega)/K(\sqrt{d},\omega)$ 仍是 3 次循环扩张,由引理 1 和它的证明可知这是根式扩张. 令

$$\mathrm{Gal}((E/\omega)/K(\sqrt{d},\omega)) = \langle \sigma \mid \sigma^3 = 1 \rangle,$$

其中 $\sigma(y_1) = y_2, \sigma(y_2) = y_3, \sigma(y_3) = y_1$. 定义

$$z_1 = y_1 + \omega y_2 + \omega^2 y_3, \quad z_2 = y_1 + \omega^2 y_2 + \omega y_3 \neq (z_3 = y_1 + y_2 + y_3 = 0), \quad (**)$$

则 $\sigma(z_1) = \omega^{-1} z_1, z_1^3 \in K(\sqrt{d},\omega)$ 而 $E(\omega) = K(\sqrt{d},\omega,z_1,z_2)$. 事实上,令

$$U = y_1^2 y_2 + y_2^2 y_3 + y_3^2 y_1, \qquad V = y_1 y_2^2 + y_2 y_3^2 + y_3 y_1^2,$$

则 $U + V = 3q$(注意 $y_1 + y_2 + y_3 = 0, y_1 y_2 y_3 = -q$).

$$\sqrt{d} = (y_1 - y_2)(y_2 - y_3)(y_3 - y_1) = U - V,$$
$$y_1^3 + y_2^3 + y_3^3 = -3q.$$

于是

$$z_1^3 = \sum y_i^3 + 3\omega U + 3\omega^2 V + 6 y_1 y_2 y_3$$

$$= -3q + 3\omega\left(\frac{3q + \sqrt{d}}{2}\right) + 3\omega^2\left(\frac{3q - \sqrt{d}}{2}\right) - 6q$$

$$= \frac{3}{2}\sqrt{-3d} - \frac{27}{2}q.$$

而 $z_2^3 = -\dfrac{3}{2}\sqrt{-3d} - \dfrac{27}{2}q$. 于是

$$z_1 = \sqrt[3]{-\frac{27}{2}q + \sqrt{\frac{27}{4}(4p^3 + 27q^2)}},$$

$$z_2 = \sqrt[3]{-\frac{27}{2}q - \sqrt{\frac{27}{4}(4p^3 + 27q^2)}}.$$

注意 z_1 和 z_2 值的选取应当使得

$$z_1 z_2 = (y_1 + \omega y_2 + \omega^2 y_3)(y_1 + \omega^2 y_2 + \omega y_3)$$

$$= y_1^2 + y_2^2 + y_3^2 - (y_1 y_2 + y_2 y_3 + y_3 y_1) = -3p.$$

再由式($**$)得到

$$y_1 = \frac{1}{3}(z_1 + z_2), \qquad y_2 = \frac{1}{3}(\omega^2 z_1 + \omega z_2),$$

$$y_3 = \frac{1}{3}(\omega z_1 + \omega^2 z_2).$$

最后给出

$$x_1 = \frac{1}{3}t_1 + \alpha + \beta, \qquad x_2 = \frac{1}{3}t_1 + \omega^2\alpha + \omega\beta,$$

$$x_3 = \frac{1}{3}t_1 + \omega\alpha + \omega^2\beta.$$

其中

$$\alpha = \sqrt[3]{-\frac{q}{2} + \sqrt{(q/2)^2 + (p/3)^3}},$$

$$\beta = \sqrt[3]{-\frac{q}{2} - \sqrt{(q/2)^2 + (p/3)^3}}, \qquad \alpha\beta = -p/3.$$

这个三次方程的求解公式称作是卡尔达诺公式.

例2 在复数域 **C** 中解方程 $x^3 + 3x + 2 = 0$.

由于 $p = 3, q = 2, d = -(4p^3 + 27q^2) < 0$,从而方程只有一个实根.

$$\alpha = \sqrt[3]{-1 + \sqrt{2}} \in \mathbf{R}, \qquad \beta = \sqrt[3]{-1 - \sqrt{2}} \in \mathbf{R}.$$

方程的三个根为

$$x_1 = \alpha + \beta \in \mathbf{R}, \quad x_2 = \alpha\omega^2 + \beta\omega, \quad x_3 = \bar{x}_2 = \alpha\omega + \beta\omega^2,$$

其中 $\omega = \frac{1}{2}(-1 + \sqrt{-3})$.

例3 在复数域 **C** 中解方程 $x^3 - 7x + 6 = 0$.

此时 $p = -7, q = 6, d = -(4p^3 + 27q^2) > 0$,因此方程有三个实根.事实上,三个根为 $-1, 2$ 和 -3.但是若用卡尔达诺公式,则得到

$$x_1 = -\left[\sqrt[3]{3 + (10/9)(\sqrt{-3})} + (\sqrt[3]{3 - (10/9)(\sqrt{-3})}\right].$$

令 $3 + \frac{10}{9}\sqrt{-3} = re^{i\theta}\left(0 \leqslant \theta \leqslant \frac{\pi}{2}\right)$,则 $r = \frac{1}{9}\sqrt{1029}, \cos\theta = \frac{27}{\sqrt{1029}}$,而方程的

三个根为 $-2r^{1/3}\cos\left(\frac{\theta}{3} + \frac{2\pi i}{3}\right), i = 0, 1, 2$. 算出它们为 $1, 2$ 和 -3 并不是很容易的.

现在谈四次方程

$$z^4 + a_1z^3 + a_2z^2 + a_3z + a_4 = 0.$$

令 $z = x + \frac{1}{4}a_1$,则方程化为

$$x^4 + px^2 + qx + r = 0.$$

设根为 $x_1, x_2, x_3, x_4, E = F(x_1, x_2, x_3, x_4), F$ 为特征 0 域.此方程在 F 上的伽罗

瓦群为 S_4,它的可解列和对应的中间域如图 15 所示.

$$S_4 \;\vartriangleright\; A_4 \;\vartriangleright\; W \vartriangleright V \vartriangleright \{1\}$$
$$\updownarrow \qquad \updownarrow \qquad \updownarrow \quad \updownarrow \quad \updownarrow$$
$$F \subset F(\sqrt{d}) \subset \Lambda_1 \subset \Lambda_2 \subset E$$

图 15

其中 $W = \{1,(12)(34),(13)(24),(14)(23)\}$, $V = \{1,(12)(34)\}$,令

$$\theta_1 = (x_1 + x_2)(x_3 + x_4), \quad \theta_2 = (x_1 + x_3)(x_2 + x_4),$$

$$\theta_3 = (x_1 + x_4)(x_2 + x_3), \quad \Lambda = F(\theta_1, \theta_2, \theta_3, \sqrt{d}),$$

可直接验证 $\mathrm{Gal}(E/\Lambda) = W$,于是 $\Lambda = \Lambda_1$,可直接算出

$$f(\theta) = (\theta - \theta_1)(\theta - \theta_2)(\theta - \theta_3)$$
$$= \theta^3 - 2p\theta^2 + (p^2 - 4r)\theta + q^2,$$

这是三次方程,解出 $\theta_1, \theta_2, \theta_3$ 之后,我们有

$$(x_1 + x_2)(x_3 + x_4) = \theta_1, \quad (x_1 + x_2) + (x_3 + x_4) = 0,$$

$$(x_1 + x_3)(x_2 + x_4) = \theta_2, \quad (x_1 + x_3) + (x_2 + x_4) = 0,$$

$$(x_1 + x_4)(x_2 + x_3) = \theta_3, \quad (x_1 + x_4) + (x_2 + x_3) = 0.$$

由此解出

$$x_1 + x_2 = \alpha_1, \quad x_3 + x_4 = -\alpha_1,$$

$$x_1 + x_3 = \alpha_2, \quad x_2 + x_4 = -\alpha_2,$$

$$x_1 + x_4 = \alpha_3, \quad x_2 + x_3 = -\alpha_3,$$

其中 $\alpha_i = \pm\sqrt{-\theta_i}$. 由于

$$(x_1 + x_2)(x_1 + x_3)(x_1 + x_4) = x_1^2(x_1 + x_2 + x_3 + x_4)$$
$$+ (x_1 x_2 x_3 + x_1 x_2 x_4 + x_1 x_3 x_4 + x_2 x_3 x_4)$$
$$= -q,$$

因此,α_i 符号选取要使得 $\alpha_1 \alpha_2 \alpha_3 = -q$. 然后由

$$2x_1 = (x_1 + x_2) + (x_1 + x_3) + (x_1 + x_4) = \alpha_1 + \alpha_2 + \alpha_3$$

得到

$$x_1 = \frac{1}{2}(\alpha_1 + \alpha_2 + \alpha_3).$$

类似得到

$$x_2 = \frac{1}{2}(\alpha_1 - \alpha_2 - \alpha_3), \qquad x_3 = \frac{1}{2}(-\alpha_1 + \alpha_2 - \alpha_3),$$

$$x_4 = \frac{1}{2}(-\alpha_1 - \alpha_2 + \alpha_3).$$

例 4 求 $z^4 + z^3 + z^2 + z + 1 = 0$ 的 4 个复根.

令 $z = x - \frac{1}{4}$，方程变为

$$x^4 + \frac{5}{8}x^2 + \frac{5}{8}x + \frac{205}{256} = 0.$$

于是 $p = q = \frac{5}{8}$，$r = \frac{205}{256}$，θ-方程为

$$\theta^3 - \frac{5}{4}\theta^2 - \frac{45}{16}\theta + \frac{25}{64} = 0.$$

此三次方程的三个根为 $\theta_1 = -\frac{5}{4}$，$\theta_2 = \frac{5 + \sqrt{20}}{4}$，$\theta_3 = \frac{5 - \sqrt{20}}{4}$. 于是 $\alpha_1 = \frac{\sqrt{5}}{2}$，$\alpha_2 = \sqrt{5 + \sqrt{20}}\,\mathrm{i}/2$，$\alpha_3 = \sqrt{5 - \sqrt{20}}\,\mathrm{i}/2\left(\alpha_1\alpha_2\alpha_3 = -q = -\frac{5}{8}\right)$，从而

$$z_1 = -\frac{1}{4} + \frac{1}{2}(\alpha_1 + \alpha_2 + \alpha_3) = \frac{1}{4}\left[(\sqrt{5} - 1) + \sqrt{10 + 2\sqrt{5}}\,\mathrm{i}\right],$$

$$z_2 = -\frac{1}{4} + \frac{1}{2}(\alpha_1 - \alpha_2 - \alpha_3) = \frac{1}{4}\left[(\sqrt{5} - 1) - \sqrt{10 + 2\sqrt{5}}\,\mathrm{i}\right],$$

$$z_3 = -\frac{1}{4} + \frac{1}{2}(-\alpha_1 + \alpha_2 - \alpha_3) = \frac{1}{4}\left[(-\sqrt{5} - 1) + \sqrt{10 - 2\sqrt{5}}\,\mathrm{i}\right],$$

$$z_4 = -\frac{1}{4} + \frac{1}{2}(-\alpha_1 - \alpha_2 + \alpha_3) = \frac{1}{4}\left[(-\sqrt{5} - 1) + \sqrt{10 - 2\sqrt{5}}\,\mathrm{i}\right].$$

习　题

1. 将 $\cos 40°$ 和 $\cos\dfrac{360°}{7}$ 表示成根式形式.

2. 求下列方程在复数域 **C** 中的根：

(1) $x^3 - 2x + 4 = 0$；

(2) $x^3 - 15x + 4 = 0$；

(3) $x^4 - 2x^3 - 8x - 3 = 0$.

3. 求证：方程 $x^p - x - t = 0$ 在 $F_p(t)$ 上根式不可解，但是，多项式 $x^p - x - t$ 在 $F_p(t)$ 上的伽罗瓦群为循环群. 这例子表明定理 1 中假定"域 F 的特征为 0"一般是不能去掉的.

附录 3.2　正 n 边形的尺规作图

现在我们介绍古代三大数学"难"题的最后一个,对哪些正整数 $n \geqslant 3$,正 n 边形可以用圆规直尺作出? 高斯在 20 岁时解决了这个问题.

引理　设 $n = 2^a p_1^{a_1} \cdots p_s^{a_s}$,其中 $p_1, \cdots, p_s$ 为彼此不同的奇素数,$a \geqslant 0$,$a_i \geqslant 1$ $(1 \leqslant i \leqslant s)$.则尺规可作正 n 边形 $\Leftrightarrow$ 尺规可作正 $p_i^{a_i}$ $(1 \leqslant i \leqslant s)$ 边形.

证明　根据第 2 章附录 2.4 我们知道,尺规可作 n 边形相当于在已知单位长度的情形下,用尺规可得到点 $\zeta_n = e^{2\pi i/n}$.因此若尺规可得到点 ζ_n,则也能得到

$$\zeta_n^{n/p_i^{a_i}} = \zeta_{p_i^{a_i}} \quad (1 \leqslant i \leqslant s),$$

从而每个正 $p_i^{a_i}$ $(1 \leqslant i \leqslant s)$ 边形均可尺规作出.反之,若用尺规可作正 $p_i^{a_i}$ 边形,即可得到点 $\zeta_{p_i^{a_i}}(1 \leqslant i \leqslant s)$.令 $n = 2^a n'$,$n_i = n'/p_i^{a_i}$,则 $(n_1, \cdots, n_s) = 1$,于是有整数 $m_1, \cdots, m_s$,使得 $\sum n_i m_i = 1$.从而

$$\zeta_{n'} = \zeta_{n'}^{\sum m_i n_i} = \prod_{i=1}^{s} \zeta_{p_i^{a_i}}^{m_i},$$

即正 n' 边形可尺规作出.由于 $n = 2^a n'$,从而易知正 n 边形也可尺规作出.

于是问题化为,设 p 为奇素数,$a \geqslant 1$,正 p^a 边形是否能用尺规作出,这也相当于说 $\mathbf{Q}(\zeta_{p^a})/\mathbf{Q}$ 是否有 $\sqrt{}$-扩张序列(参见第 2 章附录 2.4).但是我们知道,$\mathbf{Q}(\zeta_{p^a})/\mathbf{Q}$ 是 $\varphi(p^a) = (p-1)p^{a-1}$ 次循环扩张,当 $a \geqslant 2$ 时,$p \mid \varphi(p^a)$,从而 $\varphi(p^a)$ 不是 2 的方幂.而当 $a = 1$ 时,若使 $\mathbf{Q}(\zeta_p)/\mathbf{Q}$ 有 $\sqrt{}$-扩张序列,其充要条件是 $p-1$ 为 2 的方幂,即 $p = 2^l + 1$.由 p 为素数易知 $l = 2^t$ $(t \geqslant 0)$.于是 $p = 2^{2^t} + 1 = F_t$,这种形式的素数叫做是费马素数,前五个费马素数为

$$F_0 = 3, \ F_1 = 5, \ F_2 = 17, \ F_3 = 257, \ F_4 = 65\,537.$$

但是,$F_5 = 641 \times 6\,700\,417$ 和 $F_6 = 274\,177 \times 67\,280\,421\,310\,721$ 不是素数.目前还不知道费马素数是否有无穷多个.总之我们证明了:

定理(高斯(Gauss))　设 $n \geqslant 3$.尺规可作正 n 边形 $\Leftrightarrow$ $n = 2^a p_1 \cdots p_s$,其中 $a \geqslant 0$,$p_1, \cdots, p_s$ 是两两不同的费马素数.

例(高斯关于正 17 边形的解法)　3 为模 17 的原根,我们有

表 4

n	0	1	2	3	4	5	6	7	8	9	10	11	12	13	14	15
3^n $(\bmod\,17)$	1	3	9	10	13	5	15	11	16	14	8	7	4	12	2	6

$E = \mathbf{Q}(\zeta)$，$\zeta = \zeta_{17} = e^{2\pi i/17}$，$G = \mathrm{Gal}(E/\mathbf{Q}) = \langle \sigma \mid \sigma^{16} = 1 \rangle$，其中 $\sigma(\zeta) = \zeta^3$. G 的正规列和对应的中间域如图 16 所示.

$$
\begin{array}{ll}
F_5 = E = \mathbf{Q}(\zeta) & \{1\} \\
\ \Big| & \ \Big| \\
F_4 = \mathbf{Q}(\zeta + \zeta^{-1}) & \langle \sigma^8 \rangle \\
\ \Big| & \ \Big| \\
F_3 = \mathbf{Q}(\eta_3) & \langle \sigma^4 \rangle \\
\ \Big| & \ \Big| \\
F_2 = \mathbf{Q}(\eta_2) & \langle \sigma^2 \rangle \\
\ \Big| & \ \Big| \\
F_1 = \mathbf{Q} & \langle \sigma \rangle
\end{array}
$$

图 16

F_{i+1}/F_i 均为二次扩张.

(1) $\mathrm{Gal}(F_2/F_1) = \langle \sigma \rangle / \langle \sigma^2 \rangle = \{1, \sigma\}$，$F_2 = F_1(\eta_2)$.

$$
\eta_2 = \sum_{i=0}^{7} \sigma^{2i}(\zeta) = \zeta + \zeta^9 + \zeta^{13} + \zeta^{15} + \zeta^{16} + \zeta^8 + \zeta^4 + \zeta^2,
$$

它的共轭元素为

$$
\sigma(\eta_2) = \zeta^3 + \zeta^{10} + \zeta^5 + \zeta^{11} + \zeta^{14} + \zeta^7 + \zeta^{12} + \zeta^6,
$$

它们在 $F = \mathbf{Q}$ 上的极小多项式为

$$
(x - \eta_2)(x - \sigma(\eta_2)) = x^2 + x - 4,
$$

其解为 $-1 \pm \dfrac{\sqrt{17}}{2}$. 注意 $\eta_2 = 2\left(\cos\dfrac{2\pi}{17} + \cos\dfrac{16\pi}{17} + \cos\dfrac{8\pi}{17} + \cos\dfrac{4\pi}{17} \right) > 0$，于是

$$
\eta_2 = \frac{\sqrt{17} - 1}{2}, \qquad \sigma(\eta_2) = \frac{-1 - \sqrt{17}}{2}.
$$

(2) $\mathrm{Gal}(F_3/F_2) = \langle \sigma^2 \rangle / \langle \sigma^4 \rangle$，$F_3 = F_2(\eta_3)$，

$$
\eta_3 = \zeta \times \sigma^4(\zeta) + \sigma^8(\zeta) + \sigma^{12}(\zeta) = \zeta + \zeta^{13} + \zeta^{16} + \zeta^4
$$
$$
= \zeta + \zeta^{-1} + \zeta^4 + \zeta^{-4}
$$

它的 F_2- 共轭元素为

$$
\sigma^2(\eta_3) = \zeta^2 + \zeta^{-2} + \zeta^8 + \zeta^{-8},
$$

它们在 F_2 上的极小多项式为

$$(x - \eta_3)(x - \sigma^2(\eta_3)) = x^2 - \eta_2 x - 1,$$

根为 $\eta_2 \pm \dfrac{\sqrt{\eta_2^2 + 4}}{2}$（实根）. 由于 $\eta_3 = 2\left(\cos\dfrac{2\pi}{17} + \cos\dfrac{8\pi}{17}\right) > 0$,

$$\eta_3 = \frac{\eta_2 + \sqrt{\eta_2^2 + 4}}{2} = \frac{\sqrt{17} - 1 + \sqrt{34 - 2\sqrt{17}}}{4} > 0,$$

$$\sigma^2(\eta_3) = \frac{\eta_2 - \sqrt{\eta_2^2 + 4}}{2} = \frac{\sqrt{17} - 1 - \sqrt{34 - 2\sqrt{17}}}{4} < 0.$$

此外, 由于 F_3 / F_1 是伽罗瓦扩张, 从而

$$\sigma(\eta_3) = \zeta^3 + \zeta^{-3} + \zeta^5 + \zeta^{-5}, \quad \sigma^3(\eta_3) = \zeta^7 + \zeta^{-7} + \zeta^6 + \zeta^{-6}$$

也属于 F_3, 并且彼此 F_2-共轭, 它们在 F_2 上的极小多项式应为 $x^2 - \sigma(\eta_2)x - 1$.
由于 $\sigma(\eta_3) > 0$, 从而

$$\sigma(\eta_3) = \frac{\sigma(\eta_2) + \sqrt{\sigma^2(\eta_2) + 4}}{2} = \frac{-(\sqrt{17} + 1) + \sqrt{34 + 2\sqrt{17}}}{4},$$

$$\sigma^3(\eta_3) = \frac{\sigma(\eta_2) - \sqrt{\sigma^2(\eta_2) + 4}}{2} = \frac{-(\sqrt{17} + 1) - \sqrt{34 + 2\sqrt{17}}}{4}.$$

(3) $\zeta + \zeta^{-1}$ 在 F_3 上的极小多项式为

$$[x - (\zeta + \zeta^{-1})][x - \sigma^4(\zeta + \zeta^{-1})] = [x - (\zeta + \zeta^{-1})][x - (\zeta^4 + \zeta^{-4})]$$
$$= x^2 - \eta_3(x) + \sigma(\eta_3).$$

由于 $\zeta + \zeta^{-1} > \zeta^4 + \zeta^{-4}$, 从而

$$\zeta + \zeta^{-1} = \frac{1}{2}\left(\eta_3 + \sqrt{\eta_3^2 - 4\sigma(\eta_3)}\right),$$

$$\cos\frac{360°}{17} = \frac{1}{4}\left(\eta_3 + \sqrt{\eta_3^2 - 4\sigma(\eta_3)}\right)$$

$$= \frac{1}{16}\Big(\sqrt{17} - 1 + \sqrt{34 - 2\sqrt{17}}$$

$$+ 2\sqrt{17 + 3\sqrt{17} + \sqrt{170 - 26\sqrt{17}} - 4\sqrt{34 + 2\sqrt{17}}}\,\Big).$$

习　题

1. 如何用圆规直尺作正五边形.

2. 证明可以用尺规作出 $3°$ 角.

附录 3.3   可分扩张和纯不可分扩张

我们在 3.2 节中定义了可分扩张,但是,甚至连如下最基本的问题均未回答:若 $E = F(\alpha)$,α 在 F 上可分,则是否 E/F 为可分扩张? 换句话说,F 上添加一个在 F 上可分的元素 α,那么扩张 $F(\alpha)$ 中是否每个元素都在 F 上可分. 在这一附录中,我们利用伽罗瓦理论对代数扩张的可分性作进一步的探讨.

定义 1   设 E/F 为代数扩张,$\alpha \in E$. 元素 α 叫做在 F 上**纯不可分**,是指 α 在 F 上的极小多项式 $f(x)$ 在 E 的代数闭包 Ω 中只有一个根 α,也就是说,设 M 是 α 在 F 上的分裂域,则 $f(x)$ 在 M 中分解为 $f(x) = (x - \alpha)^m$($m \geqslant 1$). 如果 E 中每个元素在 F 上均是纯不可分的,则称扩张 E/F **纯不可分**.

设 E/F 为代数扩张,$\alpha \in E$. 由定义易知:α 在 F 上同时是可分的和纯不可分的 $\Leftrightarrow \alpha \in F$. 因此若 F 为特征 0 域,则只有 F 是 F 的纯不可分扩张. 现在设 F 的特征为素数 p. 这时

$$\alpha, \beta \in F \Rightarrow (\alpha \pm \beta)^{p^n} = \alpha^{p^n} \pm \beta^{p^n}.$$

引理 1   设 E/F 为代数扩张,F 的特征为素数 p,$\alpha \in E$,则存在 $n \geqslant 0$,使得 α^{p^n} 在 F 上可分.

证明   设 $f(x)$ 为 α 在 F 上的极小多项式,则有 $n \geqslant 0$,使得 $f(x) = g(x^{p^n})$,其中

$$g(x) = x^l + c_1 x^{l-1} + \cdots + c_l \in F[x],$$

并且不存在 $h(x) \in F[x]$ 使得 $g(x) = h(x^p)$,即存在 m,$p \nmid m$,$0 \neq c_m \in F$,从而 $g'(x) \neq 0$,由 $f(x)$ 不可约知 $g(x)$ 在 $F[x]$ 中也不可约,又 $g'(x) \neq 0$,$g(x)$ 为 $F[x]$ 中可分多项式,而 α^{p^n} 为 $g(x)$ 的根.

定理 1   设 E/F 为代数扩张,F 的特征为素数 p,则下列五个命题彼此等价:

(1) E/F 为纯不可分扩张;

(2) E 中每个元素 α 在 F 上的极小多项式均有形式 $x^{p^r} - a$,$a \in F$;

(3) 定义

$$F^{1/p^n} = \{ \alpha \in \Omega \mid \alpha^{p^n} \in F \},$$

其中 Ω 是 E 的代数闭包,并且令 $F^{1/p^\infty} = \bigcup_{n \geqslant 1} F^{1/p^n}$,则 $E \subseteq F^{1/p^\infty}$;

(4) $\alpha \in E$，α 在 F 上可分 $\Leftrightarrow \alpha \in F$；

(5) $E = F(S)$，其中 S 是 E 的子集，并且 S 的元素在 F 上均纯不可分．

证明 (1)$\Rightarrow$(2) 由于 α 在 F 上纯不可分，从而它在 F 上的极小多项式为 $f(x) = (x - \alpha)^m$，令 $m = np^r$，$p \nmid n$，则

$$f(x) = (x^{p^r} - \alpha^{p^r})^n .$$

但是，$f(x) \in F[x]$，从而 $f(x)$ 的 $p^r(n-1)$ 次项系数 $-n\alpha^{p^r} \in F$．由 $p \nmid n$ 知 $-n$ 为 F 中可逆元，于是 $\alpha^{p^r} \in F$．$f(x) = (x^{p^r} - \alpha^{p^r})^n$ 在 $F[x]$ 中不可约，从而 $n = 1$．于是 $f(x) = x^{p^r} - \alpha^{p^r}$，取 $a = \alpha^{p^r}$ 即可．

(2)$\Rightarrow$(3) 显然．

(3)$\Rightarrow$(4) 设 $\alpha \in E - F$．由于 $E \subseteq F^{1/p^\infty}$，从而有 $n \geqslant 1$ 使得 $\alpha^{p^n} \in F$，$\alpha^{p^{n-1}} \notin F$，令 $a = \alpha^{p^n}$，则 α 为 $x^{p^n} - a$ 的根，于是 α 在 F 上的极小多项式为 $(x - \alpha)^{p^n}$ 的因子，从而有形式 $f(x) = (x - \alpha)^m$．像 (1)$\Rightarrow$(2) 的证明一样，可知 $m = p^r$．但 $\alpha^{p^{n-1}} \notin F$，因此，$r = n$，即 $f(x) = x^{p^n} - a$ 为 α 的极小多项式，但当 $n \geqslant 1$ 时，$f(x)$ 不是 $F[x]$ 中可分多项式，这与 α 在 F 上的可分性矛盾．因此若 $\alpha \in E$ 并且 α 在 F 上可分，则 $\alpha \in F$．

(4)$\Rightarrow$(1) 设 $\alpha \in E$．由引理 1 知有 $n \geqslant 0$ 使得 α^{p^n} 在 F 上可分，于是 $\alpha^{p^n} = a \in F$．令 n 为满足 $\alpha^{p^n} \in F$ 的最小非负整数，则可像前面一样证得 $x^{p^n} - a$ 为 α 在 F 上的极小多项式，从而 E 中每个元素在 F 上均纯不可分，因此 E/F 为纯不可分扩张．

(1)$\Rightarrow$(5) 显然．

(5)$\Rightarrow$(3) 设 $E = F(S)$，S 中每个元素在 F 上均纯不可分．对 E 中元素 α，则有 $g(x_1, \cdots, x_l) \in F[x_1, \cdots, x_l]$，$s_1, \cdots, s_l \in s$，使得 $\alpha = g(s_1, \cdots, s_l)$．但是 $s_1, \cdots, s_l \in F^{1/p^\infty}$，于是 $\alpha \in F^{1/p^\infty}$，因此 $E \subseteq F^{1/p^\infty}$．

系 1 设 E/M，M/F 均为代数扩张，则 E/F 为纯不可分扩张 $\Leftrightarrow E/M$ 和 M/F 均为纯不可分扩张．

证明 不妨设 F 的特征为素数 p．若 E/F 纯不可分．则 $E \subseteq F^{1/p^\infty}$．于是 $M \subseteq F^{1/p^\infty}$，$E \subseteq M^{1/p^\infty}$，从而 E/M，M/F 均纯不可分．反之，若 $M \subseteq F^{1/p^\infty}$，$E \subseteq M^{1/p^\infty}$，则有

$$E \subseteq (F^{1/p^\infty})^{1/p^\infty} = F^{1/p^\infty} .$$

系 2 设 E/F 为有限纯不可分扩张，F 的特征为素数 p，则 $[E : F] = p^n$，n 是某个正整数．

证明 由定理 1 的 (5) 可知 $E = F(\alpha_1, \cdots, \alpha_l)$，$\alpha_i$ 在 F 上纯不可分，从而在

$F(\alpha_1, \cdots, \alpha_{i-1})$ 上也纯不可分,于是 α_i 在 $F(\alpha_1, \cdots, \alpha_{i-1})$ 上的极小多项式为 $x^{p^{n_i}} - a_i$,因此

$$[F(\alpha_1, \cdots, \alpha_i) : F(\alpha_1, \cdots, \alpha_{i-1})] = p^{n_i} \quad (1 \leqslant i \leqslant l).$$

于是

$$[E : F] = p^n, \ n = n_1 + \cdots + n_l.$$

现在我们来刻画可分扩张.首先回答本附录一开始所提出的问题,即证明可分扩张等价于可分生成扩张.

定理 2 设 $E = F(S)$.则 E/F 为可分扩张 $\Leftrightarrow S$ 中每个元素在 F 上均可分.

证明 $\Rightarrow$ 显然.

$\Leftarrow$ 对每个 $\alpha \in E$,则有 $u_1, \cdots, u_n \in S$ 使得 $\alpha \in F(u_1, \cdots, u_n)$.令 $f_i(x)$ 为 u_i 在 F 上的极小多项式,则 $f_i(x)$ 为 $F[x]$ 中可分多项式,从而 $f(x) = f_1(x) \cdots f_n(x)$ 也是 $F[x]$ 中可分多项式.设 N 为 $f(x)$ 在 $F(u_1, \cdots, u_n)$ 上的分裂域.它也是 $f(x)$ 在 F 上的分裂域,于是 N/F 为有限伽罗瓦扩张,从而 N/F 为可分扩张.由于 $\alpha \in N$,因此 α 在 F 上可分,即 E/F 为可分扩张.

定理 3 设 E/F 为代数扩张,$S = \{\alpha \in E \mid \alpha$ 在 F 上可分$\}$,$P = \{\alpha \in E \mid \alpha$ 在 F 上纯不可分$\}$,则

(1) S 和 P 均为 E/F 的中间域,并且 E/S 是纯不可分扩张,S/F 为可分扩张,P/E 为纯不可分扩张,并且 $P \cap S = F$.这里 S 称为 F 在 E 中的可分闭包.

(2) E/P 为可分扩张 $\Leftrightarrow E = PS$.

证明 若 F 的特征为 0,则 $S = E$,$P = F$,定理显然成立.下设 F 的特征为素数 p.

(1) 由定理 2 知 S 为域且 S/F 为可分扩张.对于 $\alpha \in E$,由引理 1 知有 n 使得 α^{p^n} 在 F 上可分,于是 $\alpha^{p^n} \in S$,$\alpha \in S^{1/p^\infty}$,从而 α 在 S 上纯不可分.因此 E/S 是纯不可分扩张.由定理 1 的 (3) 可知 P 为域且 P/F 是纯不可分扩张.最后,由于 $P \cap S$ 是 F 的可分扩张也是纯不可分扩张,因此 $P \cap S = F$.

(2) 如果 E/P 为可分扩张,则 E/PS 也是可分扩张,另一方面,由于 E/S 纯不可分,从而 E/PS 也纯不可分,于是 $E = PS$.反之,若 $E = PS = P(S)$,由于 S 中元素在 F 上可分,因而在 P 上也可分,于是由定理 2 即知 E/P 可分.

注记 令 $F = F_2(t)$,$E = F(u) = F_2(t, u)$,其中 u 在 F 上代数,并且满足 $u^4 + u^2 + t = 0$,则不难证明 $P = F$,而 u 不是 P 上可分元素,所以 E/P 可以是不可分扩张.

系 3 设 E/M,M/F 均是代数扩张,则 E/F 可分 $\Leftrightarrow E/M$,M/F 均可分.

证明 ⟹ 显然.

⟸ 若 $E/M, M/F$ 均可分. 令 S 为 F 在 E 中的可分闭包, 则 E/S 纯不可分. 由于 M/F 可分, $S \supseteq M$. 由于 E/M 可分, 从而 E/S 也可分. 于是 $E = S$, 即 E/F 可分.

定义 2 设 E/F 为代数扩张, S 为 F 在 E 中的可分闭包, 则 E/S 纯不可分而 S/F 可分. $[S : F]$ 叫做是 E/F 的可分次数, 表示成 $[E : F]_s$; $[E : S]$ 叫做是 E/F 的纯不可分次数, 表示成 $[E : F]_i$, 于是 $[E : F] = [E : F]_s [E : F]_i$. 并且 E/F 可分 $\Leftrightarrow [F : F]_i = 1$; E/F 纯不可分 $\Leftrightarrow [E : F]_s = 1$. 此外, 如果 E/F 为有限扩张并且 F 的特征为素数 p, 由定理 1 的系 2 可知 $[E : F]_i$ 为 p 的幂.

定理 4 设 E/F 为有限扩张, Ω 为 E 的代数闭包, 则共有 $[E : F]_s$ 个 F-嵌入 $E \to \Omega$.

证明 令 S 为 F 在 E 中的可分闭包. 我们已经知道共有 $[S : F] = [E : F]_s$ 个 F-嵌入 $S \to \Omega$. 每个 F-嵌入 $\sigma : S \to \Omega$ 均可扩充成 F-嵌入 $E \to \Omega$, 我们只需再证每个 σ 只有唯一的扩充即可. 设 $\tau, \tau' : E \to \Omega$ 均是 F-嵌入且 $\tau|_S = \tau'|_S = \sigma$. 不妨设 F 的特征是素数 p. 对每个 $a \in E$, 有 n 使得 $\alpha^{p^n} \in S$, 于是

$$\tau(\alpha)^{p^n} = \tau(\alpha^{p^n}) = \sigma(\alpha^{p^n}) = \tau'(\alpha)^{p^n} = \tau'(\alpha)^{p^n},$$

因此 $\tau(\alpha) = \tau'(\alpha)$, 这就表明 $\tau = \tau'$.

系 4 设 $E/M, M/F$ 均为有限扩张, 则

$$[E : F]_s = [E : M]_s [M : F]_s; \quad [E : F]_i = [E : M]_i [M : F]_i.$$

证明 令 $n = [E : M]_s$, $m = [M : F]_s$. $\sigma_i : E \to \Omega (1 \leqslant i \leqslant n)$ 为 E 的全部 M-嵌入, $\tau_j : M \to \Omega (1 \leqslant j \leqslant m)$ 是 M 的全部 F-嵌入. 记 N 为 E 在 F 上的正规闭包, 则 σ_i 和 τ_j 均可扩充成 $\mathrm{Gal}(N/F)$ 中元素, 仍表示成 σ_i 和 τ_j, 则

$$\{ \tau_j \sigma_i \mid 1 \leqslant i \leqslant n, 1 \leqslant j \leqslant m \}$$

作为 F-嵌入 $E \to N \subseteq \Omega$ 是两两不同的. 这是因为若 $\tau_j \sigma_i = \tau'_j \sigma'_i$, 则

$$\tau_j|_M = \tau_j \sigma_i|_M = \tau'_j \sigma'_i|_M = \tau'_j|_M,$$

因此 $\tau_j = \tau'_j$, 从而 $\sigma_i = \sigma'_i$. 进而对 E 的每个 F-嵌入 $\sigma : E \to \Omega$, $\sigma|_M$ 为 F-嵌入 $M \to \Omega$. 于是对某个 j, $\sigma|_M = \tau_j$, 从而 $(\tau_j^{-1} \sigma)|_M = 1$. 于是存在某个 i, $\tau_j^{-1} \sigma = \sigma_i$. 所以 $\sigma = \tau_j \sigma_i$. 这就证明了 F-嵌入 $E \to \Omega$ 共有 mn 个, 即

$$[E : F]_s = mn = [E : M]_s [M : F]_s.$$

由此知

$$[E : F]_i = [E : F] / [E : F]_s$$
$$= [E : M][M : F] / [E : M]_s [M : F]_s$$
$$= [E : M]_i [M : F]_i.$$

习　题

1. 设 E/F 为域的代数扩张，F 的特征为素数 p.

(1) 若 E/F 为可分扩张，则对每个 $n \geqslant 1$，$E = FE^{p^n}$；

(2) 若 E/F 为有限扩张且 $E = FE^p$，则 E/F 是可分扩张；

(3) 元素 $\alpha \in E$ 在 F 上可分 $\Leftrightarrow F(\alpha^p) = F(\alpha)$.

2. 设 F 为域，$f(x)$ 为 $F[x]$ 中不可约首一多项式，E 为 $f(x)$ 在 F 上的分裂域，α 为 $f(x)$ 在 E 中的一个根. 则

(1) $f(x)$ 在 E 中的每个根的重数均为 $[F(\alpha):F]_i$；

(2) $f(x) = [(x - \alpha_1) \cdots (x - \alpha_n)]^m$，其中 $\alpha_1, \cdots, \alpha_n$ 是 $f(x)$ 的全部相异根，$m = [F(\alpha):F]_i$，$n = [F(\alpha):F]_s$.

3. E, F, S, P 如定理 3 所示，M 为 E/F 的中间域，则

(1) E/M 纯不可分 $\Leftrightarrow S \subseteq M$；

(2) E/M 可分 $\Leftrightarrow P \subseteq M$；

(3) $M \cap S = F \Leftrightarrow M \subseteq P$.

4. 设 E/F 为有限纯不可分扩张，F 的特征为素数 p，则存在 $q = p^n$，使得 $E^q \subseteq F$.

习 题 提 示

第1章　群

1.1

6. 在非负整数集 $\mathbf{N}_0$ 中定义关系～,其中 $a \sim b \Leftrightarrow a$ 与 b 均为正数且有相同的奇偶性.则～不满足自反性.

1.2

6. 用 $(a^{-1})^{-1}$ 表示 a^{-1} 的左逆元,则
$$a \cdot a^{-1} = e(a \cdot a^{-1}) = (a^{-1})^{-1}a^{-1}aa^{-1}$$
$$= (a^{-1})^{-1}ea^{-1} = (a^{-1})^{-1}a^{-1} = e.$$

7. 取 $a \in G$ 及 $xa = a$ 的解 e.证明 e 是 G 的左单位元.再利用前一题的结论.

8. 对任意 $a \in G$,$G = \{ax \mid x \in G\} = \{xa \mid x \in G\}$.

10. $ab = ab(ab^2a) = (aba)b^2a = ab^2a = 1$,同样可证 $ba = 1$.

11. 考虑集合 $S = \{a_1a_2\cdots a_i \mid 1 \leqslant i \leqslant n\}$.如果 $1 \notin S$,则 S 中至少有两个乘积是相同元素.

12. G 中满足 $x^2 \neq 1$ 的元 x 是成对出现的.

13. 集合 $gS^{-1} = \{gb^{-1} \mid b \in S\}$ 和 S 有相同多个元素.即 $|gS^{-1}| = |S| > \dfrac{n}{2} = \dfrac{1}{2}|G|$.于是 gS^{-1} 和 S 必有公共元素.于是有 $a, b \in S$,使得 $gb^{-1} = a$.

16. 证明加群 $\mathbf{Q}$ 的任一自同构 f 均形如 $f_a: x \mapsto xa$.再证 $a \mapsto f_a$ 给出群同构 $\mathrm{Aut}(\mathbf{Q}, +) \cong (\mathbf{Q}^*, \cdot)$,其中 $(\mathbf{Q}^*, \cdot)$ 是非零有理数的乘法群.

19. 由 $\alpha^2 = 1$ 可知若 $\alpha(a) = b$,则 $\alpha(b) = a$.由于 $\alpha(1) = 1$ 而 α 没有不动点,可知 G 的阶为奇数.再证当 $a, b \in G$,$a \neq b$ 时,$a^{-1}\alpha(a) \neq b^{-1}\alpha(b)$.由此可知 G 中每个元素均可写成形式 $g^{-1}\alpha(g)(g \in G)$.若 $a = g^{-1}\alpha(g)$,则 $a^{-1} = \alpha(g)^{-1}g = \alpha(a)$.所以对 G 中元素 a 和 b,$\alpha(ab) = (ab)^{-1} = b^{-1}a^{-1} = \alpha(b)\alpha(a) = \alpha(ba)$.由于 α 是 G 的自同构,可知 $ab = ba$,即 G 为阿贝尔群.

1.3

7. 注意 $A^{-1}g\bigcap B\neq\varnothing$.

11. 将 HgK 分解为 H 的右陪集的无交并.

12. 把 G 分解成互不相交的双陪集的并 $G=\bigcup AgA$. 每个双陪集 AgA 含有同样多个 A 的右陪集和 A 的左陪集(利用习题11). 若 $ga_1,\cdots,ga_r$ 和 $b_1g,\cdots,b_rg$ 分别是 A 在 AgA 中的右陪集代表元系和左陪集代表元系,则 $b_1ga_1,\cdots,b_rga_r$ 既是 A 在 AgA 中的右陪集代表元系又是左陪集代表元系.

14. $N_G(P)$ 恰是所有上三角可逆阵作成的群.

17. 先证 G 中每个元素均可写成平方形式 $g^2(g\in G)$. 对于 $x\in G$,令 $x^{-1}\alpha(x)=g^2$,证明 $g^{-1}\in G_{-1},xg\in G_1$. 于是 $x=(xg)g^{-1}\in G_1G_{-1}$.

1.4

6. 证明对 n 的每个正整数因子 m,G 中至多有 $\varphi(m)$ 个 m 阶元素. 利用第5题可知 G 中恰好有 $\varphi(m)$ 个 m 阶元素. 取 $m=n$ 即证得此题.

8. 设 H 是 G 的唯一极大子群. 因为 G 是有限群,故 H 也是 G 的最大子群. 取 $g\notin H,g\in G$. 则 $G=\langle g\rangle$. 若 g 的阶含有两个不同的素因子 p 和 q,则 $\langle g^p\rangle$ 和 $\langle g^q\rangle$ 均是 G 的真子群. 从而 $\langle g^p\rangle,\langle g^q\rangle\subseteq H$. 因为 $(p,q)=1$,故 $g=g^{lp+mq}\in H$.

1.5

11. (2) 先证明 $\mathbf{Q}$ 由集合 $P=\{1/p^r\,|\,p$ 为素数,$r\geqslant 1\}$ 生成. 设 H 是 $\mathbf{Q}$ 的真子群. 则存在素数 p 和正整数 r 使得 $1/p^r\notin H$. 若 H 极大,则 $\langle H,1/p^r\rangle=\mathbf{Q}$. 于是存在整数 n 使得 $1/p^{r+1}-n/p^r\in H$,即 $(np-1)/p^{r+1}\in H$. 但 $(np-1,p^{r+1})=1$,故有整数 c,d 使得 $c(np-1)+dp^{r+1}=1$. 从而 $\dfrac{1}{p^{r+1}}=c\,\dfrac{np-1}{p^{r+1}}+d\,\dfrac{p^{r+1}}{p^{r+1}}\in H$. 这与 $\dfrac{1}{p^{r+1}}\notin H$ 矛盾.

13. 利用习题12和10.

1.6

11. 用归纳法证明由 (12) 和 $(123\cdots n)$ 生成的 S_n 子群 H_n 就是 S_n:注意到 $(12),\cdots,(1\ n-1),(1\ n)$ 是 S_n 的一组生成元.

1.7

5. 将 G 共轭作用于 G 的非正规子群所成的集合上.

6. $G = a_1 H \cup \cdots \cup a_n H (2 \leqslant n \leqslant 4)$. G 以"左乘"方式作用在集合 $\{a_1 H, \cdots, a_n H\}$ 上,由此给出诱导表示 $\rho : G \to S_n$. $\operatorname{Ker} \rho \lhd G$. 由 G 为单群知 $\operatorname{Ker} \rho = 1$. 于是 ρ 为单同态.再考虑 $S_n (2 \leqslant n \leqslant 4)$ 的单子群即证得此题.

7. 考虑 G 对于 H 的诱导表示的核(其中 $H \leqslant G$, $[G:H]$ 有限).

8. 利用线性代数中的一个事实:对任意正整数 m 和任意复可逆方阵 A,均有复可逆方阵 B 使得 $A = B^m$.

9. 注意 2^n 阶元素在左正则表示下是奇置换.

10. 把 $\operatorname{Aut}(S_3)$ 看作 S_3 的所有 2 阶子群集合上的置换群.

11. 问题可以归结于 α 的阶是素数的情形,考虑 G 的共轭元素类在群 $\langle \alpha \rangle$ 作用下的轨道.证明至少有一个共轭类不含 α 作用下的不动点.

12. G 中元素的共轭作用诱导出 G 到 $\operatorname{Aut}(A)$ 的同态.

1.8

9. 取定一个西罗 p-子群 P,令 $N = N_G(P)$.考虑双陪集 NgP 中 N 的陪集个数.

10. 由轨道公式知

$$|Ga| \frac{|Ga|}{|G_a \bigcap P|} = \frac{|G|}{|Ga|} \frac{|Ga|}{|Pa|} = \frac{|G|}{|Pa|} = \frac{|G|}{|P|} \frac{|P|}{|Pa|} = [G:P]|Pa|.$$

因 $p^m \mid |Ga|$,故 $p^m \mid ([G:P]|Pa|)$. 但是 p 与 $[G:P]$ 互素,故 $p^m \mid |Pa|$.

11. 设 $\Delta = \{ga \in Ga \mid pga = ga, \forall p \in P\}$. 则 $N_G(P)$ 在 Δ 上有自然的作用. 因 $\Delta = \{ga \in G_a \mid g^{-1} Pg \leqslant G_a\}$,从而 P 与 $g^{-1} Pg$ 都是 G_a 的 Sylow p-子群,故它们在 G_a 中共轭.于是 $g \in N_G(P) G_a$.

12. G 的西罗 3-子群共有 4 个,把 G 表示成这 4 个子群的置换群.

1.9

1. 令 $m = [G:A]$. 则有 $a_j \in G (1 \leqslant j \leqslant m)$ 使得 $G = \bigcup_{j=1}^{m} Aa_j$. 记 $g_{n+1} = g_1^{-1}$, $\cdots, g_{2n} = g_n^{-1}$. 又令 $a_1 = 1$. 则有 $2nm$ 个元素 $b_{ij} \in A$ 使得 $a_j g_i = b_{ij} a_k (1 \leqslant j \leqslant m, 1 \leqslant i \leqslant 2n)$,证明这些 b_{ij} 生成子群 A.

11. G 有 7 阶正规子群 $\langle y \rangle \cong \mathbf{Z}_7$ 和 13 阶正规子群 $\langle z \rangle \cong \mathbf{Z}_{13}$. 设 $\langle x \rangle$ 是 G 的 Slyow 5-子群.则 $|\langle x \rangle \langle y \rangle| = 5$, $|\langle x \rangle \langle z \rangle| = 65$, $|\langle y \rangle \langle z \rangle| = 91$. 而 35 阶、65 阶

群、和 91 阶群均是 Abel 群,故 x 与 y,x 与 z,y 与 z 均互换.

14. 用两组基的互相表出得到一对互逆的矩阵.

1.10

9. 计算 G 中 p 阶元的个数;计算 G 中形如 $\mathbf{Z}_p \bigoplus \mathbf{Z}_p$ 的 p^2 阶子群 H 的个数;再计算 G 中 p^2 阶元的个数.最后可得 G 有 $p(p+1)+1=p^2+p+1$ 个 p^2 阶子群.

11. 记 t_n 是 G_n 中极大子群的个数.对任一 $a \neq 1, b \neq 1, a, b \in G$,存在 G 的自同构 π 使 $\pi(a)=b$.对任一 $a \neq 1, a \in G$,记 $s_n(a)$ 为 G_n 的包含 a 的极大子群的个数.则 $s_n(a)$ 不依赖于 a,即 $s_n(a)=s_n(b)$,$\forall 1 \neq b \in G_n$.记 $s_n(a)=s_n$.则有

$$(p^{n-1}-1)t_n = (p^n-1)s_n \quad \text{和} \quad s_n = t_{n-1}.$$

于是有递归公式

$$t_n = \frac{p^n-1}{p^{n-1}-1}t_{n-1}.$$

G 的极大子群的个数为 $\dfrac{p^n-1}{p-1}$.

1.11

3. 18 阶非 Abel 群共有三个:

$D_9 = \langle a,b \mid a^9 = 1 = b^2, ba = a^8 b \rangle$;

$\mathbf{Z}_3 \times D_3 = \langle a,b,c \mid a^3 = b^3 = c^2 = 1, ba = ab, ca = ac, cb = b^2 c \rangle$;

$S = \langle a,b,c \mid a^3 = b^3 = c^2 = 1, ba = ab, ca = a^2 c, cb = b^2 c \rangle$.

20 阶非 Abel 群共有三个:

$T = \langle a,b \mid a^5 = 1 = b^4, ba = a^2 b \rangle = \langle a,b \mid a^5 = 1 = b^4, ba = a^3 b \rangle$;

$S = \langle a,b \mid a^5 = 1 = b^4, ba = a^4 b \rangle = \langle a,b \mid a^{10} = 1, b^2 = a^5, ba = a^9 b \rangle$;

$D_{10} = \langle a,b \mid a^{10} = 1 = b^2, ba = a^9 b \rangle \cong D_5 \times \mathbf{Z}_2$.

第 2 章 环 和 域

2.1

1. (1) 令 A 是无穷实数列 $\{a_0, a_1, a_2, \cdots\}$ 作成 Abel 的群.考虑 A 的自同构环 $\mathrm{End}(A)$,记为 R.则 R 当然有单位元 1.令 $r \in R$ 为右移变换,$l \in R$ 为左移变

换，$l_0:A \to A$ 为变换，即 $l_0(\{a_0,a_1,a_2,\cdots\}) = \{a_0+a_1,a_2,a_3,\cdots\}$. 则 l 和 l_0 均为 r 的左逆.

20. 若 c 是 $(1-ab)$ 的逆，则 $(1+bca)$ 是 $(1-ba)$ 的逆背景：形式上，$1-ab$ 的逆可想象成是 $c=1+ab+abab+ababab+\cdots$. 则 $1-ba$ 的逆可想象成是 $1+ba+baba+\cdots=1+bca$.

21. 设 x 有多于一个右逆，则右理想 $I=\{g \in R \mid xg=0\}$ 有非零元素. 只需证 I 是无限集合即可. 如果 $I=\{0,b_1,\cdots,b_l\}$ 有限，$|I|=l+1$. 令 a 是 x 的一个右逆（即 $xa=1$），证明 $\{b_1x,\cdots,b_lx\}$ 是 $\{b_1,\cdots,b_l\}$ 的一个置换. 由此可知 $b_ia \neq 0(1 \leqslant i \leqslant l)$. 另一方面，由 x 的右逆多于一个可知 $ax \neq 1$. 于是 $ax-1$ 是 I 中非零元素. 但是 $(ax-1)a=0$，矛盾.

2.2

12. 当 (q_1,q_2,l) 取遍 $\mathbf{N}_0 \times \mathbf{N}_0 \times \mathbf{N}$ 的元素，$T(q_1,q_2,l)$ 就给出了 T 的所有两两不同的非零理想，其中

$$T(q_1,q_2,l) = \begin{pmatrix} q_1 l \mathbf{N} & 0 \\ l \mathbf{N} & q_2 l \mathbf{N} \end{pmatrix}.$$

2.3

10. 先证：若 $P,P_1,\cdots,P_l$ 均为素理想，$P \supseteq P_1 \cap \cdots \cap P_l$，则必有 $i(1 \leqslant i \leqslant m)$ 使得 $P \subseteq P_i$. 现在设 $A \subseteq P_1 \cup \cdots \cup P_m$，不妨设 $P_i(1 \leqslant i \leqslant m)$ 互不包含. 于是对每个 i，$P_i \not\supseteq P_1 \cap \cdots \cap P_{i-1} \cap P_{i+1} \cap \cdots \cap P_m$. 从而有 $r_i \in P_1 \cap \cdots \cap P_{i-1} \cap P_{i+1} \cap \cdots \cap P_m$，$r_i \notin P_i$. 如果 10 题不成立，则又有 $a_i \in A, a_i \notin P_i(1 \leqslant i \leqslant m)$. 考虑元素 $a_1r_1+\cdots+a_mr_m$ 导出矛盾.

2.5

14. 如果 $A=\alpha+\beta \in \mathbf{Q}$，则 $\alpha-\dfrac{A}{2}=-\left(\beta-\dfrac{A}{2}\right)$. 令 $g(x)=f\left(x+\dfrac{A}{2}\right)$，则 $g(x) \in \mathbf{Q}[x]$，且 $g(x)$ 有根 $r=\alpha-\dfrac{A}{2}$ 和 $-r=\beta-\dfrac{A}{2}$. $g(x)$ 仍为 $\mathbf{Q}[x]$ 中奇次不可约多项式，且 r 是多项式 $T(x)=g(x)+g(-x)$ 的根. 若 $T(x) \equiv 0$，则 $g(x)$ 有因子 x，与 $g(x)$ 不可约矛盾. 但是 $\deg T(x) < \deg g(x)$，而 $T(x)$ 和 $g(x)$ 有公共根 r，这又与 $g(x)$ 不可约性矛盾.

15. 以 $\deg_1 f$ 表示 $f(x_1,x_2)$ 对于 x_1 的次数. 不妨设 $\deg_1 f = n \geqslant 1, \deg_1 g =$

$m \geqslant 1, n \geqslant m$. 于是

$$f = f_0(x_2)x_1^n + \cdots, \qquad g = g_0(x_2)x_1^m + \cdots.$$

若 (a, b) 为 $f(x_1, x_2) = 0, g(x_1, x_2) = 0$ 在域 k 中的解. 令 $h(x_1, x_2) = g_0(x_2) \cdot f(x_1, x_2) - f_0(x_2)g(x_1, x_2)x_1^{n-m}$. 则 $h(a, b) = 0, \deg_1 h < n = \deg_1 f$ 依次下去, 可求出多项式 $\bar{h}(x_1, x_2)$ 使得 $\deg_1 \bar{h} = 0$, 即 $\bar{h}(x_1, x_2) = h\bar{h}(x_2), \bar{h}(a, b) = 0$, 即 $\bar{h}(b) = 0$. 从而, 只有有限多个 b (由 f 和 g 互素可知 $\bar{h}(x_2) \not\equiv 0$). 同样可知 a 也只有有限多个可能.

18. (2) 例如, $x^5 - x + 15 = (x^2 + x + 3)(x^3 - x^2 - 2x + 5) \in \mathbf{Q}[x]$.

2.7

5. 记 K 为 F 的扩域且 $|K| = q^n$. 设 $\deg f(x) = m, \mu$ 是 $f(x)$ 在其分裂域中的一个根. 因为 $f(x)$ 在 F 上不可约, 故 $f(x)$ 是 μ 在 F 上的极小多项式. 从而 $|F(\mu)| = q^m$. 于是 $f(x) | (x^{q^n} - x) \Leftrightarrow \mu$ 是 $x^{q^n} - x$ 的一个根 $\Leftrightarrow \mu \in K \Leftrightarrow F(\mu) \subseteq F \Leftrightarrow F(\mu)$ 的乘法群是 K 的乘法群的子群 $\Leftrightarrow (q^m - 1) | (q^n - 1) \Leftrightarrow m | n$.

6. $x^{2^n} = x + 1, x^{2^{2n}} = (x^{2^n})^{2^n} = (x + 1)^{2^n} = x^{2^n} + 1 = x$. 这表明 $x^{2^n} + x + 1$ 的根均属于 $F_{2^{2n}}$, 若 $x^{2^n} + x + 1$ 不可约, 则它的分裂域为 $F_{2^{2^n}}$. 于是 $2n \geqslant 2^n$, 即 $n \leqslant 2$.

11. (1) 首先 $G = \mathrm{Gal}(F/F_p) = \langle \sigma \rangle$ 是 n 阶循环群, 其中 $\sigma(a) = a^p, \forall a \in F$. 因此 $T(a) = a + a^p + \cdots + a^{p^{n-1}}$. 因为 $(T(a))^p = T(a)$, 故 $T(a) \in F_p$. 显然 $T: F \to F_p$ 是加法群的同态. 又 $T(\lambda a) = \lambda T(a), \forall \lambda \in F_p$. 因此 $T: F \to F_p$ 是 F_p- 的线性映射. 显然, $T \neq 0$ (否则 p^{n-1} 次多项式 $x + x^p + \cdots + x^{p^{n-1}}$ 至少有 p^n 个不同的根, 矛盾!). 而 F_p 是 F_p 上的一维向量空间, 因此 T 必满.

第 3 章　域的伽罗瓦理论

3.1

3. 对 n 用数学归纳法. 分两种情况考虑. 若 $f(x)$ 是 $F[x]$ 中不可约多项式, x_1 是 $f(x)$ 的一个根, 则 $[E:F] = [E:F(x_1)][F(x_1):F] = n[F(x_1):F]$. 而 E 恰是 $\dfrac{f(x)}{x - x_1}$ 在 $F(x_1)$ 上的分裂域. 因此, 由归纳假设知 $[E:F(x_1)] | (n-1)!$. 于是 $[E:F] | n!$.

若 $f(x)=g(x)h(x), g(x), h(x)\in F[x]$,且 $g(x)$ 的次数 m 和 $h(x)$ 的次数均不小于 1.令 K 为 $g(x)$ 在 F 上的分裂域.则 E 为 $h(x)$ 在 K 上的分裂域.因此,由归纳假设知 $[E:F]=[E:K][K:F]|(n-m)!m!|n!$.

3.2

11. ⇒ 设 E/F 正规.则 E 是 F 上某个多项式集合 S 在 F 上的分裂域.

设 $f(x)$ 是 $F[x]$ 中任一不可约多项式,$p(x)$ 和 $q(x)$ 是 $f(x)$ 在 $E[x]$ 中的两个首一的不可约因子.令 M 是 $f(x)$ 在 F 上的分裂域.设 $\alpha,\beta\in M$,使得 $p(\alpha)=0=q(\beta)$.因为 α,β 在 F 上的极小多项式均为 $f(x)$,故存在域同构 $\eta:F(\alpha)\rightarrow F(\beta), \eta|_F=1_F, \eta(\alpha)=\beta$.因 M 是 $f(x)$ 在 $F(\alpha)$ 上的分裂域,M 是 $f(x)$ 在 $F(\beta)$ 上的分裂域,故由同构延拓定理知 η 可延拓为 $\tau:M\rightarrow M, \tau|_{F(\alpha)}=\eta$.

现在 EM 是 M 上多项式集合 S 在 M 上的分裂域.注意,此处总可将 E,M 视为某一共同域的子域,例如 F 的代数闭包.因此由同构延拓定理,τ 可延拓为 $\xi:EM\rightarrow EM, \xi|_M=\tau$.

由于 E/F 正规,$\xi|_F=1_F$,故 $\xi(E)=E$.ξ 将 $p(x)\in E[x]$ 仍变成 $E[x]$ 中的不可约多项式,由于 $\xi(\alpha)=\beta$,故 $\xi(p(x))$ 与 $q(x)$ 均为 $E[x]$ 中以 β 为零点的不可约多项式.从而 $\xi(p(x))=q(x)$.特别地,$p(x)$ 与 $q(x)$ 的次数相同.

3.3

5. 设 $L/(L\cap M)$ 是有限伽罗瓦扩张.则 L 是 $L\cap M$ 上某个可分多项式 $f(x)$ 在 $L\cap M$ 上的分裂域,即 $L=(L\cap M)(x_1,\cdots,x_n)$,其中 $x_1,\cdots,x_n$ 是 $f(x)$ 的全部根.于是 $M(x_1,\cdots,x_n)=M(L\cap M)(x_1,\cdots,x_n)=ML=LM$,即 LM 是 $M[x]$ 中可分多项式 $f(x)$ 在 M 上的分裂域.故 LM/M 是有限伽罗瓦扩域.

对于任一 $\sigma\in\mathrm{Gal}(LM/M)$,$\sigma$ 是 $x_1,\cdots,x_n$ 的一个置换,故 $\sigma(L)=L$,于是 $\sigma\in\mathrm{Gal}(L/L\cap M)$.这就给出 $\mathrm{Gal}(L/L\cap M)$ 的群同态,易知这个同态的核是 $\{1\}$.

剩下只要证明 $[LM:M]=[L:L\cap M]$.因 $L/L\cap M$ 是有限可分扩张,故 $L=(L\cap M)(\alpha)$.设 $g(x)$ 是 α 在 $L\cap M$ 上的极小多项式.因 $LM=M(\alpha)$,故只要证 $g(x)$ 也是 α 在 M 上的极小多项式,即要证 $g(x)$ 在 $M[x]$ 中不可约.

设 $g(x)$ 在 $M[x]$ 中有分解 $g(x)=h(x)l(x)$.因 $L/L\cap M$ 正规,故 L 包含 $g(x)$ 的全部根 $\alpha_1=\alpha,\cdots,\alpha_m$.注意到 $h(x)$ 和 $l(x)$ 的系数均是这些根的、系数为 ± 1 的多项式,从而 $h(x)$ 和 $l(x)$ 的系数属于 $L\cap M$.所以,由 $g(x)$ 在 $L\cap M$ 上的不可约性即知 $g(x)$ 在 $M[x]$ 中不可约性.

10. 设 $n = 2m + 1$. 对任一 $x = \sum_{t=1}^{n-1} a_t \zeta_n^t \in R \bigcap \mathbf{Q}(\zeta_n)$，$x$ 的虚部为 0，即

$\sum_{t=1}^{n-1} a_t \sin \dfrac{2\pi t}{n} = 0$. 而 $\sum_{t=1}^{n-1} a_t \sin \dfrac{2\pi t}{n} = \sum_{t=1}^{m} (a_t - a_{n-t}) \sin \dfrac{2\pi t}{n}$. 而 $\sin \dfrac{2\pi}{n}, \sin \dfrac{4\pi}{n}, \cdots,$

$\sin \dfrac{2m\pi}{n}$ 是 $\mathbf{Q}$- 线性无关的，因此 $a_n - a_{n-t} = 0$. 于是 $x = \sum_{t=1}^{n-1} a_t \zeta_n^t = \sum_{t=1}^{m} (a_t \zeta_n^t +$

$a_{n-t} \zeta_n^{n-t}) = \sum_{t=1}^{m} a_t (\zeta_n^t + \zeta_n^{-t}) \in \mathbf{Q}(\zeta_n + \zeta_n^{-1})$.

11. 利用上题. $\mathbf{Q}(\zeta_p + \zeta_p^{-1}) = \{ \sum_{t=1}^{p-1} a_t \zeta_p^t \mid a_1 = a_{p-1}, a_2 = a_{p-2}, \cdots, a_{\frac{p-1}{2}} =$

$a_{\frac{p+1}{2}} \}$. 另一方面

$$K = \mathrm{Inv}(\langle \sigma^2 \rangle) = \{ x = \sum_{t=1}^{p-1} a_t \zeta_p^t \mid \sigma^2(x) = x \}$$

$$= \{ \sum_{t=1}^{p-1} a_t \zeta_p^t \mid \sum_{t}^{p-1} a_t \zeta_p^{g^2 t} = \sum_{t=1}^{p-1} a_t \zeta_p^t \}.$$

因此 K 为实二次域当且仅当

$$\{ \sum_{t=1}^{p-1} a_t \zeta_p^t \mid \sum_{t}^{p-1} a_t \zeta_p^{g^2 t} = \sum_{t}^{p-1} a_t \zeta_p^t \} \subseteq \mathbf{Q}(\zeta_p + \zeta_p^{-1}),$$

当且仅当由 $\sum_{t}^{p-1} a_t \zeta_p^{g^2 t} = \sum_{t=1}^{p-1} a_t \zeta_p^t$ 可推出

$$a_1 = a_{p-1}, \quad a_2 = a_{p-2}, \quad \cdots, \quad a_{\frac{p-1}{2}} = a_{\frac{p+1}{2}}.$$

由 $\sum_{t}^{p-1} a_t \zeta_p^{g^2 t} = \sum_{t=1}^{p-1} a_t \zeta_p^t$，比较两边 $\zeta_p^{g^2}$ 的系数知 $a_1 = a_{g^2}$. 再比较两边 $\zeta_p^{g^4}$ 的系数知

$a_{g^2} = a_{g^4}$. 继续下去即得

$$a_1 = a_{g^2} = a_{g^4} = a_{g^6} = \cdots = a_{g^{2s}}.$$

因此，若 K 为实二次域，则存在 s 使得 $g^{2s} \equiv -1 (\mathrm{mod}\ p)$. 而 -1 模 p 的乘法阶为

2，故 g^{2s} 模 p 的乘法阶为 2，即 $\dfrac{p-1}{(2s, p-1)} = 2, (2s, p-1) = \dfrac{p-1}{2}$. 由此即知 $\dfrac{p-1}{2}$

是偶数.

名 词 索 引

$\sqrt{}$-序号,121
n 次单位根群,9
n 阶群/n 元群,9
n 阶实方阵环,60
n 元集,1

A

阿贝尔扩张,158
阿贝尔群,7
爱森斯坦判别法,100

B

半群,6
倍元,80
本原多项式,97,127
表现,42
并,2
补集,2
不变因子,49
不可数集合,5
不可约元,81

C

常数项,93
超越扩张,105
超越元素,105

初等因子,49
传递的,31
纯不可分,176
纯不可分扩张,176
次数,93,105

D

代数闭包,111,112
代数封闭,134
代数封闭域,111
代数基本定理,115
代数扩张,105
代数无关,115
代数元素,104,107
单根,96,140
单扩张,110
单群,28
单射,3
单同态,9,63
单位,59
单位群,59
等价关系,4
等价类,4
等势,5
定义关系集,42
对称多项式,113